定量分析

陳壽南著

國立成功大學教授

三民書局印行

© 定量分析

著作人　陳壽南
發行人　劉振强
著作財產權人　三民書局股份有限公司
　　臺北市復興北路三八六號
發行所　三民書局股份有限公司
　　地　址／臺北市復興北路三八六號
　　郵　撥／〇〇〇九九九八－五號
印刷所　三民書局股份有限公司
門市部　復北店／臺北市復興北路三八六號
　　重南店／臺北市重慶南路一段六十一號
初　版　中華民國六十一年三月
修訂十一版　中華民國八十五年三月
編　號　S 34029
基本定價　伍　元
行政院新聞局登記證局版臺業字第〇二〇〇號

ISBN 957-14-0904-9（平裝）

序　言

本書乃繼拙著定性分析一書所編寫的姊妹書，除供專科及職校化工科、藥劑科同等程度學科使用外，亦可供大學有關科系學生之參考或各工廠技術訓練班使用。

本書除對基本理論作扼要闡述外，尤着重實驗操作方法及技巧，俾使學者學成之後即能學以致用。全書計分爲三篇，第一篇介紹實驗基本操作法與實驗記錄整理法，第二篇爲容量分析法，說明四種最基本而常用的容量分析與實驗操作，第三篇爲重量分析法，介紹部份金屬元素與酸根之定量與實驗操作，全書共計四十多個實驗可分成二十週實施完畢或由教師適當取捨。在第一章曾提到多種儀器分析，但因限於篇幅關係無法加以討論，又書中難免有錯誤與疏漏之處，祈望學界不吝指正。

編者誌

定量分析目錄

（包含實驗部份）

序　　言

第一篇　緒　論

第一章　概　　論

第二章　定量分析實驗一般用具

第三章　天平稱量法

第四章　重量分析實驗基本操作

第五章　容量分析實驗基本操作

第二篇 容量分析法

第九章 酸鹼滴定法

第十章 氧化還原之電化學理論

第十一章　氧化還原滴定法

第十二章　高錳酸鉀滴定法

第十三章　重鉻酸鉀滴定法

第十四章 碘滴定法

第十五章 沈澱滴定法基本理論

第十八章　錯鹽滴定法（二）——E.D.T.A. 法

第三篇　重量分析

第十九章　重量分析基本原理

第二十章　成硫化物而秤量的金屬分析

第二十一章　成氧化物而秤量的金屬分析

第二十二章　酸根的定量

附　錄

第一篇 緒 論

第一章 概 論

§1-1 分析化學

在 18 世紀後期由於法國化學家拉瓦西 (*Lavoisier*) 與其他化學研究者從事化學現象的觀察繼而對反應物質量的分析導入化學發展的新紀元。早期化學大部份著重在分析化學方面，後來因各種理論的發表與研究範圍的擴展，漸漸將化學分爲四大主幹，這四大主幹是無機化學，有機化學；物理化學與分析化學；分析化學是研究組成物質，質與量的關係也就定性方面與定量兩方面，定性分析不外乎求出一物質中所包含之某成分元素或某種根基 (*group*)，而定量分析却是求出其中包含某元素或某根基含量比率之多少。定量分析可應用於有機與無機方面，二者所根據的理論雖然相同但在一般基本分析化學課程中仍舊以無機分析爲討論的對象。

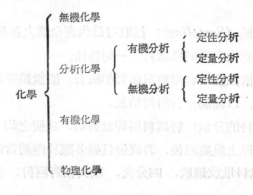

表 1-1 化學四大主幹分類

- 化學
  - 無機化學
  - 分析化學
    - 有機分析
      - 定性分析
      - 定量分析
    - 無機分析
      - 定性分析
      - 定量分析
  - 有機化學
  - 物理化學

定量分析非但有敎育的價值且有訓練實驗操作的價値，其研究最主要的目的在訓練學者如何思考，如何設計，如何證明實驗與理論的符合，不但對化學研究者有很大影響，同時對工業的發展更具有不可泯滅的功效，在世界各國政府方面羅致許多分析化學家從事對食品、藥物、空氣與飲水汚染的分析研究，可見定量分析對今後環境科學的重要性。

學習分析化學爲使學者達到下列六項目的:

1. 瞭解分析化學基本理論。
2. 熟悉通常使用的分析步驟。
3. 體會使用各種分析方法所能容許的誤差與限制。
4. 學習記錄明確而有用途的數據。
5. 養成整潔、條理有序的習慣。
6. 熟練查閱文獻的方法。

§1-2　定量分析操作程序

定量分析實驗必先考慮到操作程序的問題，對一未知樣品的完全分析，其程序因採用之方法而不同，一般分析程序包括下列幾個步驟。

(1) 採樣 (*Sampling*): 採取可以代表全體之部份以供分析，此部份試料應能代表整個原試料之一切特性。

(2) 預備試驗: 利用簡單儀器如磁石，顯微鏡等預先測定試料若干物理性質，以輔助分析所得結果。

(3) 試料的分散: 將試料壓碎及磨細，且使之均勻以製成便於分析的形狀。經上述處理後，若成份量過多應於作適當四分法 (*Quatering*)，將試料堆成錐狀，四分之，取其相對兩份，再經磨細步驟，重新堆成錐狀，四分之，再取其相對兩分，如此處理數次可減少試料量而不改變其平均成份。

(4) 定性分析：決定試料中所含之主要成份。

(5) 稱量：稱取分析試料精確重量。

(6) 試料之溶解：試料之溶解視其成份而採用不同之溶劑，不論是利用酸或鹼爲溶劑均須確定在溶解過程中試料成份不因此而損失。一般對試料製成溶液有兩種情形：

重量分析法則製成適於沈澱之溶液。

容量分析法則製成適於滴定之溶液。

試料製成溶液爲避免因加入强酸而產生氣體引起溶液四濺使試料損失，故通常於加酸時應滴滴加入試料溶液，同時以表玻璃蓋住燒杯，凸面朝下，且在溶解過程中微微加熱促進溶解，待試料幾至全部溶解則以蒸餾水冲洗表面玻璃而流入溶液。

(7) 沈澱的生成或滴定完成（容量分析法）。

(8) 沈澱的過濾與洗滌。

(9) 沈澱的乾燥與灼熱。

(10) 沈澱的稱重。

(11) 計算。

（在容量分析法中於滴定完成後便可計算所得的結論）。對以上所稱重量分析法與容量分析法各項步驟將於爾後數章詳加討論。

§1-3 定量分析的分類

定量分析大致可分爲兩大部門，一爲重量分析法（*Gravimetric method*)，二爲容量分析法 (*Volumetric method*)，當然此兩部門亦包含儀器分析法在內。

A. 重量分析法

(a) 化學沈澱法 (*Chemical precipitation methods*)

(b) 電解析出法 (*Electrolytic deposition methods*)

B. 容量分析法:

(i) 滴定法

(a) 指示劑顏色辨別法 (*Indicator methods*)

(b) 電位量度法 (*Potentiometric methods*)

(c) 導電度計量法 (*Conductometric methods*)

(d) 電流計量法 (*Amperometric methods*)

(e) 電量計量法 (*Coulometric methods*)

(f) 極譜儀法 (*Polarography methods*)

(g) 溫度變化測定法 (*Thermal analysis*)

(ii) 光學分析法 (*Optic analysis*)

(a) 比色法 (*Colorimetric methods*)

(b) 分光分析 (*Spectrometry*)

(iii) 氣體分析 (*Gas-Volumetric methods*)

(iv) 其他各種物理方法。

雖然重量法與容量法分項很多，例如光學分析法中分光分析其實又可分成各種不同的分析法，如原子分光分析 (*Atomic absorption*)，發光分光分析 (*Emission spectrameter*)，焰色分光分析 (*Flame speitrometry*) 與其他光譜分析等等； 本書因限於編幅關係與基本課程的基礎性，對各種利用儀器作分析研究均不在敍述範圍內，祇對最基本的理論與實驗作詳盡的介紹，學者有此根基，再作進一步的研究必能收到事半功倍之效。

第二章　定量分析實驗一般用具

如前所述，定量分析大致分爲重量法與容量法兩大部門，二法所需用工具雖有不同，但共通者亦復不少，本章將對各種分析法一般最常使用的儀器作詳盡地說明。

§ 2-1　一般通用儀器

A. 天平（*Balance*）

天平是用以稱取精確量的試樣，一般初學者均以使用等臂天平（*Egual-Arm Balance*）爲操作訓練，進一步再採用單臂天平或自動記錄天平爲宜；天平的構造與正確使用方法甚爲複雜且極爲重要，故我們將在第三章作一周詳地介紹。

B. 燒杯與燒瓶（*Beaker & Flask*）

燒杯與燒瓶不論在重量法或容量法均是常用的器具，普通容量由100*ml*～600*ml*不等。燒瓶通常有兩種形式一爲圓錐形者（*Erlenmeyer Flask*），二爲平底（或圓底）圓形者（*Florence Flask*），二者隨使用條件不同而有不同功效。*Erlenmeyer Flask*，不易翻倒，又便洗滌故在容量分析滴定時均採用之，又凡溶液有氣體發生時，液體有濺失之憂用此燒瓶比燒杯好。

Florence Flask 通常用以液體需加熱時，如分餾（*Distilation*）等須把溶液加熱以分開時採用圓形燒瓶。

不論燒杯或燒瓶其質料必須對藥品具有較大耐力，不受各種藥品侵蝕，今日在實驗室使用的玻璃用具大部份是 *Pyrex*，但 *Pyrex* 玻璃因含有硼，故不能用於硼的定量，此外亦含有百分之零點七的 AS_2O_5，故對有機物中砷的分析必有誤差；最須注意的是一般玻璃含多量之 SiO_2，能為沸水所溶出，少量矽酸自溶液中析出時，其形狀類似 $Al(OH)_3$，故在鋁的定性分析時常引起一種錯誤判斷。

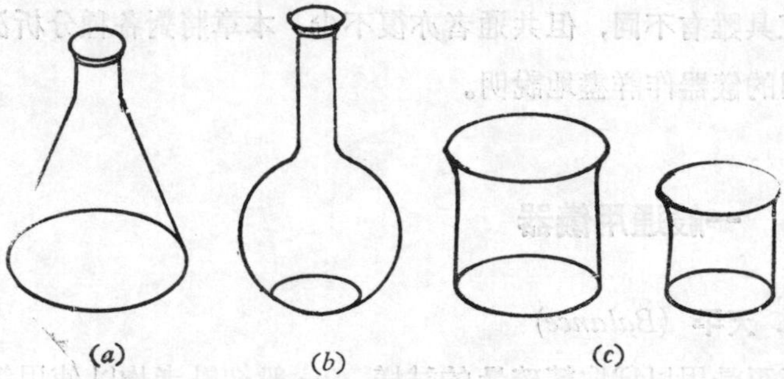

圖 2-1 (a) *Erlenmeyer Flask*
(b) *Florence Flask*
(c) *Beakers*

C. 水洗瓶 (*Wash Bottle*)

水洗瓶用以移動沉澱或洗滌沉澱之用(如圖 2-2 所示)，水洗瓶構造在定性分析時已討論，學者每人均需自配一具，惟應注意除瓶口用橡膠塞及吹口用一小段膠管外，其餘概為玻璃製成，右管必須延伸到平

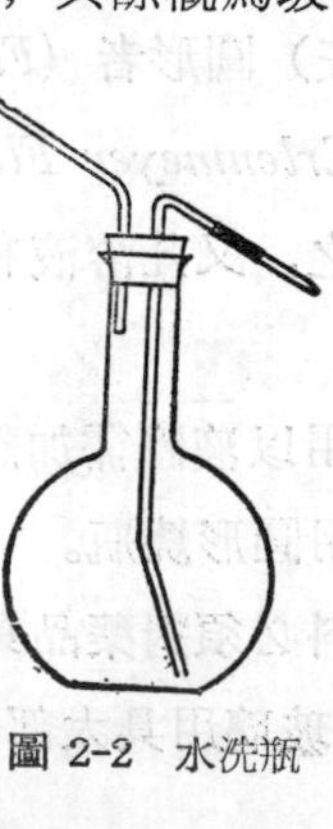

圖 2-2 水洗瓶

底燒瓶之底端附近。洗瓶中祇用以貯存蒸餾水絕不貯容其他液體，學者應特別注意，儘可能使洗瓶中的蒸餾水保持潔淨減少污染的可能性。

D. 蒸發皿 (*Evaporating dish*)

蒸發皿通常以瓷器爲之，因其爲瓷器故較之玻璃甚難破壞而其抵抗藥品之力亦較大；蒸發皿常用於蒸發與霧化 (*fuming*) 之用。除瓷製蒸發皿外另有鉑製蒸發皿，惟因價格甚高，用途遂受限制，但因鉑爲最安穩金屬，在某種情形下；例如要定量 SiO_2 時，則須用之；其他亦有用熔製石英製造蒸發皿，石英器具於熱紅中即淬於水中不致破碎爲其特點，其對藥品及溫度之抵抗力亦較玻璃爲大。

§ 2-2　重量分析常用儀器

重量分析法最重要的儀器是天平，我們將在下一章作詳盡的介紹，除此之外，下列各項儀器亦經常須要用到。

A. 秤量瓶 (*Weighing Bottle*)

秤量瓶包含兩部份一爲玻璃圓柱形容器，一爲類似杯蓋形玻璃蓋，其用途是用以秤取分析試料爾後置於天平秤盤上秤重，使用秤量瓶時須隨時將玻璃瓶蓋蓋住以免試料吸收空氣中的水分與二氧化碳而損壞。若試料有潮解性在分析前須在烘箱中烘乾，亦可使用秤量瓶

圖 2-3　秤量瓶

將試料裝入其中除去玻璃蓋，待烘乾完畢後再將玻璃蓋蓋上放置冷却後再秤其重；秤量瓶瓶蓋有一定大小格式恰能與容器部份配合，故學者不可將瓶蓋任意棄之，且秤量瓶須經常保持潔淨。

B. 收濕器 (*Desiccator*)

如圖 2-4 所示為一常用收濕器。器之底部備有乾燥劑 (*desiccant*)； 中層有瓷器製或玻璃製之有孔架，用以擱置坩堝， 秤量瓶等欲避濕之物體， 不使其與乾燥劑相接觸， 而又不阻止器中空氣之流通。收濕器之玻璃蓋之接觸處乃是毛玻璃；其上塗有少量礦脂(*Vaseline*)， 既為氣密而又便於滑開，故要打開收濕器之玻璃蓋不能直接向上用力拔開而是使力於旁側將其推開。

收濕器中所用之乾燥劑，普通為氯化鈣或五氧化磷，無水過氯酸鎂(*magnesium perchlorate*)，無水過氯酸鋇，鋁土(*alumina*)，生石灰，及氫氧化鉀等物質。此等乾燥劑，雖均有強大之收濕力，然性質則不相同，在一定溫度範圍內有較强的收濕力。氯化鈣為較普遍使用之乾燥劑，通常有粒狀及熔塊兩種，熔塊不含水分，其收濕量較粒狀為多，但收濕速度反形減小各有利弊。

五氧化磷及特製的鋁土，為最强之乾燥劑，但通常不使用；五氧化磷，普通多為粒狀，吸收水分之後，其表面卽包有一層黏液而阻止濕氣之擴散。

收濕器中之乾燥劑，如効力(收濕力)已減至不能再用之程度時，卽為之更換，收濕器不宜經常打開以免吸收空氣中濕氣而使乾燥劑易失效。收濕器亦有用鋁皮所製適合一般初學者練習使用每人各一個經常將秤量瓶置於內部保持乾燥

C. 坩堝 (*Crucible*)

坩堝製作材料為瓷器，鉑或石英，而以瓷器者應用最多。就用法言， 有兩大類， 一為專供灼熱， 一 為旣可灼熱又可過濾沉澱之用。

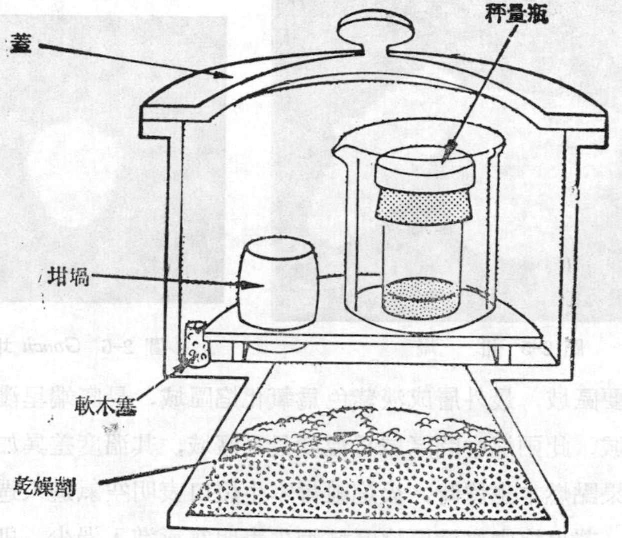

圖 2-4　收濕器

Gooch 坩堝爲瓷製或鉑製，其底部有多數小孔，底上舖石棉層，乃有過濾之效而又可以加熱者。*Munroe* 坩堝爲鉑製，形式與前者同，惟石棉代以鉑棉而已。底部無小孔的坩堝，只供灼熱之用，此種坩堝通常不宜初學者使用，不在此章述說。

瓷坩堝與其堝蓋應爲之做同一符號，以使之能密合。坩堝灼熱時通常置於泥三角 (*Clay triangle*)，其正確操作法將於第五章作詳盡述說。

Gooch Crucibb 若用於過濾時必須於瓷漏斗 (*Büchner-funnel*) 配合使用，其正確操作法亦於第五章再介紹。

D. 本生燈 (*Bunsen Burner*)

不論是一般溶液加熱或沉澱灼熱均需用 *Bunsen* 燈，此燈在底端有一空氣調節螺旋器， 可以調節空氣與煤氣混合之量， 以使燃燒完全，當空氣調節適宜時，其最高溫可以達 1570° 度，一般正確火焰有

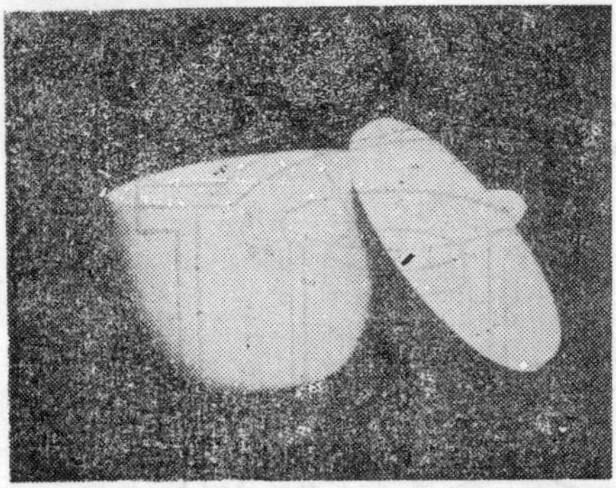

圖 2-5 坩　堝

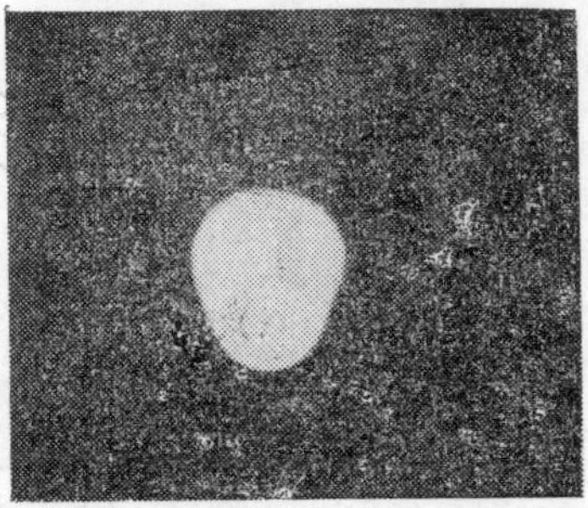

圖 2-6 *Gooch* 坩堝

三個主要區域，最外層成淡紫色爲氧化焰區域，最底端呈淺藍色爲還原焰區域，此兩焰中間區域爲溫度最高區域，其溫度差異如圖 2-8 所示。如果點燃本生燈時，火焰離昇本生燈口表明空氣進入過多，應將之旋小，若火焰中之還原焰區域消失表明空氣進入過少，則將調節器旋開。

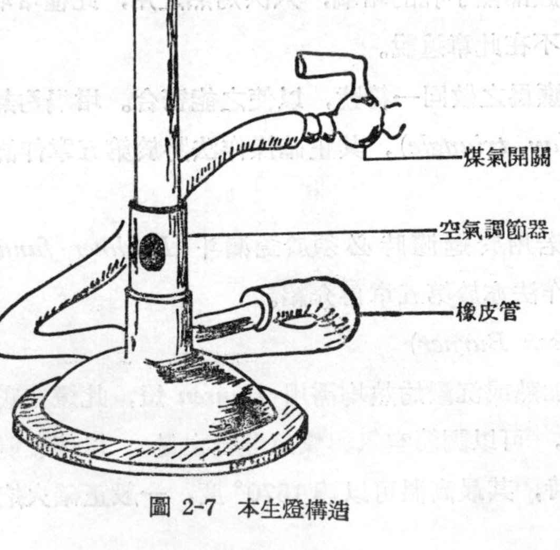

圖 2-7 本生燈構造

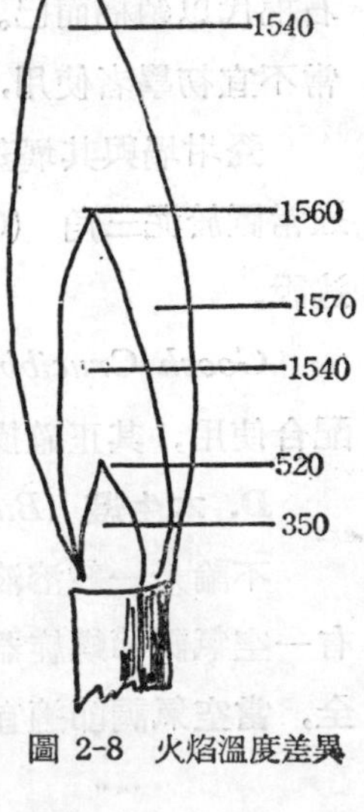

圖 2-8 火焰溫度差異

此了最常用的本生燈外，*Méker* 燈，*Tirrill* 燈，噴燈（*blast burner*）亦常見；*Méker* 燈類似本生燈，惟其燈口擴大，其上張一粗孔金屬網，混合空氣之煤氣，僅於網上着火，形成多數小本生火焰群，其溫度比本生燈尤高，卽用以加熱小物體時可達到 1450—1500 度。如圖 2-9 所示。

Tirrill 燈與本生燈點燃原理相同，惟在空氣調節器構造上有所不同而已，如圖 2-10 所示。

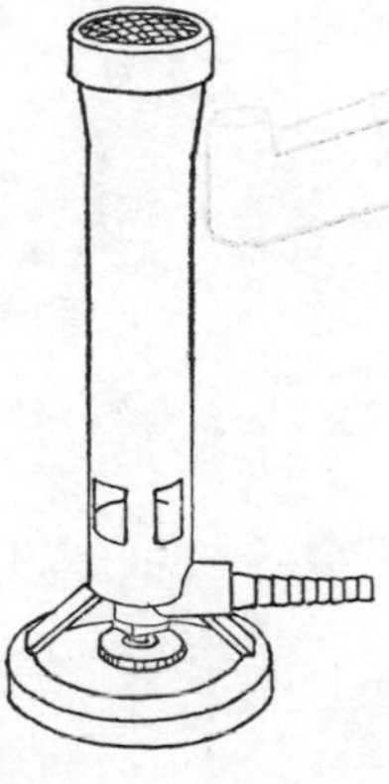

圖 2-9　*Méker* 燈

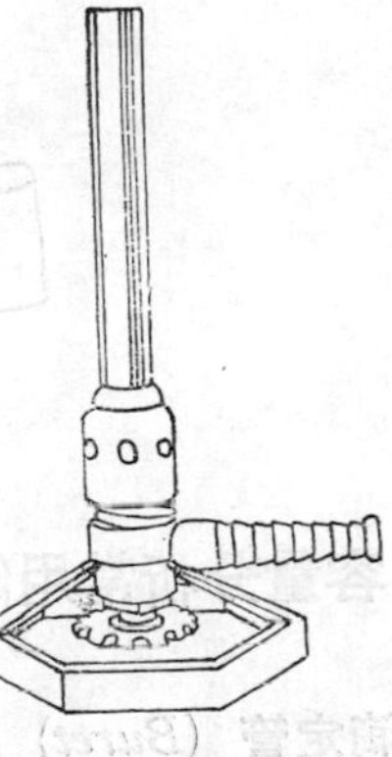

圖 2-10　*Tirrill* 燈

噴燈乃是具有本生燈所有特性外更具有鼓風構造，溫度可達1200度以上，空氣與煤氣調節器在左右兩側，如圖 2-11 所示。在定量分析時，至少需要兩種燈，其一如本生燈或 *Tirrill* 燈之類，在其發揮最高溫度時，可達 1000 度附近，普通加熱或灼熱一般沈澱時用之。另一種，則爲極高溫溫度之燈，如 *Méker* 燈，噴燈之類，於灼熱特種沈澱時用之。惟加熱所能達到之溫度，常因容器之大小，形狀及製作材料而異。學者用本生燈應特別注意安全。

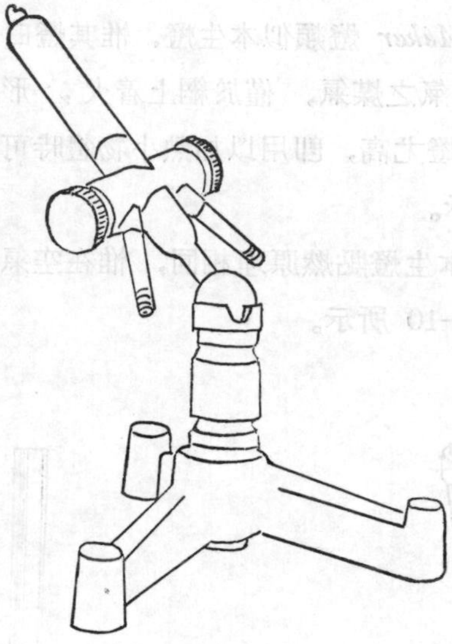

圖 2-11 噴燈

§ 2-3 容量分析常用儀器

A. 滴定管 (*Buret*)

滴定管是由一管徑大小一致長形玻璃管製成，其表面刻有細緻的刻度由 0 至 50 每一大格又可分成 10 小格，管的下端連接一玻璃活塞，底端緊縮成細尖形。

滴定管是容量分析法不可缺少的儀器，猶如天平在重量分析法中爲最重要的用具，關於滴定管正確用法將在第四章作詳盡地介紹。

B. 量管 (*Pipets*)

量管因用途不同而分爲移液管 (*Transfer Pipet*) 與量液管 (*Measuring Pipet*) 兩種。

移液管係由兩端細長中間圓柱形之玻璃管製成，上端有細刻度線，當溶液盛至此刻度時，表明溶液容積就爲管上標誌之 *ml* 數。移液管有容積 10,25,50*ml* 等大小。

量液管係一刻有精細刻度，管徑大小一致，下端較細的玻璃管製成，其用途祇適於量取不同容積的液體；二者正確使用法亦在第四章再述說。

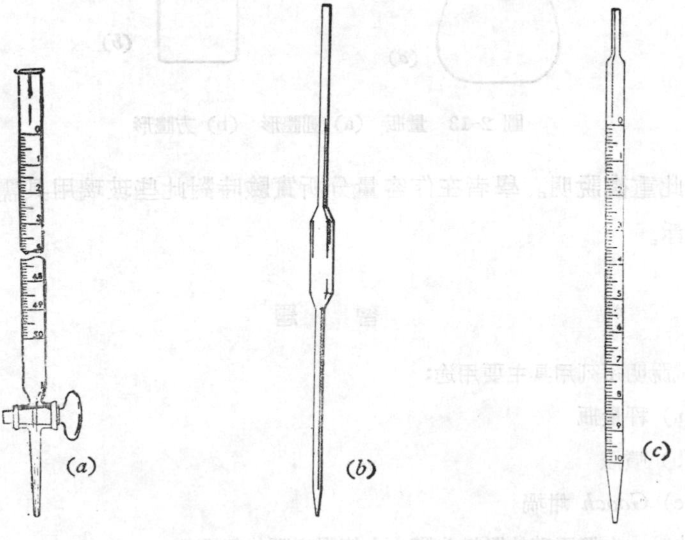

圖 2-12 (a) 滴定管 (b) 量管—移液管 (c) 量管—量液管

C. 量瓶 (*Volumetric Flask*)

量瓶係一平底瓶，有圓體形與方體形，通常均採用圓體形；在細頸上有一環繞密閉之細刻線，當液面至此刻度時表示液體容積正爲標誌所示若干 *ml*。量瓶有 100*ml*，250*ml*，500*ml* 與 1000*ml* 等容量；至於其正確使用法在第四章再作介紹。

容量分析法所需用儀器除上述介紹數項外，其他如量筒，細吸管，玻璃漏斗等亦經常使用，這些簡便用具在上册定性分析已作解釋

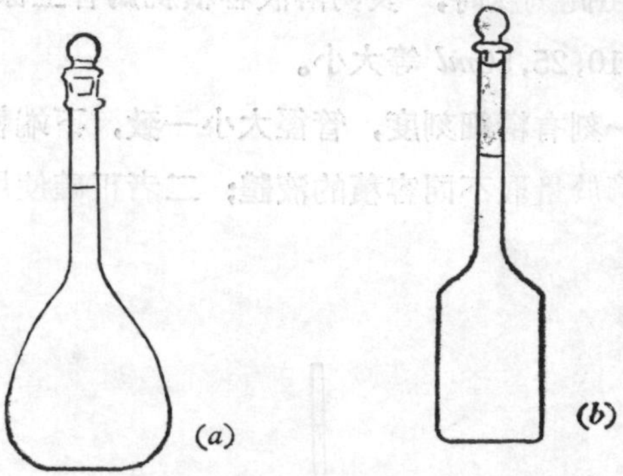

圖 2-13 量瓶 (a) 圓體形 (b) 方體形

不再此重複說明。學者在作容量分析實驗時對此些玻璃用具需經常保持乾淨。

習 題

1. 試說明下列用具主要用途:
   (a) 秤量瓶
   (b) 噴燈
   (c) *Gooch* 坩堝
2. 述說本生燈正確的點燃步驟；火焰過高應如何調整。
3. 本生燈火焰溫度最高的區域應在何處？
4. 收濕器應如何將其玻璃蓋打開，簡單說明之。
5. 量管可分爲那兩類型式，其用途如何？
6. *Méker* 燈與本生燈有何顯著的不同？
7. 試將把普通化學實驗所用的儀器依列出名稱與其用途。

第三章　天平稱量法

天平雖然形式很多，通常分析所用天平不外乎是等臂天平與單槓天平兩種，初學者應先對等臂天平有深切的認識再使用單槓天平。本章將先從等臂天平作詳細的說明爾後對單槓天平再作進一步的介紹。

§ 3-1　天平的基本原理

等臂天平構造雖甚複雜，其原理卽是等臂槓桿。槓桿左邊懸掛質

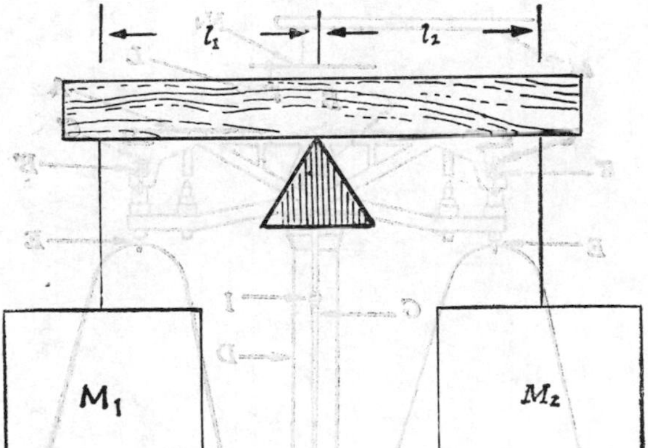

圖 3-1　等臂槓桿原理（$l_1=l_2$）

量 M_1 物體，右邊則掛有另一質量 M_2 物體，如二兩在平衡狀況下則有下列關係：

$$M_2gl_2=M_1gl_1 \text{（力矩相等）}$$

$$M_2l_2=M_1l_1$$

因爲 $l_1=l_2$ 所以 $M_1=M_2$ 故如右邊懸掛之質量 M_2 爲已知，則左邊懸掛之質量 M_1 亦可求得。等臂天平便利用上述簡單原理，用已知精確質量物體置於右邊一砝碼，與欲量度質量之物體相比較，調整砝碼數量直至達到平衡，既可求出此物體之精確質量。

§ 3-2 等臂天平之構造

等臂天平爲輕金屬所製之樑，兩端各懸一皿，樑之正中間位置爲支點，支點至懸皿處之部分稱爲臂，左右兩臂等長，故此種構造之天平，各爲等臂天平 (*Equal-Arm Balance*)。天平之構造，甚爲複雜，如下圖所示。

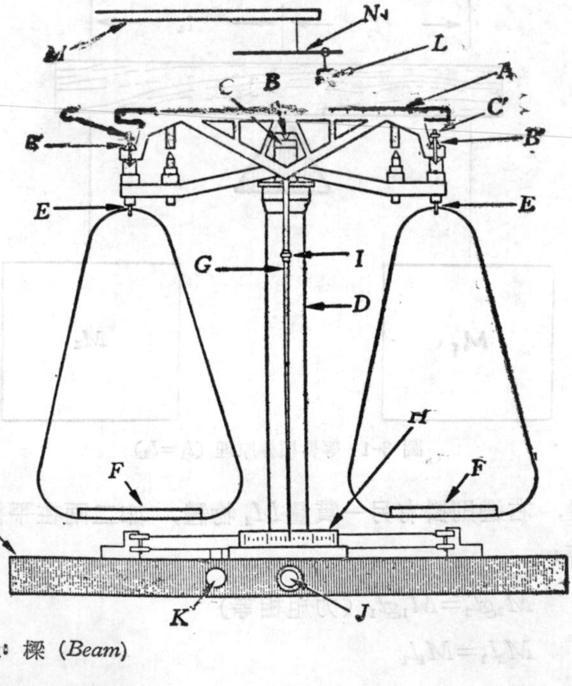

A: 樑 (*Beam*)

B, B'：瑪瑙刀尖 (*Agate Knife edge*)
C, C'：瑪瑙平板 (*Agate plate*)
D：柱 (*Column*)
E：鐙形架 (*Stirrup*)
F：秤盤 (*Pan*)
G：指針 (*Pointer*)
H：指標 (*Pointer scale*)
I：指針重節 (*Pointer bob*)
J：樑昇降鈕 (*Beam arrest knob*)
K：托盤昇降鈕 (*Pan arrest knob*)
L：游碼 (*Rider*)
M：活動桿 (*Rider carrier rod*)
N：游碼鈎 (*Hook*)
O：底架 (*Base*)

圖 3-2　等臂天平構造

柱D，由螺旋固定於底架O上，樑A以瑪瑙刀尖B與瑪瑙平板C相接觸，支架於柱上；B與B'爲樑等距離兩端之瑪瑙刀尖，該刀尖向上支住鐙形架E，其間仍係用瑪瑙平板爲相觸點。秤樑中間有一指針，擺動於底端指標上。J爲樑昇降鈕，將其旋轉使桿樑昇降，當天平靜止時，應使桿樑上昇，此時刀尖B與平板C分離，而秤樑兩端刀尖B'亦與C'分離，再將K拉出使托盤上昇而將秤盤固定，此時天平完成呈靜止狀態。當使用天平時再依反方向使桿樑下降與托盤下降，天平呈懸空狀態，爲防止當物體、砝碼移開或置於秤盤時，秤樑之擺動及刀尖之磨耗，一定先使天平固定後再進行此步驟。

指標H並無標明數字，以中線標爲O，左邊標爲負（−），右邊標爲正（+），當指針在標尺上左右擺動時，記錄正負數值。指針上的重節I，可以隨意上下，如此可以使天平樑全體之重心變化。

在天平樑上，中點至左右兩端各有刻鐫 100 等分之細線，由活動桿M之進退及旋轉，可將游碼鈎N活動，以安放游碼L於天平樑上。游碼多爲鉑絲所製，其重量設爲 10mg，則每一刻格與 10mg/100 即 0.0001 克相當。

天平常置於玻璃匣中，匣之前面玻璃（有時在兩側）可以開啓，其餘均固定，在不用時除了使天平桿樑與秤盤固定不動外，隨時將玻璃門緊閉，以防止空氣之流動而妨礙秤量。在天平底端平臺上有一氣泡水平調節器 (*levelling plate*)，由天平匣下前方兩活動螺旋旋轉，可將天平置成水平狀態。

使用天平動作須輕盈不可粗心莽動。

§ 3-3 天平正確使用法

使用天平前先作幾項檢查，(1) 以柔軟羽毛輕刷秤盤，(2) 觀察天平是否成水平狀況，藉氣泡水準器觀察調整，(3) 檢查秤樑與秤盤是否上下自如，(4) 檢查天平在無負重下指針是否能在標尺上作左右等距擺動，如果擺動不均時可藉秤樑兩端螺旋調整器調整之，初學者不宜自行調整應請助教試之。天平操作可依下列分項逐次操作:

1. 將欲秤量物體先在粗略天平上秤其大約量。
2. 再將欲秤量物體擺置於左邊秤盤上，依據步驟 1 所知大略克數把相當數量的砝碼重置於右邊秤盤上。
3. 輕輕地旋轉按鈕使天平雙桿慢慢落下。
4. 觀察指針偏差程度是否過於偏右或偏左，若太偏於一邊，將天平樑上昇固定重新調整砝碼使與物體幾近平衡。
5. 再輕放天平樑，此時指針應在指標尺左右作等距擺動。
7. 將按鈕按下使托盤下降。
8. 利用游碼調整，使指針能在零點左右兩邊等距擺動，表示砝碼重等於物體重。
9. 秤量完畢後先將托盤上昇固定，再將天平樑上昇固定。
10. 記錄砝碼的總共克數。

11. 將砝碼以砝碼鉗擺回盒內再移開物體。

12. 將游碼鈎回固定的位置。

天平秤重過程中有幾項要點學者應特別注意:

1. 秤重時物體不可直接放置在秤盤上，應藉秤量瓶或表玻璃等盛器爲媒介才不致損壞秤盤。

2. 每一次添加砝碼時必先將托盤上昇使秤盤固定,再增減砝碼,否則天平搖擺不定會降低其靈敏度。

3. 砝碼之添加,應由克數較大的砝碼先放,再逐次添加小砝碼。

4. 秤量時除添加砝確外不可將前面玻璃櫥窗打開，以免受外界氣流及溫度之影響。

5. 欲秤量物體不可在溫度很高時直接放入天平秤重，因爲由於氣體對流的現象，秤重不能準確。

6. 秤量完成後先察看砝碼盒空位砝碼之數量先記錄之，然後查看秤盤上之砝碼對照複查，此可避免砝碼記錄的錯誤。

7. 對揮發性高的物質如碘等不可放在天平上直接秤重。

8. 操作整個過程中學者應小心翼翼，動作輕細。

§ 3-4　天平的靈敏度

天平之靈敏度是天平秤樑因任一秤盤上增加每一單位重量(毫克)時由平衡狀況所移動角度之 *tangent* 值

$$靈敏度=\frac{\tan\alpha}{w}$$

α: 從平衡位置所偏之角度

w: 所增加單位重量

因爲 α 角度很小且爲了操作簡便可認爲秤盤增加每一單位重量(毫克)

時天平指針由*平衡點所移動的刻度爲其靈敏度。

$$靈敏度=\frac{由平衡點所移動刻度}{增加單位重量(mg)}$$

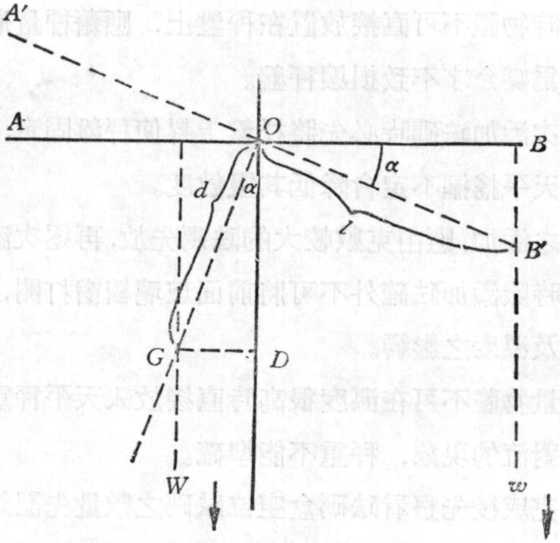

AB：天平平衡位置

$A'B'$：增加 w 荷重時秤樑新位置

O：支點

w：增加的荷重

W：秤樑重

由等力矩之關係，　$W\cdot g\times\overline{GD}$（反時針方向之力矩）

$=w\cdot g\times\overline{OC}$（順時針方向之力矩）（$g$：動加速度）

$$Wg\times\overline{GD}=wg\times\overline{OC}$$

$$\frac{\overline{DG}}{\overline{OC}}=\frac{wg}{Wg}=\frac{w}{W}$$

$$\sin\alpha=\frac{\overline{DG}}{\overline{OG}};\quad \cos\alpha=\frac{\overline{OC}}{\overline{OB'}}$$

*（平衡點：天平在任何荷重時，物重與砝碼重達其平衡，指針在標尺上應有的平衡位置）

$$\tan\alpha=\frac{\sin\alpha}{\cos\alpha}=\frac{\overline{DG}}{\overline{OC}}\times\frac{\overline{OB'}}{\overline{OG}}=\frac{w}{W}\times\frac{\overline{OB'}}{\overline{OG}}$$

$\overline{OB'}$ 爲秤樑長度(l)

$\overline{OG}$ 爲重心與支點距離(d)

$$\tan\alpha=\frac{wl}{Wd}$$

$$靈敏度=\frac{\tan\alpha}{w}=\frac{l}{Wd}\qquad\boxed{靈敏度=\frac{l}{Wd}}$$

故知天平靈敏度與秤樑長度 l 成正比，與秤樑總重 W，重心與支點距離 d 成反比，因此最理想的情況是天平有較長的秤樑，重心應在支點下端近處，但要構造此種天平在技術上有多種困難，雖然靈敏度與荷重多寡無關，但實際上天平靈敏度隨荷重的增加而減低。

明瞭靈敏度求法可利用於物體精確重量之計算。

§ 3-5　天平之理想形性

天平之重要性質，爲準確與靈敏。欲備具此二特點，理想上，其形性方面，應爲:

(1) 天平兩臂必須等長。

(2) 兩臂必相當堅實，不易因載重而彎曲。

(3) 重心必須在支點下端近處。

(4) 三個瑪瑙刀尖必須在同一平面。

(5) 瑪瑙刀尖與瑪瑙平板摩擦應極少。

(6) 中間之刀尖，所受天平各部之總重量，必須甚輕。

對天平良否以及天平各部調節適否之簡單檢查爲:

(1) 空天平左右振動時，其振幅之減小，應有一定的趨勢。

(2) 空天平之任一秤盤中置 $1mg(0.001g)$ 砝碼時，指針應有顯著之偏倚。

(3) 最大載重時，1*mg* 之差，指針亦應有相當大小之偏倚。

(4) 左右兩秤盤中，各置重量相等之砝碼，後又將砝碼互相對調，而前後兩次指針之靜止點應相一致。

§ 3-6 零點之求法——實驗 1

天平在無荷重時，指針在標尺左右移動應有的平衡靜止位置稱爲零點 (*zero point*)。

如果天平沒有牽制器 (*damping device*) 裝置時，零點的測定有兩種方法一爲長擺法，二爲短擺法，長擺法雖較費時但其準確度較高，適用於精密化學實驗的天平操作，如砝碼糾正實驗，天平靈敏度測定，試料分析等實驗:

A. 長擺法:

當天平右秤盤砝碼重與左秤盤物體荷重幾近平衡時，指針在標尺中間刻度左右作長弧度擺動，因空氣磨擦力，擺動弧度愈來愈小，取中間刻度之右端爲正，左端爲負，連續讀出指針每一次左右擺動最大的刻度，再求其平均值便可得零點的位置。讀數時第一次之讀數與最後一次讀數須在相同的一端，故零點的測定，可取指針連續在左（右）擺動三次與右（左）擺二次之各平均值，取此二平均值之代數和再以 2 除，即可得零點。

例如:

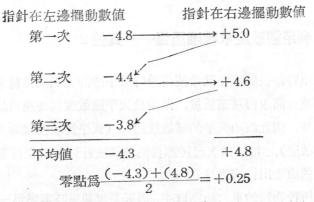

指針在左邊擺動數值		指針在右邊擺動數值
第一次	−4.8	+5.0
第二次	−4.4	+4.6
第三次	−3.8	
平均值	−4.3	+4.8

$$零點爲\frac{(-4.3)+(4.8)}{2}=+0.25$$

故零點在刻度中間位置之右端＋0.25 處。

學者自行練習操作，求出零點值。

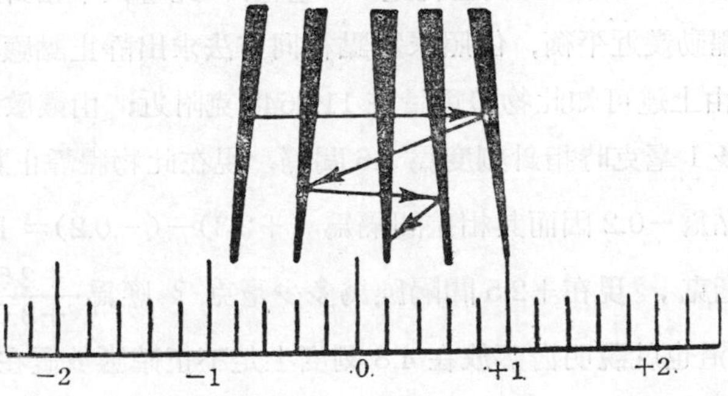

圖 3-3　指標讀法

B.　短擺法：

短擺法與長擺法原理相同，祇是短擺法使指針擺動弧度小忽略其摩擦力因素，故祇需記錄指針在標尺中間位置（刻度0）左邊擺動最遠刻度與右邊擺動最遠刻度，取兩數值之平均值卽爲零點。

例如：

左邊擺動刻度	右邊擺動刻度
−1.0	+0.8

$$零點爲\frac{-1.0+0.8}{2}=-0.1$$（中間刻度之左側 0.1 刻度位置）

§ 3-7 利用靈敏度求精確重量——實驗 2

當秤重時最後的操作就是使荷重時天平的靜止點與無荷重時天平的零點相重合而求得精確重量，但由於天平靈敏度高要達到此目的必須耗時甚多，因此假如天平的靈敏度已知（天平靈敏度理論上不因荷重多少而改變），可以藉著已經測得的靈敏度計算指針在荷重時應有靜止位置進而求出精確重量。

假設所秤物體的重大約爲11克，而天平無荷重時零點爲－0.2（中間刻度左側），而天平靈敏度爲3.6刻度，且在右秤盤上計用砝碼11.26克而游碼停在 4.8 刻度上（也就是 4.8 毫克），此時天平指針在零點附近作左右擺動幾近平衡，依照求零點相同方法求出靜止點應在的刻度爲＋2.3。由上述可知此物體重量在 11.2648 克附近；由靈敏度定義可知比荷重多 1 毫克時指針刻度爲 3.6 間隔，現在此物體靜止點爲＋2.3 而天平零點爲－0.2 因而其相差間隔爲 $(+2.3)-(-0.2)=+2.5$，3.6 間隔爲 1 毫克，現在＋2.5 間隔應爲多少毫克？應爲$\dfrac{+2.5}{+3.6}=+0.7$（毫克），這也就說明游碼放在 4.8 刻度上是不正確應放置在 5.5 刻度才能使靜止點與零點相重合，因此此物體重爲 11260.0 毫克＋5.5 毫克＝11265.5 毫克，或11264.8毫克＋0.7 毫克＝11265.5 毫克＝11.2655克。

將上述說明公式化:

W爲物體精確重量（質量），以毫克表示。

A爲物體的近似重量。

R爲右秤盤的砝碼爲A重時，指針之靜止點。

E爲天平的零點。

S爲天平在荷重爲W時之靈敏度（每單位毫克使指針移動的刻度。）

計算公式：

$$W=A+\frac{R-E}{S}$$

以上述數值代入此式 A：11.2648 克＝11264.8毫克

R：＋2.5

E：－0.2

S：＋3.6

$$W=11264.8\text{ 毫克}+\frac{(+2.5)-(-0.2)}{3.6}\text{毫克}$$

$$=11264.8\text{ 毫克}+0.7\text{ 毫克}$$

$$=11265.5\text{ 毫克}$$

$$=11.2655\text{ 克}$$

對任何物體秤重皆利用此法求得精確重量至0.1 毫克單位。今後對試料精確秤重必須秤到 0.1 毫克單位。

本實驗學者可依照3-3，天平正確使用法，3-6零點求法與本節所述說的原理，由助教處得一欲秤重的物體如 5 角或 1 元錢幣，練習秤重至 0.1 毫克，每一物體必須作兩次實驗，再比較所得結果。

§ 3-8　砝碼 (*Weights*)

質量的基本單位原為純水在攝氏 4 度其密度最大時，單位體積之質量為標準；在實用上，頗感不便，後來又訂 *kg*（公斤）為單位。在化學分析上所用重量單位，則為 *g*（克）。

用天平側定一物體重量時， 常以一定重量之砝碼 (*Weights*) 比較而得之。

在分析上所用的砝碼有四種樣式：*M*型，*S* 型，*S*-1 型，與 *P* 型 (*S*-2型)。*M* 型砝碼為最精製用於精確校正工作，*S* 型與 *S*-1 型次之，用於一般校正工作，大多數學生實驗所用砝碼均爲P型。P型砝碼包含，50克一個，20克兩個，10克一個，5克一個，2克兩個，1克一個，500毫克，200毫克各一個，100毫克兩個，50毫克一個，20毫克一個，10毫克兩個，有時亦含5毫克一個。各種克數砝碼均放置在砝碼盒內固定位置。

使用砝碼時應注意下列幾項：

1. 砝碼必須用砝碼夾移置於天秤盤上，切忌以手直接拿取，因爲手上濕氣易使砝碼損壞。
2. 拿取砝碼必須謹愼切忌掉落地上而使精確度降低。
3. 對毫克砝碼本必須小心以防丢失。
4. 秤重完畢後立即以夾子將砝碼放置固定位置再將盒蓋蓋上以防灰塵侵入。

各型砝碼均有其允許的誤差值，茲將P型與M型砝碼允許各種誤差相較於下表：

表 3-1 M型與P型砝碼允許誤差值比較

砝碼重	M型(毫克)	P型(毫克)
50克	0.25	1.2
20克	0.10	0.70
10克	0.05	0.50
5克	0.034	0.36
2克	0.034	0.26
1克	0.034	0.20
500毫克	0.0054	0.16
200毫克	0.0054	0.12
100毫克	0.0054	0.10
50毫克	0.0054	0.085
20毫克	0.0054	0.070
10毫克	0.0054	0.060

砝碼克數愈小其所容許誤差時愈小，由於砝碼之精度各有不同，

須加以校正以求精確秤重值。

§ 3-9 砝碼校準——實驗 3

要求得物體之精確重量（質量），除了應知道如何使用天平以避免人爲誤差外，砝碼自身之準確與否，亦須特別注意，否則秤量結果，即不可靠。

校正砝碼除了準備欲校正砝碼外，另須備一副同形砝碼作爲輔助砝碼（其重量之正確與否無關係），其標準砝碼，則爲被校準之砝碼中面值 0.01 克者，此 0.01 克砝碼稱之爲基準砝碼；校準步驟順序如次。

(1) 依照前幾節所述方法求天平之靈敏度。

(2) 游碼重量之校準。

假設欲校準之砝碼，面值爲50克，20克等等：

50， 20， 10， 10′（相同面值砝碼以記號區別之）

5， 2， 1， 1′， 1″，

0.5， 0.2， 0.1， 0.1′

0.05，0.02，0.01，0.01′，0.01″

游碼（0.01 克重）

游碼重爲 0.01 克，欲知其可用與否，可以用 0.01 克之基準砝碼與之比較。

步驟 1： 先將 0.01 克之基準砝碼置於天平之右皿中。

步驟 2： 將輔助砝碼中面值 0.01 克之砝碼置於左皿中，使之平衡。

步驟 3： 利用長擺法測定其靜止點的刻度，記錄之。

步驟 4： 將基準砝碼取去，而以欲訂正之游碼騎於相當於重量

0.01 克之處（桿樑之右端），再測其靜止點。

步驟 5： 由步驟 4 所得的靜止點未必與步驟 3 之靜止點相同卽使右皿中各爲 0.01 克重量。設其相差刻度爲 D 時，則游碼重量修正值爲 $\frac{D}{\text{靈敏度}}$ 毫克（參考實驗 2）

因此游碼重量爲 $0.01(\text{克}) \pm \frac{D}{\text{靈敏度}} \times \frac{1}{1000}(\text{克})$。

如游碼之重量在 0.01 克 ± 0.0001 克範圍以內，卽可應用；否則此游碼則廢棄。

(3) 砝碼（0.01′），（0.01″），（0.02），（0.05）之校準

步驟 1： 今將 0.01 克基準砝碼置於天平之左皿，將輔助砝碼中面值 0.01 克置於右皿中，（爲說明方面令此輔助砝碼爲 P 克）。

步驟 2： 將已校準過的游碼騎於適當位置。

步驟 3： 由長擺法求其平衡點。

例如所求得結果如下：

左皿	右皿
0.01(克)	$P+0.00038$(克)（此值由靜止點與靈敏度算出）

步驟 4： 將左皿中基準砝碼取去，換上欲校準之 0.01′ 克砝碼，依尋常操作求其靜止點。

例如所求得 0.01′ 與 P 平衡時之靜止點爲：

左皿	右皿
0.01′(克)	$P+0.00044$(克)

步驟 5： 由步驟 3 與 4 所得結果相比較

$0.01' = P + 0.00044$

$0.01(\text{基準}) = P + 0.00038$

所以 $0.01' = 0.01 + 0.00006$

故 0.01′ 校準後重量應爲 0.01＋0.00006 克。

又用相同方法可依次求出 0.01″ 之重量。

左皿　　右皿

0.01″(克)　0.01′－0.00001(克)

即是　0.01″＝0.01＋0.0006－0.00001＝0.01＋0.00005

校準 0.02 克砝碼時其步驟亦相同。

步驟 1：在左皿中置欲校準 0.02 克之砝碼。

步驟 2：左右皿中置 0.01 克與 0.01′ 克兩個校正後之砝碼。

步驟 3：游碼置於適當位置，再求其靜止點。

左皿　　右皿

0.02(克)　0.01＋0.01′－0.0001(克)(由靈敏度求出)

0.02＝0.01＋0.01＋0.00006－0.00001

＝0.02＋0.00005

依次類推，可求出 0.05，與其他砝碼之校準值。

將全部砝碼校準後列於表 3-2。

0.05＝0.02＋0.01＋0.01′＋0.01″－0.00007

＝0.05＋0.00009

表 3-2　砝碼校正

砝碼面値 (*A*)	用長擺法所求平衡後的修正重量 (*B*) 克	眞値 (*C*) 克	理想値 (*D*) 克	校正値(*mg*) (*E*)
0.01	基準砝碼	0.01	0.01002	－0.02
0.01′	0.01＋0.00006	0.01006	0.01002	＋0.04
0.01″	0.01′－0.00001	0.01005	0.01002	＋0.03
0.02	0.01＋0.01′－0.00001	0.02005	0.02004	＋0.01
0.05	0.02＋0.01＋0.01′＋0.01″－0.00007	0.05009	0.05009	0.00
0.1	0.05＋0.02＋0.01＋0.01′＋0.01″－0.00006	0.10019	0.10018	＋0.01

0.1′	0.1+0.00001	0.10020	0.10018	+0.02
0.2	0.1+0.1′−0.00004	0.20035	0.20035	0.00
0.5	0.2+0.1+0.1′+0.05+0.02+0.01+0.01′+0.01″−0.00011	0.50088	0.50088	0.00
1	0.5+0.2+0.1+0.1′+0.05+0.02+0.01+0.01′+0.01″−0.00004	1.00183	1.00177	+0.06
1′	1−0.00002	1.00181	1.00177	+0.04
1″	1−0.00006	1.00177	1.00177	0.00
2	1′+1″+0.00025	2.00383	2.00354	+0.29
5	2+1+1′+1″−0.00040	5.00884	5.00884	0.00
10	5+2+1+1′+1″−0.00040	10.01768	10.01768	標準
10′	10−0.00036	10.01732	10.01768	−0.36
20	10+10′−0.00001	20.03499	20.03536	−0.37
50	20+10+10′+5+2+1+1′+1″−0.00009	50.08807	50.08840	−0.33

表上所列*A*欄：砝碼面值；*B*欄：利用長擺法求出修正後的重量；*C*欄：表示校正後砝碼應有的重量；*D*欄：爲砝碼之理想值（*ideal value*），所謂理想值是以面值 10 克砝碼之眞值 10.01768 克爲標準者（較大砝碼有較大的修正因素），以此值爲標準時，則面值 1 克砝碼之理想值應 1.001768 克或省略爲 1.00177 克；而面值爲 0.01 克砝碼其理想值應爲 1.00177/100＝0.010017 省略爲 0.01002 克，其他砝碼亦是如此計算；*E*欄：爲校正值既是由*D*欄數值減去*C*欄數值而得。

由校正值一欄中，我們可以校正任何的秤重，例如秤一物體時，右皿中砝碼總面值爲

右皿砝碼重	修正值（由*E*欄查對）
10	0.00
2	+0.29
1	+0.06
0.05	+0.00

$$\begin{array}{cc} 0.01 & -0.02 \\ \hline 13.06 & +0.33 \end{array}$$

所以眞正物體重應爲 13.06＋0.33＝13.39(克)

一般分析的結果，常以百分率報告，故所用的砝碼，只要各砝碼間之相對重量確實，即可得確實的分析結果。學者在作秤重時不可將砝碼任意借用，每組用固定校正後之砝碼。

§ 3-10 空氣浮力的修正

物體在空氣中，均受空氣浮力之影響，根據阿基米德原理，物體所減輕的重（浮力）等於與該物體等體積之空氣重量。所以秤重時除了砝碼校正外應作空氣浮力之修正。

令 W^0 爲物體在眞空中實重。

W 爲物體在空氣中秤重。

V 爲物體所佔的體積。

V' 爲砝碼所佔的體積。

a 爲空氣的密度（單位體積空氣重)。

由阿基米德原理（*Archimedes*)，可知

$$W^0=W+(V-V')a\cdots\cdots\cdots\cdots(1)$$

物體在眞空中之重相當於物體在空氣中之秤重加上物體與砝碼所受浮力之差值。

因爲被稱之物體之比重與砝碼是不同，故所受浮力，亦自不同。

物體的體積 $V=\dfrac{W^0}{d}$（d: 物體之密度)

砝碼的體積 $V'=\dfrac{W}{d'}$（d': 砝碼之密度)

代入 (1) 式得

$$W^0 = W + \left(\frac{W^0}{d} - \frac{W}{d'}\right)a \cdots\cdots\cdots\cdots (2)$$

在第(2)式中，括弧內之值與第一項 W 值比較，幾乎甚微，且 W^0 與 W 相差亦很小，因此在括弧內 W^0 可以用 W 代替，而不致有太大影響整個式子之眞值，因此第 (2) 式可寫成：

$$W^0 = W + \left(\frac{W}{d} - \frac{W}{d'}\right)a$$

$$W^0 = W + W\left(\frac{a}{d} - \frac{a}{d'}\right) \cdots\cdots\cdots\cdots (3)$$

第 3 式可用爲物體秤重時對空氣浮力之修正。

a 值雖受溫度與壓力的影響，一般可採用 0.0012克/毫升 之近似值計算，除非要求極精確之秤重，此兩個影響因素是不必列入考慮。

§ 3-11 秤量時引起誤差的因素

秤量時除了學者粗心大意所起之人爲誤差因素外，總括在學理上會產生誤差有下列數項：

(1) 天平兩臂不等長。

(2) 砝碼未經校準。

(3) 空氣浮力影響。

(4) 被秤重物體在秤重前後起變化。

(5) 秤重時條件的變化。

秤量時，被秤物體若易潮解或易吸收空氣中 CO_2，O_2 者，及易揮發或失水物質者，均會產生極大誤差，所以遇此類物質時應置於密閉之秤量瓶內避免暴露於空氣中，除此之外，秤量此類物質宜迅速完成爲佳。

所謂秤重時條件的變化是在秤重時例如空氣在天平內產生對流的現象或容器情況之變化，包括水汽之凝結等等因素，爲防止對項誤差必迅速秤量爲上策。

總之，學者在秤量時隨時注意到會產生誤差的因素而設法去除以求較精確重量。

§ 3-12 分析天平之種類

除了在前幾節介紹的等臂天平外，最常見的分析天平是單桿天平

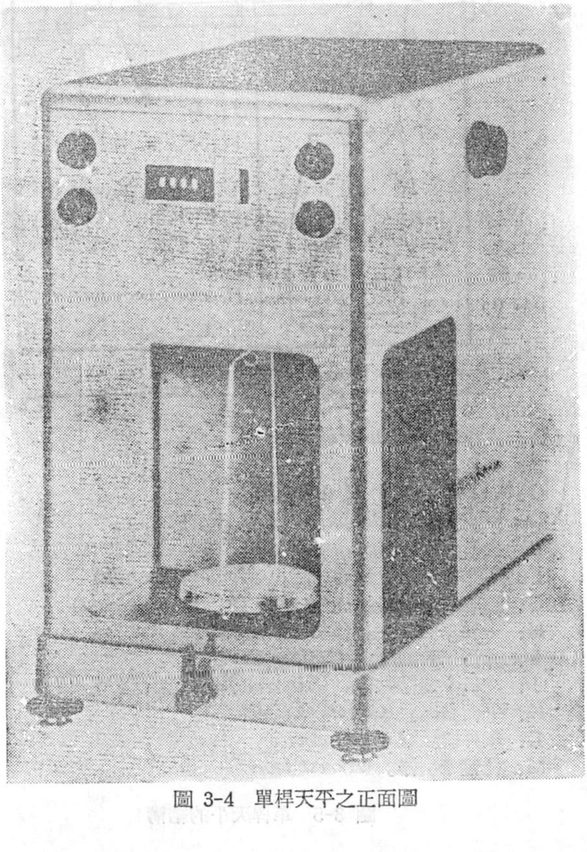

圖 3-4 單桿天平之正面圖

(*Single-Pan Analytical Balance*) 或直視天平，自動天平。

單桿天平的構造如圖 3-5 所示。在圖上可見秤桿祇有一個，而在其上有一組砝碼，當物體放在秤盤上，並將一組砝碼依照物體的重量而陸續移開，所以此種天平秤爲減式天平，而以前所提双臂天平却爲加式天平，因爲隨著物體重而依次加上砝碼於右秤盤中。

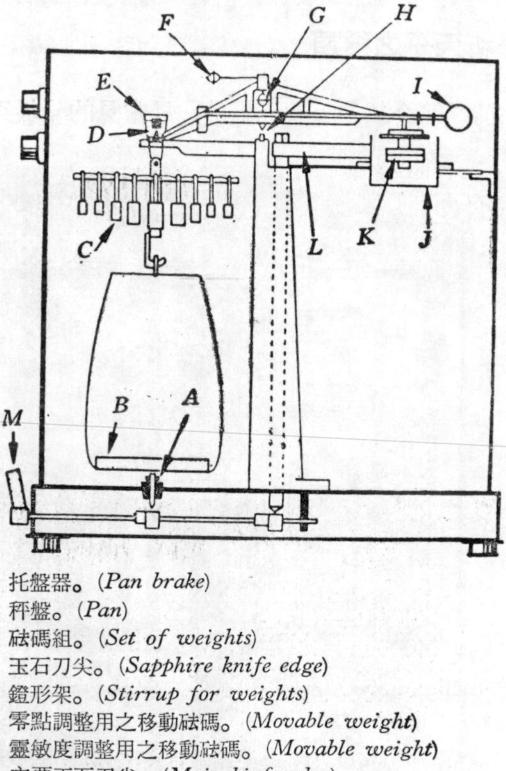

A：托盤器。(*Pan brake*)
B：秤盤。(*Pan*)
C：砝碼組。(*Set of weights*)
D：玉石刀尖。(*Sapphire knife edge*)
E：鐙形架。(*Stirrup for weights*)
F：零點調整用之移動砝碼。(*Movable weight*)
G：靈敏度調整用之移動砝碼。(*Movable weight*)
H：主要玉石刀尖。(*Main kinfe edge*)
I：光圈指示刻度。(*Optical scale*)
J：空氣牽制擺動器。(*Air damper*)
K：平衡砝碼。(*Counterweight*)
L：擧昇器。(*Lifting device*)
M：托盤牽引器。(*Arrest lever*)

圖 3-5 單桿天平的結構

單桿天平應用砝碼減去法秤重因此其靈敏度不改變。砝碼的變更可藉轉動砝碼鈕而調整之。砝碼鈕在天平正前面上端，鈕數多少視各種天平樣式而定，在圖 3-4 所示有四個砝碼鈕可以調整。通常有10～90 克與 1～9 克兩種鈕，另一爲光圈指示刻度調整鈕用以指示毫克單位。

單桿天平外通常亦使用鍵盤式双臂天平（*Keyboard Type*），此種天平，砝碼之添加或移去均採用機械化，可使秤量更爲迅速。其外觀如圖 3-6。

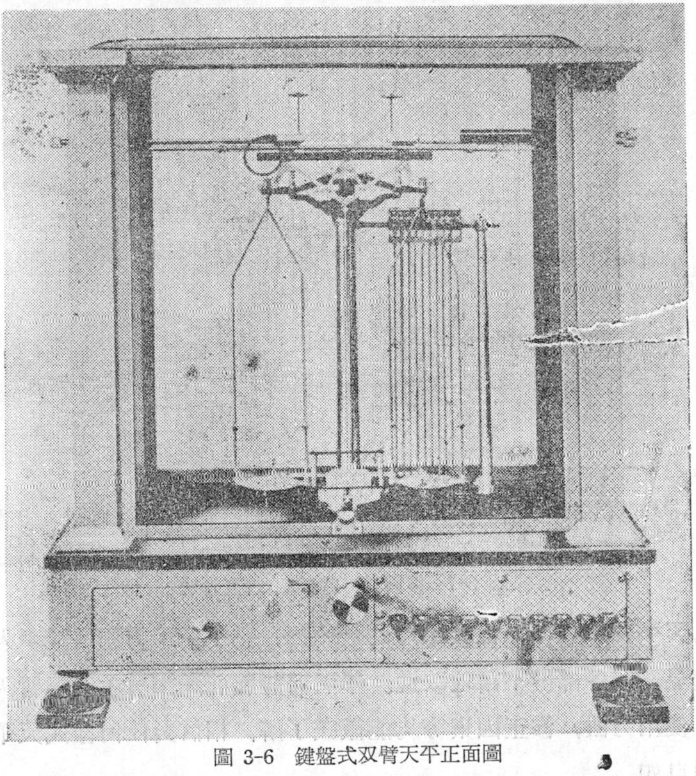

圖 3-6　鍵盤式双臂天平正面圖

双臂天平靜止點的求法均藉用指針在標尺上左右擺動而讀其刻度，

此項人爲視覺誤差亦不可忽視；因此某種天平在指針擺動方面採用光學利用，在指針位置有一螢光幕，指針擺動時就有一影像光線出現在螢光幕，此類天平在應用上，較方便，稱之爲影像式指針天平 (*Projection-Reoding Type*)，其正面圖如圖 3-7 所示。

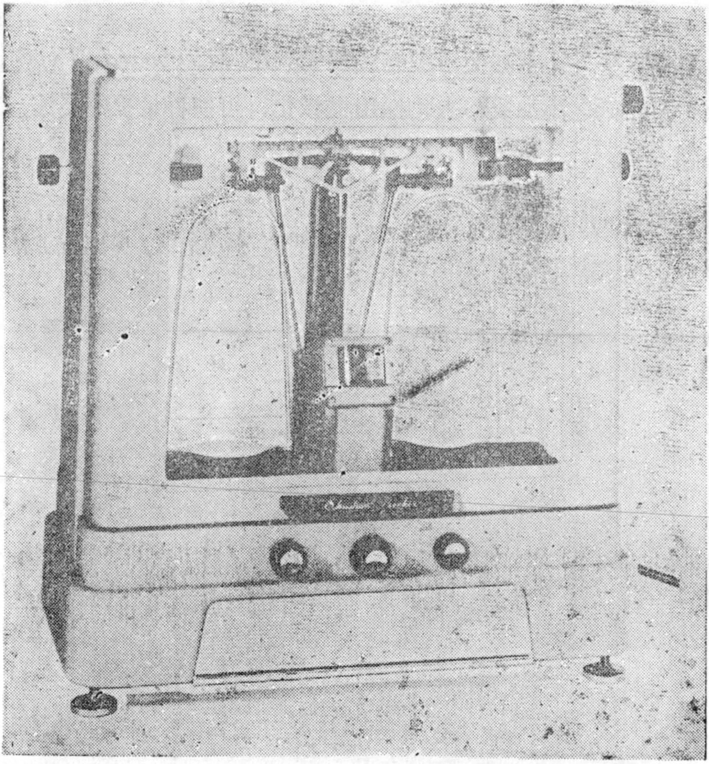

圖 3-7 影像式指針双臂天平正面圖

天平種類雖多，但其原理均是相同，爲了使用方便與減少人爲誤差起見，在各部份不斷地改進。學者若能將前幾節所說明等臂天平原理，使用方法，修正因素等均能徹底了解，相信對任何樣式天平均能使用自如。

習　題

1. 簡述等臂天平的基本原理。
2. 繪圖說明等臂天平構造。
3. 說明正確使用天平的方法。
4. 在秤量過程中應注意幾項要點。列舉說明。
5. 說明靈敏度的義意。
6. 說明何種條件下的天平最爲理想。
7. 試簡單說明靈敏度之求法。
8. 使用砝碼應注意那些要項？
9. 試簡單說明砝碼之校準方法。
10. 空氣浮力應如何修正。
11. 說明秤量時所引起誤差之因素，並說明如何避免。
12. 直式天平與双臂天平原理上有何不同？
13. 使用直式天平有何利弊之處？
14. 有一實驗者於秤量時發現指針太偏標尺左端，應如何調整？
15. 指針在無秤量時爲

　　左　−8.0，−7.5，−7.0

　　右　7.6，　7.2

　　在增加 1 毫克重量於秤盤上時爲:

　　左　−8.0，−7.6，−7.2

　　右　5.0，　4.6

　試計算　(a) 無荷重時之零點。

　　　　　(b) 荷重時之靜止平衡點。

　　　　　(c) 靈敏度。

　　　　　(d) 靈敏度之倒數。

第四章　重量分析實驗基本操作

§4-1　採樣

採樣 (*Sampling*) 是由原料中採取一部份供分析用之試料 (*Sample*)。採樣是分析工作先決條件之一，若所採取之試料未能代表全體時，則以後的工作是徒勞無功的。

液體與氣體因比較容易均勻混合，故較易採樣，固體原料爲了能使採取的試料能代表原料各性質與成分，在程序上可分爲:

(a) 採集一大試料 (*Gross sample*)

gross sample 之大小應該爲原試料之10分之1與100分之1之間，視其原試料均勻程度而定。

(b) 將此大試料製成一較小之試料，再送入分析室。

gross sample 用各種分法將其分出較小部份爲分析試料，其中較常用就是四分法 (*quatering*)，四分法是先將已經磨碎並篩過之試料堆成一圓錐形，次又將此圓錐形壓平使成一圓片形，劃成四個象限，只取其相對兩象限之試料，而棄其他二象限之試料，再將第一次四分法所得的試料，重覆一次，如此反覆施行數次卽可得所需的分析試料。

金屬或合金其採樣方式藉著切割 (*cutting*)，鑽屑 (*drilling*)，或鋸屑 (*sawing*) 等方法採集，對合金之採樣尤須格外注意其均勻混合度 (*homogeneity*)。

§4-2　試料之粉碎

試料之粉碎不外分藉著壓碎機 (*crusher*)，磨細機 (*grinder*)，磨 (*mill*) 等機器，磨細之後再用混合機 (*mixer*) 與予混合均勻。在一般實驗室中具備有鋼製，瓷製或瑪瑙製之手力研磨用之臼與杵。研磨臼及杵須極爲堅硬，通常粉碎硬度較小之試料可用鋼製之臼，而粉碎硬度較大之試料則用瑪瑙臼。在研磨過程中有下列數項應注意:

(1) 研磨用具本身亦會磨損而使試料汚染。

(2) 研磨過程中試料因愈細而其表面積愈增加，對空氣中水分的吸收愈趨嚴重。

(3) 研磨過程中試料發生氧化現象，顆粒愈細氧化愈嚴重。

由上三點可知試料過於細小亦非必要。

固體顆粒大小可用篩之粗細來區分 (*sieving*)，篩有各種號碼，如篩號爲 $4.00mm$ 時表示篩孔是 $4.00mm \times 4.00mm$。通常以一英寸間有若干孔者，稱之爲若干 *mesh*。

§4-3　乾　燥

經過採樣後之試料，先以 $105°$—$110°C$ 乾燥，以除其表面水分，爾後保存於乾燥器中，以備分析之用。

試料所含之水分不外乎兩種情形，一爲暴露在空氣中吸收空氣中水分，一爲試料自身所含之結晶水。前者可在 $105°C$ 左右烘乾以去除之，後者則須較高溫度才行，但溫度過高往往會使原試料變質而失去原來的特性。

乾燥過程可在烘箱內進行，烘箱均備有溫度調節器或一溫度計以便觀察，試料可裝盛在稱量瓶中再拿進烘箱，乾燥過程亦須注意到試料是否易氧化而失眞。

§4-4　試料之秤取——實驗 4

當明瞭天平秤量法之後，對粉末試料應如何秤取於分析容器中是本節所要敍述的。

粉末狀的試料秤取可依下列數步驟進行：

步驟 1：將秤量瓶洗淨後乾燥冷却。

步驟 2：將欲分析的粉末試料裝入量瓶內，並用瓶蓋蓋好。

步驟 3：依照圖 4-1 所示方法將秤量瓶放入天平左皿，秤其總重量。記錄爲 A。

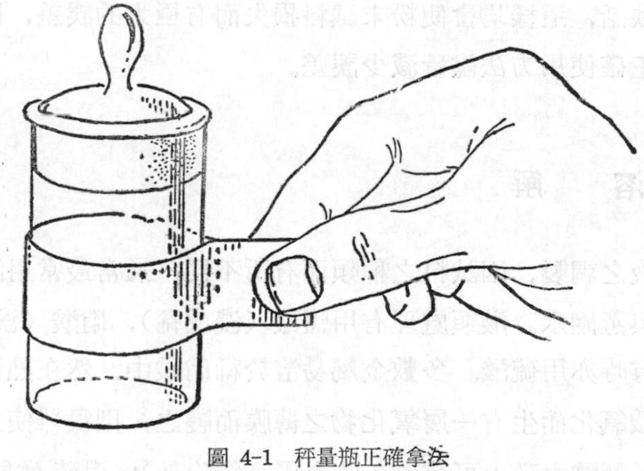

圖 4-1　秤量瓶正確拿法

步驟 4：秤重完成後，將秤量瓶拿出，打開瓶蓋，於潔淨的燒杯上，用右手輕旋秤量瓶使粉末落入燒杯中，切記勿使粉末飛揚而損失，或是用左手持秤量瓶於傾斜角度，右手輕敲瓶壁使粉末落入燒杯亦可。

步驟5：將瓶蓋蓋上，又持秤量瓶(此時瓶內有剩餘的試料)於天平上秤重，記錄其重量爲B。

步驟6：由A重減去B重就是在燒杯中粉末試料重亦就是所要分析試料之精確重。

實驗程序：

助敎於實驗前準備無潮解性，不易吸收水氣的粉末試料，先在烘箱中烘乾一小時（105°C)，而後裝於秤量瓶發給學者。

學者依正確方法秤取大約 0.5 克試料於燒杯中。由兩次秤重記錄差求出燒杯內粉末精確重量至 0.1 毫克單位。

此實驗須作兩次，使學者一方面熟練天平的用法，一方面練習試料秤重法。

實驗過程中須注意的是不宜在風大之處作，亦不宜一邊倒試料一邊與人談話，這樣均會使粉末試料損失而有極大的誤差，同時要留意天平的正確使用方法儘量減少誤差。

§4-5 溶　解

溶液之調製，因試料之種類而有所不同，通常最常用的溶劑是各種酸類與蒸餾水。酸類處理有用鹽酸（濃或稀），硝酸（濃或稀），及王水；有時亦用硫酸。多數金屬易溶於稀硝酸中，然在熱濃硝酸因表面受硝酸氧化而生有一層氧化物之薄膜而護之，則很難使之全部溶在酸中。稀鹽酸大致上可溶較多的金屬（鉛除外）；濃硫酸與不活潑金屬共熱，往往成爲硫酸鹽而溶解。

王水是由一份硝酸及三份鹽酸調製而成，具有很强的氧化力量，可以溶解各種礦石，甚至極難溶之 HgS 亦可溶解。除外，如過氯酸 $HClO_4$ 亦有很强的氧化力，可溶解多數金屬與硫化物且過氯酸鹽多能溶解於水。

氧化物，通常多能溶於鹽酸，硝酸對於氧化物之作用較慢，但對硫化物等則又易之。一般對礦石的溶解，順次以各種酸類加熱處理，酸處理不能溶解部份，可以用鹼類熔解法再處理，如此兩種方法交互爲用，可達完全溶解的目的。

在酸處理過程中有下列數項應注意：

(1) 若加入酸後發生激烈作用時，注意避免溶液濺出而損失試料量。此時須將酸緩慢慢滴入，且以表玻璃蓋住，凸面朝下，待處理完畢後，以水洗瓶噴出蒸餾水於凸面表玻璃，再使之流入溶液。

(2) 若試料中含硫化物時，加入酸後有 H_2S 發生，避免氣體外溢，應用表玻璃蓋其上。

(3) 溶液過程中若須加熱以促進溶解，避免過熱而使溶液沸騰而濺出。

§4-6 熔　　解

試料經酸類處理仍未能全部熔解時，普通多用熔解法處理之，所用的熔劑 (*Flux*)，有酸性熔劑如 $KHSO_4$, KHF_2，與鹼性熔劑 Na_2CO_3, Na_2O_2 等，又因其有氧化或還原作用，再可分爲氧化熔劑與還原熔劑。

熔劑中最常用者，爲 Na_2CO_3 或 $K_2CO_3+Na_2CO_3$；將未能溶解之固體，置於坩堝中，再加入熔劑，攪拌混合後加熱（有時在混合物上再加蓋薄層熔劑），加熱時，常有氣體產生，故試料與熔劑總量不得超過坩堝之半，加熱亦不可過急，使溫度慢慢增加，爾後再加高溫。熔解後，用坩堝鋏挾住坩堝微微旋動，使熔解物平均分散於堝面，以後用水或酸來熔解較爲容易。

熔解時所用坩堝有瓷製、鎳製、銀製、鉑製等，視其各種熔劑不同而使用之。表 4-1 將各種熔劑與使用坩堝，應用列於各欄內。

焦硫酸鹽亦常用作熔劑，加熱之後熔解液變成半透明狀，其中試料是否完全熔解，待微冷却後熔液成透明狀態，可於光線透過檢查之。熔解過程中須注意過熱現象而使坩堝破裂（瓷坩堝）。

表 4-1 熔解劑種類與應用

熔解劑	應用	對於 0.1 克之試料所需熔解劑之用量（ ）	坩堝類別	熔解所用溫度
鹼性熔解劑 1. Na_2CO_3	矽酸鹽之分解 硫酸鹽之轉化	0.4—0.6	鉑	1200°
2. Na_2CO_3＋K_2CO_3	矽酸鹽之分解 硫酸鹽之轉化	0.3 Na_2CO_3 0.4 K_2CO_3	鉑	1000°
3. Na_2CO_3＋MgO	煤中硫之定量		鉑	
4. $CaCO_3$＋NH_4Cl	礦石中鹼金屬之定量	0.8 $CaCO_3$ 0.1 NH_4Cl	鉑	
5. NaOH 或 KOH	氧化鐵與鋅屬金屬之分開		銀	
酸性熔解劑 6. $K_2S_2O_7$	鐵屬氧化物變成硫酸鹽	1—2	鉑	300°
7. KHF_2	耐火物體			
8. B_2O_3	矽酸鹽分解	2—3	鉑	
氧化性熔解劑 9. Na_2CO_3＋$KClO_3$	砷及鉻之礦石	0.5 Na_2CO_3 0.1 $KClO_3$	鉑	400°
10. Na_2CO_3＋KNO_3	砷及鉻之礦石	0.8 Na_2CO_3 0.2 KNO_3	鉑	低
11. Na_2CO_3＋Na_2O_2	砷及鉻之礦石	1 Na_2O 0.8 Na_2CO_3	銀,鐵,鎳,	500°
12. Na_2O_2	硫化物、鉻礦	3—10	鎳或鐵	600°—700°
還原性熔解劑 13. Na_2CO_3＋S	汞、砷、銻、錫之硫化物與CuS分開	0.4 Na_2CO_3 0.4 S	瓷	300
14. $Na_2S_2O_3$	汞、砷、銻、錫之硫化物與CuS分開			

擇之，目前市場所賣的濾紙有日本 *Toyo* 出品，*Azumi* 出品等，亦有美製 *S&S*, *Whatman* 等出品的濾紙，通常定性分析用的濾紙可用 *No.*1，定量分析時用的濾紙需經特別處理，因爲重量分析需要將濾紙連同沉澱一起灼燒，濾紙之灰分（無機物）入於沉澱中，則使分析結果變爲不正確，所以定量分析用的濾紙通常已經 $HCl+H_2F_2$ 處理過，其灰分可降至可以忽視之程度；定量分析濾紙在其濾紙盒上均記有灰燼的重量，一般在 0.0003 克以下（11*cm* 濾紙)。

濾紙灰燼的測定，可將濾紙四張，加以水洗、乾燥、及燃燒，最後落其灰燼於已知重要之坩堝中，灼熱後，冷却置於收溼器中，再稱量之，減去坩堝本身重量再以濾紙張數除之，即可得每張濾紙灰燼的重量。

濾紙有直徑 9*cm*，11*cm* 兩種規格，其孔隙及軟硬亦不相同，較大孔隙的濾紙用以過濾顆粒較大或膠狀沉澱如 $MgNH_4PO_4 \cdot 6H_2O$ 或 $Al(OH)_3$，孔隙較小且比較細密用來過濾細晶較小的沉澱如 $BaSO_4$ 等沉澱。($BaSO_4$ 沉澱過濾不僅濾紙需細緻且需靠其他條件使結晶長大)。*No.*4 濾紙質較硬，可用以抽氣法過濾。*No.5C* 用於微細粒子的過濾。*No.*6，*No.*7 則用於很精細之實驗。

§4-7　沉澱的生成

沉澱的生成不僅在定性分析上佔很重要的角色，而且在重量分析更爲重要。要使沉澱能完全，先大略計算要使所分析的試料完成沉澱應該需要多少的沉澱劑，計算方法利用溶解度積(*solubility product*)原理，再加進比所計算值多 10 %之體積的沉澱劑（因爲共同離子效應)，在滴加沉澱劑時應用攪拌棒不斷地攪拌俾使沉澱顆粒長大，同時也可避免共同沉澱發生 (*coprecipitation*)。以上步驟完成後，讓沉澱靜待數分鐘（視沉澱性質而決定時間長短），爾後在澄清液上多加一滴沉澱劑，看看是否又有沉澱發生，如果無者，表示沉澱業已完成。

沉澱的生成不僅與沉澱劑的類別有關，下列數項尤須强調：

1. 溶液 pH 值，對沉澱完全與否有極大的關連。
2. 沉澱劑過多能使某種沉澱形成錯鹽而又消失。
3. 沉澱過程各項步驟的影響，如加熱，攪拌等。

沉澱完全後僅接著就是沉澱的過濾，在未闡述正確過濾方法之前，先對濾紙有所認識。

§4-8 濾　紙

濾紙之種類甚多，視沉澱及濾液之性質及過濾方法而選。

§4-9 濾紙的折摺法

濾紙的折摺方法視沉澱性質而選擇之，一般的折摺法如圖 4-2 所示，將紙角一端撕去一小塊以使可與漏斗內邊密合而不走漏空氣。

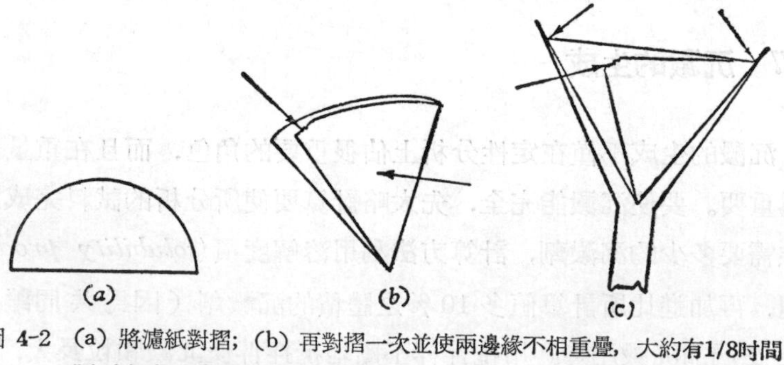

圖 4-2 (a) 將濾紙對摺；(b) 再對摺一次並使兩邊緣不相重疊，大約有1/8時間隔 (c) 撕去角後使與漏斗密合。

濾紙之大小，應與漏斗適合，即是濾紙之緣應低於漏斗頂緣約 0.5—1.5cm，將折好的濾紙放入漏斗中後，應加水少許濕潤，再輕壓紙緣，檢查底端是否在兩邊各留有一段空隙，若濾紙沒有放正則有一邊緊與漏斗內壁貼合，重新再放置，要檢查擺置是否正確，可注入蒸餾水，如水迅速即充滿漏斗之頸管，成一連續水柱不可夾有氣泡，表示效率很好，此時產生之水壓可促進過濾速度。

另一種濾紙摺法與漏斗更能密接，用以過濾膠狀沉澱如 $Al(OH)_3$，$Zn(OH)_2$ 等，其折摺法如圖 4-3 所示。

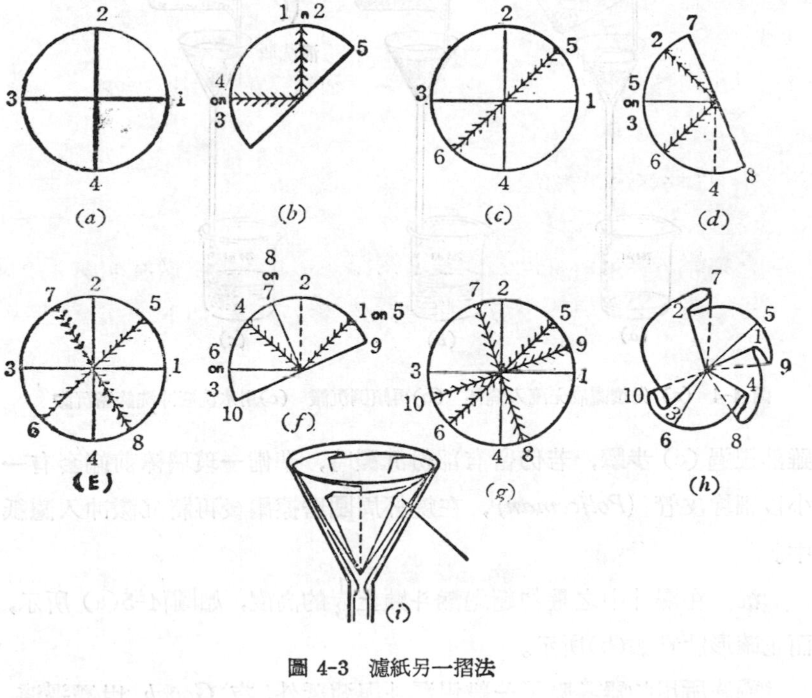

圖 4-3　濾紙另一摺法

學者應自行依照圖 4-3 所示拿一張濾紙折摺。

§4-10 沉澱的過濾

沉澱在過濾之前應靜置一段時間，以使沉澱粒子能長大有時候微熱之可使過濾更順利。(對熱而影響其溶解度則除外)，正確的過濾方法如圖 4-4 所示，漏斗頸應貼在燒杯內壁以免使溶液濺出，最後須以水洗瓶冲洗留在杯底的沉澱使其順著攪拌而順其流下，先使濾液先流入燒杯再處理沉澱。

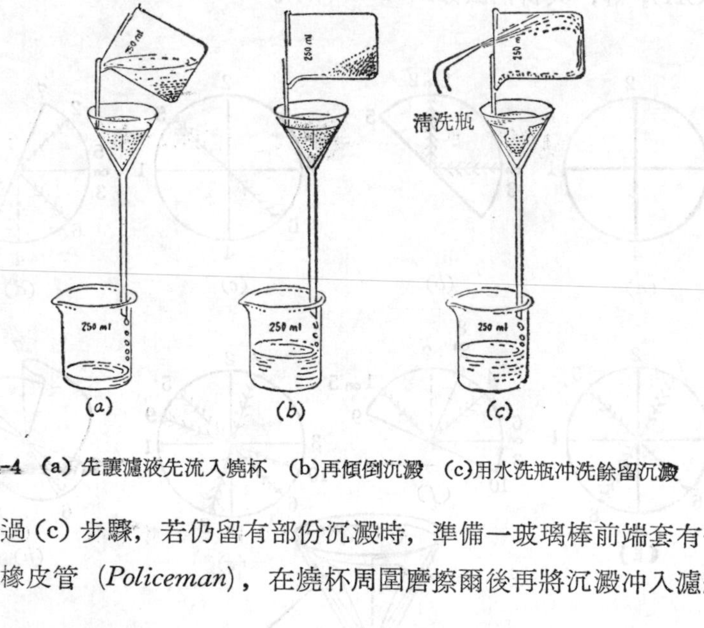

圖 4-4 (a) 先讓濾液先流入燒杯 (b)再傾倒沉澱 (c)用水洗瓶冲洗餘留沉澱

雖然經過 (c) 步驟，若仍留有部份沉澱時，準備一玻璃棒前端套有一小段細橡皮管 (*Policeman*)，在燒杯周圍磨擦爾後再將沉澱冲入濾紙中。

沉澱在漏斗中之量勿超過漏斗頸上$\frac{1}{3}$的高度，如圖 4-5(a) 所示，而正確形狀應如(b)所示。

過濾所用的器具除了一般用漏斗與濾紙外，有 *Gooch* 坩堝過濾，在 *Gooch* 坩堝底部小孔處用石棉 (*asbestors*) 先鋪一薄層，其上再加

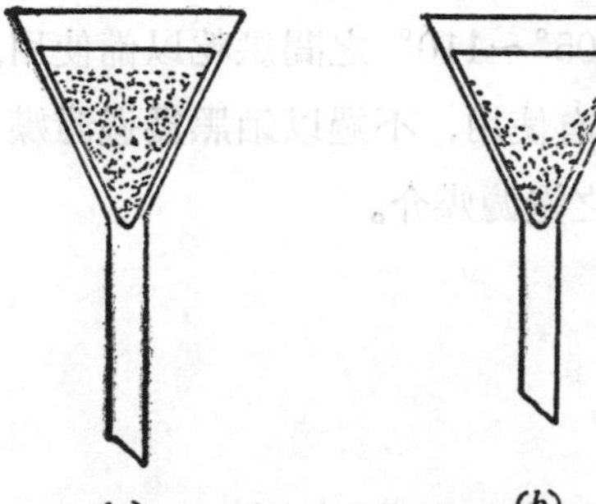

圖 4-5　沉澱在濾紙中的容量

一圓形瓷板作爲過濾媒介，然後裝置在特製的 *Gooch funnel* 上，*Gooch funnel* 再以橡皮塞套在抽吸瓶上，如圖 4-6 所示。

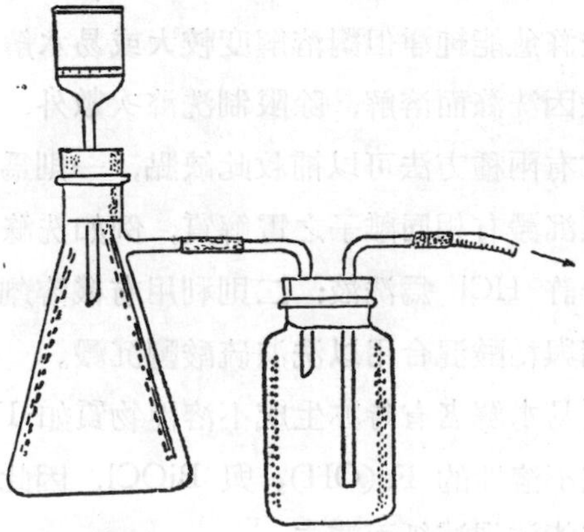

圖 4-6　用 *Gooch funnel* 抽吸過濾

用於 *Gooch* 坩堝內的石棉在舖設之前必須先用鹽酸煮沸再用蒸餾水多次洗淨；舖設完成後加入少許蒸餾水攪成懸浮狀，打開抽氣馬達使石棉層緊吸於坩堝底部，其厚度不必太厚，最主要使石棉層能舖設很均勻與細密，最後再加上穿孔圓形瓷板，其上再舖設一石棉薄層，置於烘箱中於 105°～110° 之間烘乾以備使用。

鉑製過濾坩堝亦有使用，不過以鉑黑為過濾媒介，近日亦有用玻璃絲作 *Pyrex* 坩堝之過濾媒介。

§4-11　沉澱洗滌

洗滌沉澱首先應注意下列幾項因素：

1. 沉澱之溶解度為何
2. 沉澱性質—膠狀沉澱或細結晶沉澱等
3. 沉澱是否易於水解
4. 欲去除之雜質的性質—溶解度等

沉澱雖然多次洗滌愈能純淨但對溶解度較大或易水解者反而收到反效果，欲減少沉澱因洗滌而溶解，除限制洗滌次數外，洗滌用液之組成亦為重要。通常有兩種方法可以補救此缺點，一則為利用共同離子效應，即是加進與沉澱有相同離子之電解質，例如洗滌 AgAl 沉澱可在蒸餾水中加進少許 HCl 為洗液；二則利用有機溶劑減低沉澱之溶解度，例如用酒精與稀酸混合用以洗滌硫酸鹽沉澱。

欲去除物質易水解者有時亦生成不溶性物質如 Fe^{+++}，Bi^{+++} 等離子易水解生成不溶性的 $Fe(OH)_3$ 與 BiOCl，因此在水中加進酸類阻止其水解使其能透過濾紙而濾去。

對於膠狀沉澱之洗滌須注意幾項步驟之先後，首先以洗液加入膠狀沉澱靜置後先將較澄清溶液過濾，再用第二次洗液倒入未過濾沉澱，再先將較澄清溶液過濾，最後才把整個沉澱一起過濾。這樣可避免膠狀沉澱一開始過濾便將濾紙細孔阻塞。有時在膠體沉澱中加入電解質如 NH_4Cl或NH_4NO_3，避免膠體解膠作用（*peptization*）而通過濾紙。

§4-12　沉澱的灼熱

沉澱洗滌後在未稱量之前必將潔淨沉澱與予乾燥灼熱 (*ignition*)。灼熱過程分爲下列數個步驟:

步驟 1：從漏斗上取出連同濾紙的潔淨沉澱。

步驟 2：折摺濾紙從邊緣開始大約 1 公分折一摺，最後再使兩端重疊。

步驟 3：置折摺好的濾紙（裏面包有沉澱）於表玻璃上再放進烘箱乾燥（100—105°C）。

步驟 4：將灼熱用的坩堝洗淨烘乾後，以高溫灼燒，然後置於收濕器內一段時間，待冷却再作秤量，重複灼燒一次，冷却再稱量，如此重複迄重量不變爲止（0.3mg範圍），此時坩堝製備完成以便沉澱灼熱之用。

步驟 5：將乾燥後的沉澱連同濾紙一併移置於已知重量之坩堝中，坩堝保持傾斜位置，而以其蓋斜倚其上，如圖 4-7

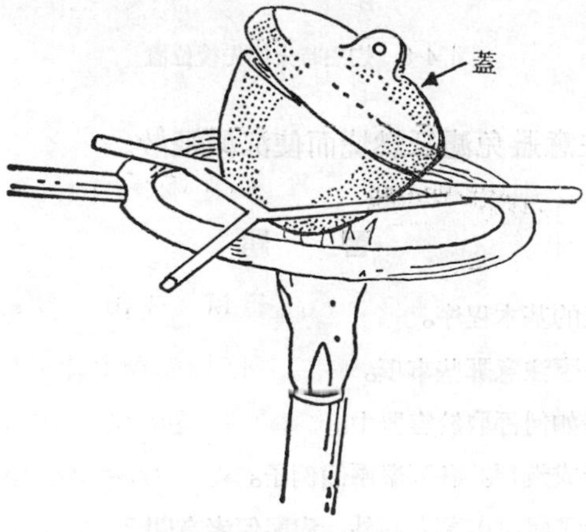

圖 4-7　沉澱灼熱

所示。

步驟6： 先將火焰以微火徐徐在堝蓋前加熱，如圖 4-8 所示，繼又在坩堝底部强熱使濾紙焦化（不是使濾紙起火燃熱），最後用高溫灼熱之。

步驟7： 灼熱完成後，靜置一分鐘後移於收濕器內，再秤其量，如此重複灼熱與秤量數次直至重量之變異在 ±0.5*mg* 以下爲止。

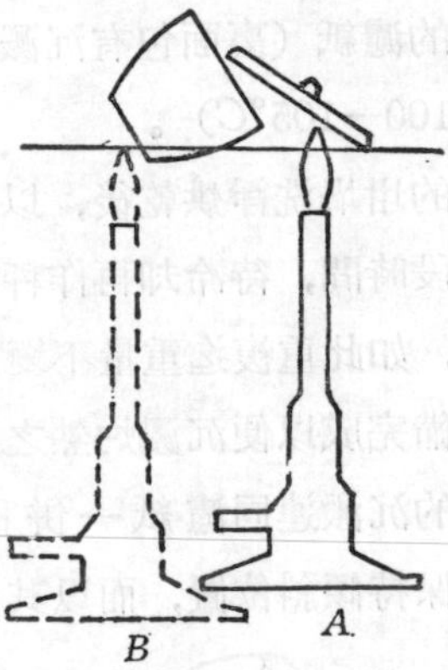

圖 4-8 灼熱時火焰先後位置

沉澱灼熱時應注意避免濾紙燃燒而使沉澱飛散。

習 題

1. 簡單敍述採樣的基本程序。
2. 在研磨試料時應注意那些事項。
3. 敍述粉末試料如何秤取於容器中。
4. 熔劑大致可分成幾類。各列擧兩個例子。
5. 沉澱的生成除了與沉澱劑有關外，尙與何者有關？
6. 繪圖說明一般濾紙折摺法。

7. 依照圖 4-3，拿一張濾紙練習折摺。

8. 繪圖說明正確沉澱過濾法。

9. *Gooch* 過濾坩堝如何準備？

10. 沉澱的洗滌應注意那些因素？

11. 敍述沉澱灼熱步驟。

12. 對膠狀沉澱的洗滌爲何常加進電解質。

第五章　容量分析實驗基本操作

§ 5-1　滴定管

滴定管 (*burette*) 是容量分析不可缺的用具，它是用以轉受液體任意容積的器具，通常滴定管多爲 50 *ml*，管壁上的刻度上端爲 0，下端爲 50，每一大刻度間又分成 10 個小刻度，因此滴定管可以讀至 0.01*ml*（最後一位數字爲不準確）。

滴定管的構造除了由一管徑大小一致的長玻璃管製成外，下端爲細管出口稱之爲 *tip*，*tip* 上面有一控制液體流出的玻璃活塞 (*glass stopcock*)。玻璃活塞應與滴定管相配合，一般滴定管在管壁下端與活塞上均刻有相同的號碼表示二者應互相密合，當滴定管充滿液體而活塞關閉時，液體不至由其他空隙流出管外。

滴定管種類很多，有些滴定管無玻璃活塞裝置，以橡皮管內嵌有玻璃珠代替之，用時以姆指與食指捺擠玻璃球外的橡皮管，使液體由隙間流出；應特別注意是此種橡皮管型的滴定管絕不能用以盛碘、高錳酸鉀等與有機物易起反應的滴定液，並且洗滌極爲困難。如圖5-1，(*A*) 所示。圖 5-1(*B*) 所示的滴定管爲通常實驗室所用，爾後各節均以討論此類型的滴定管爲主。

工業上滴定時滴定管與滴定液的盛器相連接，自動注入滴定液，如圖 5-1(*C*) 與 (*D*) 所示。

50*ml* 之滴定管，流速每秒不可超出 0.7*ml* 也就說 50*ml* 液體全部流出在 2-3 分鐘內，太快或太慢均不適宜。

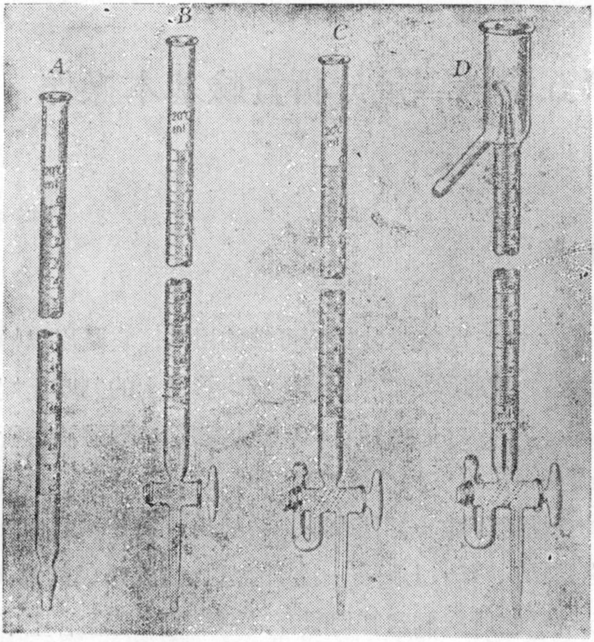

圖 5-1　常見各類型滴定管

玻璃活塞的滴定管不可以久貯鹼性溶液，因爲鹼性溶液久貯時會腐蝕玻璃活塞使之與管壁相連而無法轉動。

§ 5-2　滴定管的讀法——實驗 5

由於液體內聚力與液體對玻璃的附着力不相等而使液體在滴定管內的液面無法成一水平表面，因此要讀出滴定管內液面的高度，不得不借助於其他用具。

每一位同學裁取長約 10 公分，寬約 1.5 公分的厚白紙片，一半塗黑，置黑白界線於液面彎月形的最低處下兩小刻度處，使眼球與彎月面最低處在同一線上而讀出精確刻度至 0.01*ml*；此時彎月面最低處由於後面低處黑色的反光而清晰可見。如圖 5-2 所示。

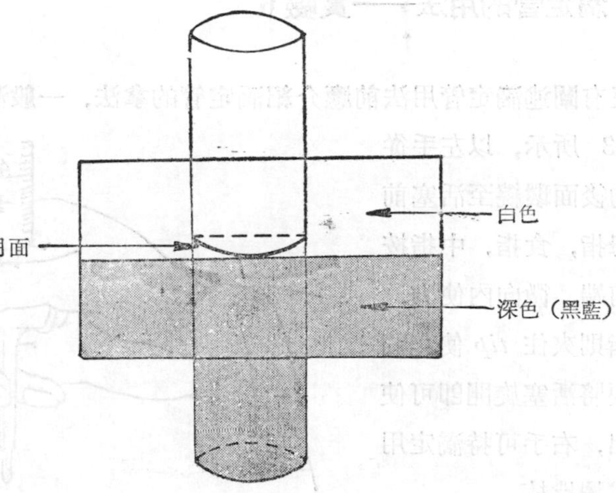

圖 5-2 滴定管讀法

如果滴定管上的刻度並非環繞密閉的細線時，不採取上述的讀法。

同樣地準備相同尺度面黑背白的硬紙面一張，將黑面朝內包住滴定管，持紙片之上端邊緣相齊並將此上下移動，至紙片之上邊緣移至彎月面之最低處下端約兩小刻度處而固定之。眼球在滴定管前約 30 公分處變化其高低位置，至滴定管後方紙邊為前方紙邊所掩蔽時，即固定眼球位置而讀取刻度至 0.01*ml*。

滴定管所轉授液體的 *ml* 數，是由兩次讀數之差而得，因此採用同一種讀法，則其所致的誤差可相抵銷。

以上所指的滴定液均為透明之情況，如果滴定液為有深顏色時，如 $KMnO_4$ 溶液，彎月面之最低處無法看出，此時應讀取液面的最上端，眼球隨時保持與液面同高，眼球離滴定管太近誤差愈大。

§ 5-3 滴定管的用法——實驗 6

在沒有闡述滴定管用法前應介紹滴定管的拿法，一般滴定管拿法如圖 5-3 所示，以左手從滴定管的後面環繞至活塞前端，以姆指，食指，中指按住活塞前端，微向內使力，其他兩指則夾住 *tip* 使之固定，衹要將活塞旋開卽可使液體流出，右手可持滴定用的燒瓶或攪拌棒。

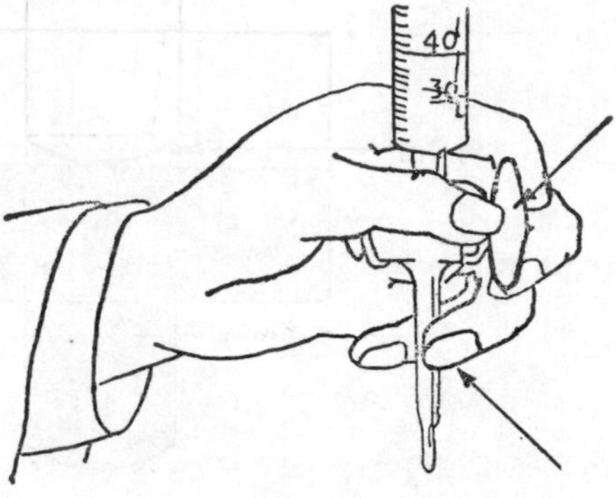

圖 5-3 滴定管的拿法

A. 使用前的洗淨與準備：

1. 先將玻璃活塞取出以乾淨柔軟紗布擦乾，再將滴定管套住活塞的管壁位置亦擦拭乾淨。以細鐵絲（預先用酸洗淨）將滴定管 *tip* 通道疏通；爾後取微量的凡士林點在活 塞上下兩處，如圖 5-4 (*A*), (*B*) 兩部位，再套進滴定管，左右旋轉使 在壁 上形成一薄膜，如此玻璃活塞便可旋轉自如。如果凡士林過多可能將通道塞住，太少亦使之轉過困難。
2. 如果蒸餾水不能從滴定管內，均勻散開而流出，且水流出後在管壁上仍有滴狀或斑點存在時，滴定管必須重新清洗乾淨。通常使用的清潔劑有

(*a*) 2% 熱非肥皂水溶液，過濃的肥皂水很難以蒸餾水冲洗掉。

(*b*) 以 0.004*M* pH 爲 12 之熱的 E.D.T.A 溶液；使用此劑清洗後再用稀酸冲洗，最後以蒸餾水冲洗數次。使用 E.D.T.A 溶液目的去除留在滴定管壁的金屬離子。

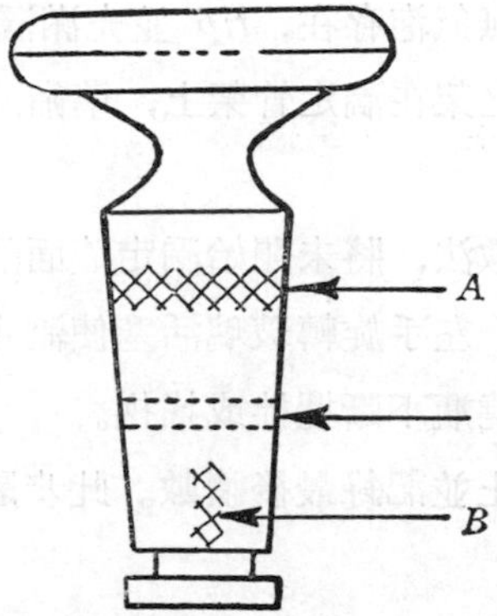

圖 5-4　玻璃活塞

(*c*) 用「重鉻酸鈉＋濃硫酸」混合液爲洗劑。此劑微溫熱後，爲最有效之清潔劑，通常將此劑盛裝於欲洗滌容器內 30 分鐘以上，再倒注於儲瓶中，然後以蒸餾水冲洗容器數次即可。此劑在冷時效力不大，若欲用冷液可使停留時間加長，有時亦放置隔夜。

清潔劑使用完後不必倒掉可以回收再度使用。

待滴定管定全洗淨與潤滑之後便作滴定前的準備工作。

3. 將滴定管架於滴定管架上，使之垂直後充滿蒸餾水並靜置數分鐘，觀察是否有水從活塞邊隙露出，如果水的高度數分鐘後仍保持不變表示滴定管可備使用。最後將活塞旋開使所有蒸餾水流出。

4. 每以 10*ml* 之滴定液 (*titrant*) 冲洗管壁，將管壁左右旋轉以便潤濕管壁各部，最後再打開活塞使第一次冲洗的滴定液流出；如此重覆三次。

5. 滴定管經滴定液冲洗潤濕後，可將滴定液充滿至 0 刻度以上，然後迅速打開活塞讓滴定液流出一小部分（大約至 0 刻度下兩小刻度），檢查是否有氣泡停留在 *tip* 的通道內，如果有之再洩出一部份滴定液直至無氣泡存在，*tip* 並充滿滴定液。

6. 檢查完畢後，將之架在滴定管架上，準備滴定用。

B. 使用中：

7. 依照滴定管的讀數法，將未開始滴定液面的高度記錄下來。
8. 依照滴定管拿法，左手旋轉玻璃活塞使滴定液流入滴定容器內，右手持攪拌棒或燒瓶不斷攪拌或搖晃。
9. 滴定至中和點為止並記錄最後讀數。此步驟要點在第八章再作詳盡地介紹。

C. 使用後：

10. 滴定管使用後，首先將剩餘滴定液全部丟棄，以蒸餾水冲洗數次直至不留任何滴定液。
11. 滴定管保存通常有兩種方法，一為將洗淨後的滴定管充滿蒸餾水，上端且用橡皮塞蓋住而架於架子上。二為將洗淨的滴定管端口朝下地架起來。滴定管儘可能貯存在灰塵少的房間。

§ 5-4　量管的用法

在第 2 章第 3 節已介紹過量管的類別，本節將介紹量管使用時應注意的步驟。

A. 量管的洗淨：

量管的清潔劑與滴定管清潔劑均相同，洗淨方法亦完全相同；在此不必重覆描述。

B. 量管的使用法：

1. 利用橡皮球或橡皮管抽吸球吸取溶液，儘量避免直接使用口去吸各種溶液，尤其是濃硫酸、或砷酸等溶液。
2. 量管在未使用之前先用蒸餾水冲洗數次，然後以燒杯盛少許欲吸取溶液，再用欲吸取溶液潤濕量管內壁，切記勿將未用吸取液冲洗過的量管直接插入吸取液中吸取，滌洗的要點是將量管在水平方向左右旋轉，如此重覆兩次。

3. 吸取溶液時先吸取至量管上端刻度1吋高，然後將量管之 *tip* 靠在容器之內壁，旋轉量管，使多出的液體慢慢流出直至彎月形的最低線與刻度相齊，此時眼球須與之平視。如圖 5-5 所示。

4. 量當動移管時最好將之傾斜使液稍微倒流，以免已量好的容積因外洩而改變。

5. 要將量管內的液體移至其他容器內時，首先將量管 *tip* 外圍以乾淨濾紙擦乾，然後使 *tip* 靠在容器內壁，爾後鬆手使所有溶液流入容器內，在溶液全部流入容器後，手持量管再停留 20 秒鐘，這樣更能完全。當拿起量管時最好在器壁上左右旋轉，避免將任何遺留的液滴帶走。

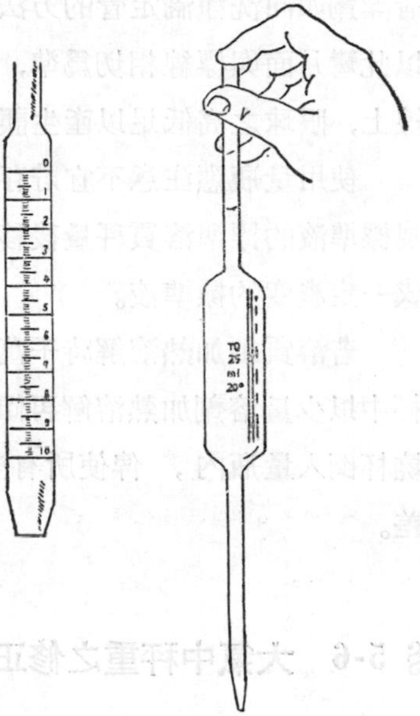

圖 5-5　量管的拿法

6. 量管使用完畢後，以蒸餾水冲洗數次，再將量管充滿蒸餾水上下兩端口以橡皮塞蓋住避免灰塵進入，保存方法除上述外，亦可在洗淨後貯存乾淨的抽屜裏。

§ 5-5　量瓶的用法

量瓶是用以配製已知濃度之標準溶液的器具，量瓶上端是一細頸形，上面有一刻度，刻度與瓶蓋之間留有一段空隙，足以使溶液上下左右震搖時充分混合。量瓶之洗滌不宜用毛刷伸進內壁刷洗，用各種清潔劑如同洗淨滴定管的方法洗淨。水或水溶液測於量瓶中時其量應以此彎月面與標線相切為準，而此相切之觀察應使眼睛與之同一水準線上，眼球之高低足以產生誤差。

使用量瓶應注意不宜貯存鹼性溶液，亦不可加熱；通常先將欲配製標準液的標準溶質秤量後移置量瓶內，然後稀釋到一定的容積配製成一定濃度的標準液。

若溶質須加熱溶解時千萬不可直接在量瓶內加熱，應將溶質在燒杯中以少量溶劑加熱溶解再傾倒於量瓶內，再用部份溶劑分多次沖洗燒杯倒入量瓶內，俾使所有溶質均能流入量瓶內以免產生濃度的誤差。

§ 5-6　大氣中秤重之修正——容量器具之校正（一）

在第 3-10 節已討論過眞空秤重與實際秤重可用

$$W^0=W+W\left(\frac{a}{d}-\frac{a}{d'}\right)$$

作修正。(W^0 為眞空實重，W 為秤重值，a 為空氣密度，d 為物體密度，d' 為砝碼密度) $a\left(\frac{1}{d}-\frac{1}{d'}\right)=\Delta$，$a=0.0012$ 時則 $W^0=W+W\Delta$，故知 Δ 愈大，則補正值亦愈大。若 $\Delta=0$ 則 $W^0=W$。

通常作容器之校正均以蒸餾水為媒介，並且先選取一標準溫度，此溫度應與一般實驗室之平均溫度很靠近，一般選定 20°C 爲此標準溫度；此節與爾後兩節均以蒸餾水爲討論對象。

若以黃銅砝碼（$d'=8.4$）來秤重水（$d=1.00$）爲例：

$$\Delta=0.0012\left(\frac{1}{1}-\frac{1}{8.4}\right)=0.00106$$

卽在空氣中稱得 1.0000 克之水實際上應爲1.00106 克才是。爲了以後計算方便起見，可將 d 與 Δ 列一表，此表仍以黃銅砝碼，$d=8.4$ 爲根據，Δ 爲對 1 克重改正之毫克數

表 5-1　大氣中秤重之修正—d 與 Δ 對照表

d: 被秤物體密度；Δ: 修正值（mg 數）；$a=0.0012$

d	Δ	d	Δ	d	Δ
0.70	+1.57	1.04	+1.01	2.2	0.40
0.72	1.52	1.06	0.99	2.4	0.36
0.74	1.48	1.08	0.97	2.6	0.32
0.78	1.40	1.10	0.95	2.8	0.29
0.80	1.36	1.15	0.90	3.0	0.26
0.82	1.32	1.20	0.86	3.5	0.20
0.84	1.29	1.25	0.82	4	0.16
0.86	1.25	1.30	0.78	5	0.10
0.88	1.22	1.35	0.75	6	0.06
0.90	1.19	1.40	0.71	7	0.03
0.92	1.16	1.50	0.66	8	0.01
0.94	1.13	1.60	0.61	9	−0.01
0.96	1.11	1.70	0.56	10	−0.02
0.08	1.08	1.80	0.52	12	−0.04
1.00	1.06	1.90	0.49	14	−0.06
1.02	1.03	2.0	0.46	16	−0.07

例：秤一比重為 1.02 之物體，在空氣中秤重為 4.0300 克，則在眞空中實重應為多少？

$$W^0=W+W\Delta$$

$$W^0=4.0300+\underset{克}{4.0300}\times\underset{毫克}{1.03}=4.0300\text{ 克}+0.004151\text{ 克}$$

$$=4.03415\text{ 克}\doteqdot 4.0342\text{ 克}$$

我們一直設 $a=0.0012$，其條件是在 $760mm\ Hg$，$20°C$ 之乾燥空氣。此值亦隨空氣之濕度、溫度、壓力之影響，不過非求極精細重量不必去修正。

§ 5-7　水的密度——容量器具之校正（二）

水在 $4°C$ 時 1 ml 應為 1g，在此溫度之上下其密度均非為 1g/ml 反而減小。

表 5-2　水之密度（g/ml）

溫度	密　度	溫度	密　度	溫度	密　度
0°C	0.999,867	13	0.999,404	26	0.996,808
1	0.999,926	14	0.999,271	27	0.996,538
2	0.999,968	15	0.999,126	28	0.966,258
3	0.999,992	16	0.998,969	29	0.995,969
4	1.000,000	17	0.998,801	30	0.995,672
5	0.999,992	18	0.998,621	31	0.995,366
6	0.999,968	19	0.998,430	32	0.995,052
7	0.999,929	20	0.998,229	33	0.994,728
8	0.999,876	21	0.998,017	34	0.994,397
9	0.999.808	22	0.997,795	36	0.993,711
10	0.999,727	23	0.997,563	37	0.993,356
11	0.999,632	24	0.997,321	38	0.992,993
12	0.999,524	25	0.997,069	39	0.992,622

從表 5-2，若要計算 1000 *ml* 之純水在任意溫度時之重量（仍在大氣中；以黃銅砝碼爲秤重標準）。

例如：在 25°*C* 時計算在大氣中 1000 *ml* 純水之重量（包含秤重之修正）。

由表 5-2 查出 25°*C* 等純水之密度爲 0.997,069

所以 1000×0.997,069＝997.069(克)………密度修正

由表 5-1 再查出密度爲 1.00，Δ 之修正爲 1.06

997.069×1.06(毫克)＝0.001057 毫克＝1.057 克……應秤重修正值。

即是在大氣中秤重時，997.069 克之純水應減去 1.057 克

因此 1000*ml*, 25°*C* 之純水在眞空重爲 997.069 克

在大氣中重 997.069 克－1.057 克＝996.01 克

同理要求 1000 *ml* 在 30°*C* 時大氣中之秤重可得爲 994.66 克 20°*C* 時可得 997.18 克

今將 1000 *ml*，在各溫度下經過（1）密度修正（2）秤重修正而作一列表，以便爾後使用：

表 5-3　1000*ml* 純水在各溫度下之淨重

溫　度	視　重　量	溫　度	視　重　量
15	998.05	23	996.53
16	997.90	24	996.29
17	997.74	25	996.04
18	997.56	26	995.79
19	997.38	27	995.52
20	997.18	28	995.24
21	996.97	29	994.96
22	996.76	30	994.66

§ 5-8 玻璃之膨脹——容量器具之校正（三）

玻璃之體膨脹係數在 0°—100° 之間平均值大約 0.000025，以此爲根據，若在標準溫度 20° 時 1 升的量瓶。在 30° 時應增大 $1000\times0.000025\times(30-20)=0.25\ ml$，其他溫度算法亦相同。我們在此祇考慮到容器本身膨脹而未涉及到容器內液體之膨脹。今將1000*ml*之容器，在各不同溫度下其應修正值列於下表。下表中祇選定兩個基準溫度，15 度與 20 度，右欄中爲左欄之溫度爲各不同度數降至 15 度或昇至 20 度，所需修正之 *ml* 數。

表 5-4 玻璃膨脹之修正值

溫度	改正至 15°	改正至 20°
15	0.00	+0.12
16	−0.02	+0.10
17	−0.04	+0.08
18	−0.07	+0.05
19	−0.10	+0.02
20	−0.12	0.00
21	−0.14	−0.02
22	−0.17	−0.05
23	−0.20	−0.08
24	−0.22	−0.10
25	−0.24	−0.12
26	−0.27	−0.15
27	−0.30	−0.18
28	−0.32	−0.20
29	−0.34	−0.22
30	−0.37	−0.25

若作容器精密的修正，除了考慮玻璃膨脹外應再考慮液體在某溫度下之實際體積，此須由實際稱重求得。

例如：有一量瓶瓶壁記爲 1 升容積，在 24°C 時盛純水至其標線處，水之視重實際爲（以黃銅砝碼）995.82 克求出在此溫度下此量瓶至標線實際之容積爲多少？

在大氣中秤重此盛水之量瓶之純水重爲 995.82 克可是由表 5-3 查出 24 度時 1 升水之修正後應淨重爲 996.29 克此兩項值之差異表明水之實際體積並非 1 而是

995.82÷996.29＝0.99951，即是 1 升水之體積實際上爲

1000×0.99951＝999.51(*ml*) 而已。

又假設此 1 升之容器在出廠時是以 20° 時爲標定容積之基準溫度在 24° 時應作玻璃膨脹之修正：

$$1000\times0.000025\times(24-20)=0.1\ ml$$

也就是在 20° 時此 1 升容積之水實際上爲：

$$999.51\ ml-0.1\ ml=999.41\ ml。$$

所以經過 (1) 密度修正，(1) 秤重修正，(3) 玻璃熱脹修正在 20° 之 1 升容積純水實際上爲 999.41 毫升＝0.9994 升。

§ 5-9　容量器具之校正總論

從 5-6, 5-7, 5-8 三節陸續介紹容量器具修正必須考慮三因素，

(1) 水之密度隨溫度之不同而有差異。

(2) 玻璃容器隨溫度之不同而膨縮。

(3) 大氣秤重浮力之修正。

第 2 項因液體之膨脹係數遠較玻璃爲大，所以可以忽略之第 (3) 項若爲求相對重量時，　亦可忽略之。　惟一須考慮祇是純水密度之修正因

素。初學者要利用純水來校正容器之體積，可僅作第（1）項修正便可。

§ 5-10 滴定管的校正——實驗 7

取一50 *ml* 平底、細頸、質輕的燒瓶，或是用有玻璃蓋的 *Erlenmeyer* 燒瓶，燒瓶外壁預先洗淨與乾燥，瓶內則無此必要，然後放置在天平上秤重至 0.01 克之精確度，記錄下來。（假設空瓶重爲 35.41 克。）

依照第 5-3 節步驟將滴定管準備好，充滿蒸餾水至 0 刻度附近，靜置數分鐘後使水溫與室溫一致，移去滴定管 *tip* 上的水滴，且記錄水之溫度。

一分鐘後待滴定管中液面一定後，依照滴定管的讀法讀取彎月面最低處，記錄下來（假設爲 0.17），移平底燒瓶於滴定管口，小心地流出大約 10*ml* 之蒸餾水於瓶內，再記錄滴定管內液面高（假設爲 10.20）；移此盛水燒瓶於天平上秤重，並加記錄（假設爲 45.45）。

繼續由滴定管小心從原先高度再放出大約 10 *ml* 蒸餾水於原先燒瓶內，同樣記錄滴定管內此次液面高度（假設爲 20.15）與秤取盛水燒瓶重（假設爲 55.38）；如此繼續分段流出大約 10 *ml* 蒸餾水於瓶內，直至接近 50*ml* 爲止，燒瓶亦相同地秤重。將以上所得值製一表列。

(水溫：21°C
1ml=0.997 克)

表 5-5　滴定管校正表

滴定管讀值 A	可視體積 B	瓶＋水重量 C	水重量 D	眞正容積 E	修正值 F	總修正值 G
0.17	—	35.41 (空瓶)	—	—		—
10.20	10.03	45.45	10.04	10.07	+0.04	+0.04
20.15	9.95	55.38	9.93	9.96	+0.01	+0.05
30.16	10.01	65.33	9.95	9.98	−0.03	+0.02
40.09	9.93	75.21	9.88	9.91	−0.02	0.00
49.97	9.88	85.04	9.83	9.86	−0.02	−0.02

A欄爲滴定管讀值，B欄爲A欄兩次值相減，也就是滴定管流入燒瓶內之實體積，C欄爲盛水燒瓶幾次秤重，D欄爲C欄兩次值相減爲B欄體積之水重，E欄爲利用 21°C 水之密度爲 0.997 克換算眞正容積，例如水重爲 10.04 而密度是 0.997 所以容積應爲 10.04/0.997=10.07，F欄爲E欄與B欄相差值，而G欄爲總修正值也就是修正值陸續相加。

以 5-1 表作圖，橫坐標記爲 ml 數，縱坐標爲總修正值，爾後對任何 ml 數查對圖表即可知應修正多少；以相同的方法重覆作一次，兩根滴定管應作四次校正。

滴定管校準完畢，將上圖繪出並以厚紙片製成，如同砝碼校正一樣，可以隨時查對某體積下應作多少 ml 之修正。

§5-11　滴定的基本操作——實驗 8

在容量分析中，要求極高精確的成果，除對滴定管校正工作外，必需隨時留意當一標準溶液配製後是否規定濃度會改變，因此在作滴

表 5-6　滴定管的校正圖

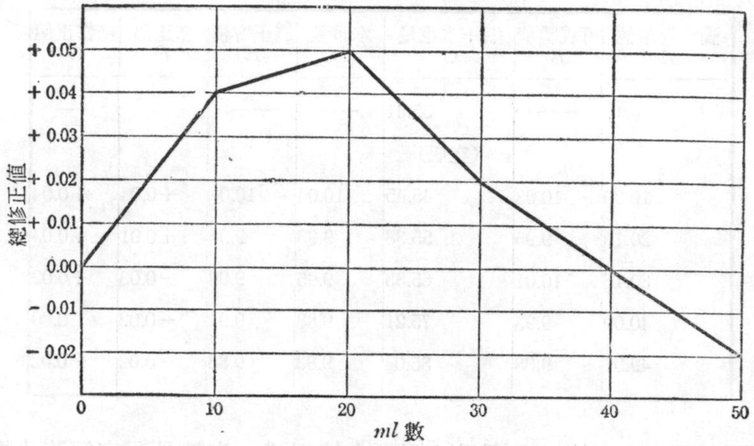

定之前先將滴定管以滴定液先沾濕數次，以使留在管壁之水分能完成除去，爾後再進行滴定的操作，滴定操作可依下列步驟逐次進行。

1. 根據滴定管的正確用法作滴定前之準備。
2. 預先估計滴定時所需滴定液之大概容量，記錄之。
3. 將滴定管充滿滴定液，靜置數分鐘觀察液面高度是否保持一定，再記錄之。
4. 打開玻璃活塞，開始時可以比較迅速滴下，到了計算值時速度需慢，直到中和點時，一滴一滴地進行，如此才不致於錯過中和點，到達終點與否，需視指示劑顏色之改變而定。

滴定操作一般在燒杯或三角瓶中進行，此兩種操作稍有不同，分開討論之。

5. 使用燒杯：

使用燒杯時，滴定進行中需藉攪拌棒不停地攪拌，且燒杯大小應選擇比滴定完成後溶液總容積超出 25% 燒杯容積＝(滴定液＋被

5. 使用燒瓶：

使用平底燒瓶時，燒瓶需廣口，其容量大約為滴定完成後總溶液之兩倍為宜。不可藉攪拌棒攪拌，祇能在滴定進行中，以右

滴定液）$\left(1+\frac{25}{100}\right)$所使用之玻棒長度應高出燒杯2吋，且在滴定未完成時勿將玻棒移出燒杯外。

6. 滴定管之端口應保持離燒杯內液面1吋處。

7. 滴定進行中，右手持攪拌棒不停地攪拌使溶液均勻混合，左手微向內使力，避免玻璃活塞滑出。

8. 當到達中和點時，觀察溶液顏色，先在局部起變化，然後因攪拌漸次擴散而又回復原來原色，繼續緩慢滴進數滴，迄至溶液顏色完全變色且不回復時，為其終點。

9. 到達中點後，以水洗瓶噴出少許蒸餾水於滴定管之端口，使殘留於玻璃壁上之滴定液薄層完全流入燒杯內。記錄完成後，液面之高度。

10. 將剩餘之滴定液全部傾倒掉，不可回收於貯瓶內本實驗可以 NaOH 與 HCl 為滴定液，以酚酞為指示劑，練習操作之技巧。

手不停地轉動燒瓶使瓶內溶液混合均勻。

6. 滴定管端口一部份置於燒瓶廣口之內，勿使滴定液流出瓶口外。

7. 其他到達終點之滴定操作與使用燒杯法相同。

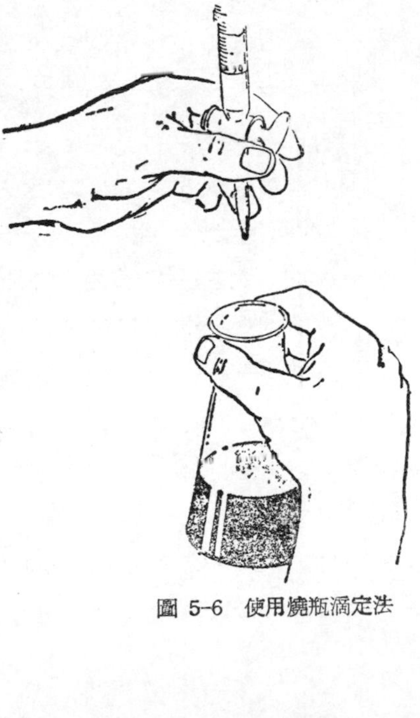

圖 5-6　使用燒瓶滴定法

習　題

1. 使用燒杯滴定時，應注意那些步驟？
2. 液體容器之校正有那三大因素需列入考慮？
3. 若祇考慮大氣中秤重之修正時，有一物體比重爲 4，在空氣中秤得 10.3874 克，試計算在眞空中應重多少？（以黃銅砝碼爲準，$a=0.0012$ 計算）
4. 在 $20°C$ 時，計算大氣中 $1000 ml$ 純水之重量（包括秤重之修正）。
5. 敍述量管的使用方法。
6. 敍述滴定管使用前之準備步驟。
7. 敍述滴定管使用後之保存步驟。
8. 簡述滴定管之校正方法。

第六章　實驗數據之處理與繪圖

§6-1　精度 (*Precision*) 與正確度 (*Accuracy*)

正確度是在一連串實驗所得一系列數據中，最接近正確值的某一數據（X_i）與正確值（μ）間之差異，或是此一系列數據之平均值（$\bar{X}$）與正確值（μ）間之差異，均稱爲此實驗結果之正確度；精度是在一連串實驗所得一系列數據，它們彼此間之差異程度，精度是以各數據與一系列數據之平均值（$\bar{X}$）之偏差度（*deviation*）表示之。

例如：在一重量分析中所得七次結果爲：

(a) 80.29%，(b) 80.36%，(c) 80.47%，(d) 80.60%，
(e) 80.30%，(f) 80.51%，(g) 80.53%

其平均值 $\bar{X}$ 爲 $\dfrac{\sum X_i}{7}=80.437$

因此每一數據與 $\bar{X}$ 之偏差 x_i（不計其正，負）爲

0.147，0.077，0.033，0.163，0.137，0.073，0.093

平均偏差度爲各偏差值除以實驗次數得：

$$d\,(\text{平均偏差})=\frac{\sum x_i}{7}$$

$$=\frac{(0.147)+(0.077)+\cdots\cdots+(0.093)}{7}$$

$$=0.103$$

0.103 爲平均偏差度，此值亦表示每一次獨立測定之數據與平均數值之偏差，可以認爲就是測定一次數據時所得之精度。一般要知道

平均值之精度爲何比知道每一次測定所得之精度更爲重要，上述所言之d值爲每一次獨立測定之平均偏差度卽是每一次獨立測定之精度；令平均值之精度爲D，其值等於平均偏差度（每一次獨立測定）除以測定次數之平方根，因此得

$$D=\frac{d}{\sqrt{n}}$$

$$D=\frac{0.103}{\sqrt{7}}=0.039。$$

0.039 可視爲平均值之平均偏差度。(*the average deviation of a mean value*)

最後得到分析結果可表示爲:

80.437%±0.039%

以上所表示之方法可用在通常實驗之數據處理，至於更嚴細的表示法就必須以標準偏差度 (*standard deviation*) 表示，因爲標準偏差度比平均偏差度更能顯出精度之關係。

今標準偏差度爲S，其值等於將每次測定所得偏差值 X_i 之平方和除以測定次數減 1 再開平方:

$$S=\sqrt{\frac{\sum(x_i)^2}{n-1}}$$

$$S=\sqrt{\frac{(0.147)^2+(0.077)^2+\cdots\cdots+(0.093)^2}{7-1}}$$

$$=0.121$$

因此平均的標準偏差度（$\mathcal{S}$）應等於

$$\mathcal{S}=\frac{0.121}{\sqrt{7}}=0.046$$

實驗結果誤差在 80.437%±0.046% 範圍內。我們應了解此值是精度之表示法並無意味正確值需在此範圍內，因爲一個精度極高之實

驗成果不見得其正確度就高，精度高祇能表示每一次測定時均得到幾乎相似的成果，但也許每一次所測之結果也許離正確值相當遙遠。

通常可認爲正確值可在兩倍的$\mathcal{S}$值內發生，即是 80.437% ±2×(0.046)，也就是在 80.35% 與 80.53% 範圍內應該可以找到正確值。(當然特殊情況則例外)

由上述說，對準度與正確度有所認識後才能再作各種誤差之介紹。

§6-2　誤差 (*Error*)

一個分析化學者在作分析時，不論儀器何等精密，技術何等正確，均會因個人，環境（儀器，周圍條件）等之改變而引起細微的誤差，通常誤差可分爲兩大類，一爲可定誤差（系統誤差）(*Determination error or Systematic error*)，另一爲不可定誤差（隨意誤差）(*Indetermination error or Pandom error*)。

可定誤差是由於分析方法之缺陷，個人對於量度或顏色判別之趨向，儀器使用方法之正確與否等因素所導致；例如，在滴定時使用不乾淨的滴定管或指示劑在中和點（終點）前已變色，甚至是個人對於顏色變化反應遲鈍等等；當然可定誤差是可以加以避免或估計其數值之實驗誤差，儘可能使之減低到最低限度。

不可定誤差乃是主要由於每一種物理量度或儀器本身均有其一不確定值 (*uncertainty*) 所引致，除外就是在實驗過程中，溫度或壓力稍微變動，儀器靈敏度之變異等突發性之改變亦會產生不可定的誤差；既使由同一人以最精密的方法在相同之環境下完成多次相同實驗，其結果亦是有差異，因此，此類誤差列爲無法彌補的誤差，實驗者無以控制的誤差；例如，一根 50 *ml* 之滴定管再如何細心的實驗者亦祇能讀到 0.01 *ml*，且小數第二位仍是不確定，因此讀兩次就有 0.02 *ml* 之差異，因此滴定管不可定之誤差當在

$\frac{0.02}{50} \times 1000 = 0.4‰$。(千分之 0.4 範圍)

定量分析不再以百分比表示，必須以千分比表示之以求更精密的範圍。

在上一節已提到精度可用各種偏差度表示之，而正確度則用絕對誤差 (*absolute error*) 與相對誤差 (*relative error*) 表示。絕對誤差以 $X_i - \mu$ 表示，例如，有一物體實重為 0.1000 克 (μ) 而在天平上秤重得 0.1001 克 (X_i)，因此其絕對誤差為 0.1001－0.1000＝0.0001 (克)。

相對誤差為絕對誤差再除以正確值 (μ) 而得之，因此相對誤差為無名數，(絕對誤差隨測定量之單位而附有名數)，通常以百分之一，*pph* (*parts per hundred*) 或千分之一，*ppt* (*parts per thousand*)，這是將相對誤差乘上 100，或 1000，以 %，或 ‰ 表示，以上例為例：

$$\text{相對誤差:}\quad pph = \frac{X_i - \mu}{\mu} \times 100$$

$$= \frac{0.1001\text{ 克} - 0.1000\text{ 克}}{0.1000\text{ 克}} \times 100 = 0.10\%$$

$$ppt = \frac{X_i - \mu}{\mu} \times 1000$$

$$= \frac{0.1001\text{ 克} - 0.1000\text{ 克}}{0.1000\text{ 克}} \times 1000 = 1.0‰$$

最後將可定誤差發生之因素與補正方法依依列出。

A **可定誤差之起因:**

1. 儀器誤差 (*Instrumenta errors*) 一如天平不等臂，砝碼面值不符，滴定管未校正等。
2. 人為誤差 (*Personal error*) 一由於分析者判斷錯誤等。

3. 方法誤差 (*Methodic error*)—是一種潛在的誤差，諸如沉澱時發生共同沉澱現象 (*coprecipitation*)，副反應的發生等等。
4. 試藥誤差 (*Reagental error*)—由於試劑純度問題所引起。

B　可定誤差之補正：

1. 校正各種使用儀器製成校正表。
2. 分析者可同時進行兩次實驗，消除不必要的人爲因素。
3. 改變實驗步驟或方法，改變各種不同條件。
4. 藥品再行精製或行空白試驗 (*blank correction*)。

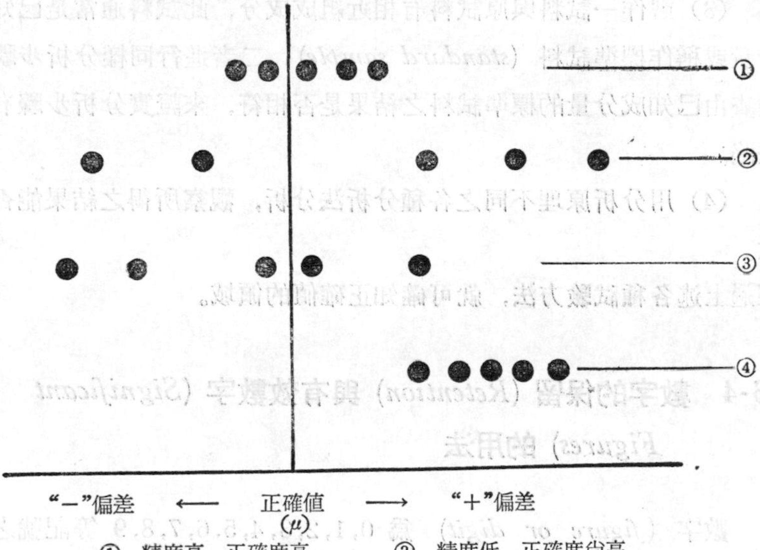

① 精度高，正確度高　　③ 精度低，正確度尚高
② 精度低，正確度低　　④ 精度高，正確度低

圖 6-1　精度與正確度之區分。(● 表示每次得之結果)

§6-3　正確值 (*True Value*)

在理論上，正確值是由無限次數實驗所得結果之平均值訂之爲正

確值（或眞值）；但我們所作的實驗次數均爲有限，因此一般求得的平均值只是一種近似正確值的數據而已，所以正確值是不可知。

正確值雖不可知，但可以被測在一定極限範圍內，若要求實驗所得結果與正確值極相近必須依照下列注意事項：

(1) 選擇一經過多次實驗而確知能適用於此分析試料的方法。

(2) 同時進行空白試驗，即是在分析試料除外之溶液或物料中進行與含分析試料之溶液同樣步驟，由空白試驗所得之數據（所可能發生之誤差）作爲校正之用。

(3) 製作一試料與原試料有相近組成成分，此試料通常是已知成分量或稱作標準試料（*standard sample*），二者進行同樣分析步驟，檢查由已知成分量的標準試料之結果是否相符，來證實分析步驟有何缺陷。

(4) 用分析原理不同之各種分析法分析，觀察所得之結果能否相近。

經過上述各種試驗方法，就可確知正確值的領域。

§6-4 數字的保留（*Retention*）與有效數字（*Significant Figures*）的用法

數字（*figure or digit*）爲 0, 1, 2, 3, 4, 5, 6, 7, 8, 9 等記號之一其單獨或組合而表示一量之多少或大小；有效數字爲表示其所代表數量之數字。例如 512 數目，此數指出 5 個一百，1 個一十，2 個單位個數，每一數字均有其代表的意義，故 513 三個數字均爲有效數字。記號 0 有兩種意義，它可代表有效數字或僅用於表示小數點的位置而已本身無代表意味。

例如　一試料秤重爲 21.603 克，這 5 個數字均爲有效數字，然而若 21.6030 克其意義表示測定重量很接近 21.6030 克附近，並不靠近 21.6031 或 21.6029，故此 6 位數字皆爲有效。若得之一數目爲 0.0005，則每一 0 數字均屬無效，因爲它們僅代表 5 的位置在小數點後面第四位，因此此數目祇有一個有效數字卽是 5。

例如　某一度量儀器祇能讀三位有效數字，若其值爲 375000 時，不能用此數表示應該以 3.75×10^5 表示才正確。

在分析所得結果中僅末位是估計數値時，此測定値定爲有效數字，例如天平容許的誤差爲 0.0001 克時，所得秤重 21.6035 克則末位 5 是估計値，因此此 6 個數字均屬有效。用有效數字來表示分析結果數據極爲重要，若用之不當將使別人對該實驗成果之精度做錯誤的判斷；在考慮有效數字仍需牽涉到儀器容許之最大誤差與千分之一的實驗誤差。例如滴定管容許誤差爲 0.02 *ml* 要達到千分之一的實驗誤差此滴定管絕不可少於 20 *ml* 之充滿量。

$$1‰=\frac{0.02}{20}\times1000$$

而我們亦無須讀至 0.001 *ml* 之估計。

又如固體試料如取量大於 1 *gr*（克）時，則量度祇須達到 1*mg*（毫克）卽可因爲

$$\frac{1\,mg}{1\,gr}\times1000=1‰$$

我們無須量度到 0.1 *mg* 單位；若取量爲數百 *mg* 時，則需量度到 0.1 *mg* 單位。

使用有效數字應注意下列數條規則：

規則 1，一般在結果數據中僅保留一位不準確之估計數字。

規則 2，捨棄多餘的數字時，採用四捨五入法。

規則 3，有效數字加減的計算：

有效數字加減時所得的結果，其小數位數，必刪至與加數或

減數中小數位數最小之一的末數相齊

例:

$$37.1076+3.16+40.017=80.28$$

$$\begin{array}{r} 37.107\overset{\times}{6} \\ 3.1\overset{\times}{6} \\ +\ 40.01\overset{\times}{7} \\ \hline 80.2846 \end{array}$$

3.16 之末位有效在小數點右邊第二位，因此 80.2846 應修正為 80.28 而捨去 4, 6, 兩數字，因為它們已不精確。

規則 4，有效數字乘除的計算

乘除計算所得之積或商的相對精度應與數據中最大百分誤差相近，有效位數不能以乘數或被數的有效位數計算要以其百分誤差為基本考慮。

例:

$$30.54\times0.1032\times41.56=130.9858\cdots\cdots$$

$$\frac{1}{3{,}054}\times100=0.03\%=0.3‰$$

$$\frac{1}{1{,}032}\times100=0.09\%=0.9‰$$

$$\frac{1}{4{,}156}\times100=0.02\%=0.2‰$$

如果要求積之末位數有1單位之變動，其相對精度能有0.9*ppt* (‰) 之變動時有效數字應取至四位數字，即是 130.9，但經小數第二位四捨五入應為 131.0，故本例正確答案為 131.0。

對於一般性的分析數據可先將各數值四捨五入至有效數字最少的數值位數相同，再行乘除。

規則 5， 精度不高的計算可使用一般計算尺，但精密計算則須採用對數表。

規則 6； 分析試料計算中，一律使用對數表計算避免使用直接乘除計算。

例如 $0.0121\times25.64\times1.057=0.328$

採用對數表，

$$
\begin{aligned}
&\log 0.0121=8.083-10\\
&\log\ 25.64=1.409\\
+)\ &\log\ 1.057=0.024\\
\hline
&9.561-10=\log 0.328
\end{aligned}
$$

所得結果相同但省去有效數字之删除。

任何分析者均對有效數字有所認識，對對數表的用法更是迫不及待。

§6-5　誤差曲線 (*Error Curve*) 的作法

誤差曲線構成的函數是 $Y=e^{-\frac{1}{2}}[(Xi-\bar{X})/S]$

Y： 偏差發生的相對次數。

Xi： 每一次測定所得的數據。

$\bar{X}$： 一系列數據之平均值。

S： 標準偏差度。

e： 自然對數， 2.7183……

以 Xi 與 Y 爲坐標軸所作出的圖形如下圖所示，爲一標準誤差曲線。

從此圖形可知下列五項事實：

1. 正偏差與負偏差發生之或然率相同。
2. 微小偏差比較大偏差發生次數（機率）要高。

3. 很大偏差發生之機率似乎極微。
4. 曲線愈高（愈徒）表示精度愈高。
5. 所分析的數據以中心趨向 (*central tendency*) 與相符程度 (*degree of consistency*) 表示。

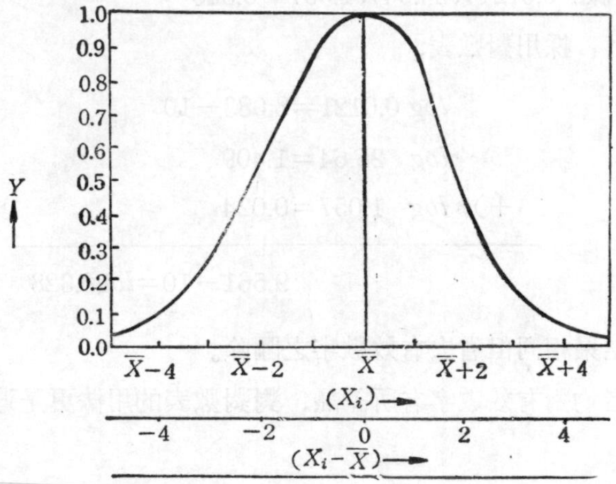

圖 6-2 標準誤差曲線

此結論可用下列例子證實之。

例：若分析一鎳的合金得到下列的數據：

19.44%	19.49	19.50	19.51	19.52
19.47	19.49	19.50	19.51	19.55
19.48	19.49	19.50	19.52	19.56
19.48	19.50			

步驟 1：先將由各次實驗所得數據依大小順序排列。

步驟 2：將各數據依一定的百分偏差（通常以 0.02%～0.03%）分類歸納。

間隔數	百分誤差間隔	出現次數
1	19.43—19.45	1
2	19.46—19.48	3
3	19.49—19.51	9
4	19.52—19.54	2
5	19.55—19.57	2

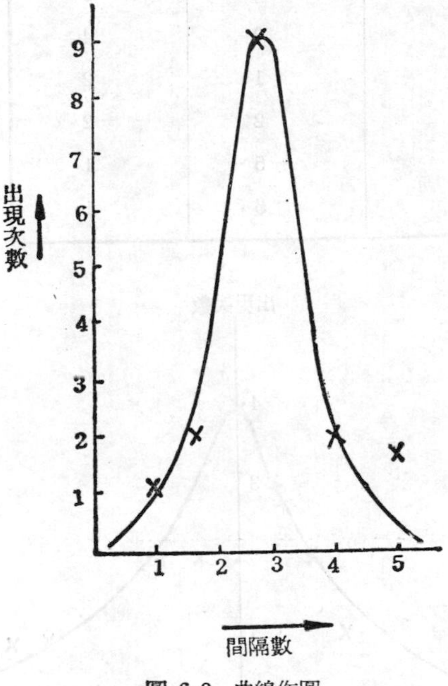

圖 6-3　曲線作圖

步驟 3：以出現次數爲縱標，間隔數爲横標作一曲線圖如圖 6-3 所示

步驟 4：計算出一系列數據平均值 $\bar{X}$，並求出各數據與 $\bar{X}$ 之偏差 $Xi-\bar{X}$，記其偏差正負值。

步驟5：以（$Xi-\bar{X}$）偏差值爲横標，以偏差間隔內出現次數爲縱標作一誤差曲線圖。

$\bar{X}$	$Xi-\bar{X}$	出現次數
19.50	−6	1
	−3	1
	−2	2
	−1	3
	0	4
	1	2
	2	2
	5	1
	6	1

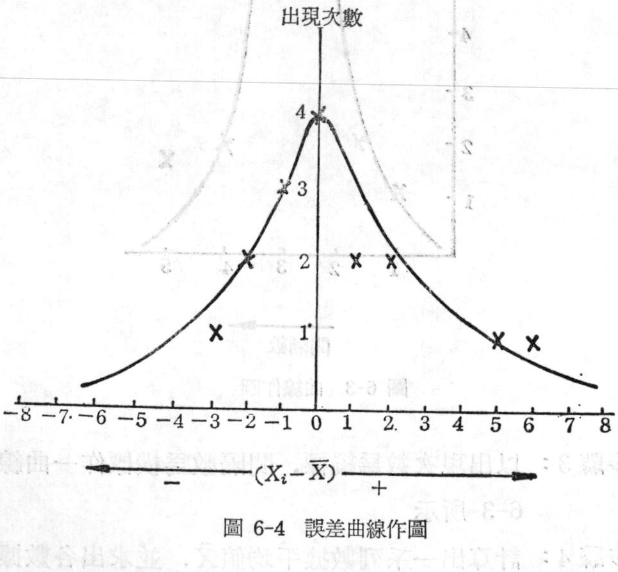

圖 6-4 誤差曲線作圖

當完成一誤差曲線圖時，得到下列各結論。

1. 正負誤差發生的程度相同。
2. 微小偏差發生次數較高，較大偏差發生機率不大。
3. 正負誤差若均勻散佈在平滑曲線上，可以互相抵銷，因此正確值應趨近於平均值（$\bar{X}$）。
4. 此曲線是關係於數據的精度作圖。

§6-6　測定值之捨棄 (*Rejection of Measurements*)

在一系列之類似測定中有時候發生一個（或更多）數值與其他數值有顯著之差異，例如上節圖 6-4 中有些偏差却發生在曲線外側，而在確立數據時應將之捨棄之。從數學上或然率之觀點確定如此之捨棄是否正確，雖無完善嚴密之規則可循，但下述方法可供學者參考:

步驟 1：先將可疑之數值捨棄。（設之為 X_R）

步驟 2：決定其餘數據之平均值及平均偏差（d）。

步驟 3：由可疑值（X_R）減去（$\bar{X}$）所得數值，檢查是否大於平均偏差 4 倍。

$$|X_R-\bar{X}|\geqslant 4\,d$$

若此式成立則此可疑當可丟棄不用。

本章到此告一段落，分析實驗數據處理極為重要，學者應多加演練。

習　題

1. 下列數值有多少有效數字？

   (a) 3.09×10^{-5}　(b) 0.0007360　(c) 5,000.002

2. 若分析要求 1‰ 之誤差範圍，滴定管至少需裝滿多少 *ml*，如果此滴定管容許誤差為 ±0.02 *ml*？

3. 一礦石含 33.79% Fe_2O_3。重新測定 33.80 及 34.02%，並報告此等平均值。

(a) 此重作數值彼此相差多少？ (b) 平均值多少？

4. 試由下列分析一褐鐵礦 (*limonite*) 所含 Fe 的百分率

34.62, 34.60, 33.71, 34.22, 35.00, 34.44

34.42, 34.48, 34.50, 34.41, 34.65, 35.70

繪成一誤差曲線圖。

5. 一分析者，分析 Na_2CO_3 中含 NaOH 之百分率得，

2.31%，2.07%，2.40%，2.39%，2.01%，1.86%

問應捨去那些數據。

6. 試以有效數字法計算之

(a) $113.68+0.007+5.3$

(b) $3.24\times8.1\times21.367$

(c) $456.2\div2.5=$

7. 利用四位對數表計算

(a) $33.81\times0.073=$

(b) $0.1869\div362.4=$

(c) $log0.005903=$

(d) $colog71.82=$

(e) $antilog6.0088-10=$

第二篇　容量分析法

第七章　概　　論

§7-1　介　　紹

容量分析比重量分析簡易，不論在操作上或處理上均較重量分析法容易，當然論其精確度比重量分析法要差。容量分析乃是由一已知濃度之標準溶液，以某定量體積與由試料配製而成的未知溶液起反應，而求得未知溶液之濃度，更近一步求得未知試料之成分比率。

容量分析的化學反應有三點限制，(1)當達到終點或稱當量點時，反應須達完全，具無副反應產生；(2) 反應之速率甚大；(3) 當在當量點時，必有顯著的化學或物理變化，如沉澱發生，或藉某物質起顏色變化，或形成有顏色之錯離子，如此才能告知實驗者終點已到達。因此容量分析極受限制，如果反應速率雖甚小，可採用間接方法，先加過量之已知濃度的試藥以促其完成，然後再用第三者已知濃度之試藥來滴定過剩之原先試藥，於是可以算出該主要反應中試料之含量。

在未討論各種容量分析法之前，應先對溶液的規定濃度，指示劑的應用，中和的原理，酸鹼的認識等等都能瞭解，自本章始以後各章將陸續作詳盡的說明。

§7-2　容量分析之種類

容量分析中，以各種不同類型的反應而分爲下列四部門：

(a) **中和法** (*Neutralization methods*)

此乃是酸、鹼滴定法，利用酸鹼中和求其當量點。以酸爲滴定液者稱之爲酸性法（*Acidimetry*），以鹼爲滴定液稱爲鹼性法（*Alkalimetry*）。此法是藉用各種指示劑（*Indicator*）在溶液各種不同範圍的酸度或鹼度起顏色變化來指示當量點的位置，當然中和以後的溶液並不一定是中性，應視所使用的酸或鹼其強度如何，強酸與強鹼中和後必爲中性（$pH=7$）。

其一般反應式爲：

$$H^+ + OH^- \longrightarrow H_2O$$

(b) 氧化還原法

(*Oxidation-reduction methods*) (*Redox methods*)

此乃是兩物質在反應時起了價數的變化，氧化與還原當是同時發生，因爲氧化劑被還原與還原劑被氧化其程度是相同，此基於電性中和理論而來。

用氧化劑爲滴定液或還原劑爲滴定液其原理均相同也就是反應完成後二者之當量數相等。此法常藉用某已知濃度之滴定液在當量點到達時，顏色起了顯著的變化而觀察。

(c) 沉澱法（*Precipitation methods*）

根據溶解度積的原理，由已知濃度之沉澱劑使試料發生沉澱，藉其沉澱時溶液顏色變化而判斷之，此種顏色變化常應用有機物爲指示劑。

(d) 錯離子生成法（*Complex Formation methods*）

利用錯離子特殊的性質作爲某離子量的分析，滴定液常使用有機螯合劑（*Organic Chelating reagents*）。在以後數章再詳述。

§7-3 規定濃度之計算演練

規定濃度是在1升的溶液中含有多少克當量數之溶質，或1毫升溶液中含多少毫克當量數之溶質皆稱之；通常以N表示。

在容量分析上，克當量，毫克當量及規定濃度之使用甚大。

$$N=\frac{\text{克當量數}}{\text{1升溶液}}=\frac{\text{毫克當量數}}{\text{1毫升溶液}}$$

(a) 中和法克當量的計算：

例如，NaOH 其分子量爲 40.00，因 NaOH以40.00 克與 1.0008 克之 H^+ 中和，因此 40.00 克爲 NaOH 之克當量。1N 之 NaOH 表示1升溶液中含有 40.00 克之 NaOH。

同理　　1 eq 的 HCl＝1*mole*，或 36.5 克的 HCl

而 H_2SO_4 之分子量爲 90.08，該酸一摩爾的溶液相當於 2.016 克 (2*mole*) 的 H^+ 中和力，故當 H_2SO_4 與 1.008 克 H^+ 的中和力相同時，爲 49.04 克。即是 98.08/2，硫酸之克當量爲 49.04 克。

同理　　$Ba(OH)_2$ 之克當量爲$\frac{Ba(OH)_2}{2}=85.68$ 克等等

因此，酸、鹼之克當量（eg.wt.）

酸、鹼的克當量＝

$$\frac{\text{酸、鹼的克式量}}{\text{能與1克當量 }H^+\text{ 中和或相當於1克當量 }H^+\text{ 之中和力的倍數}}$$

在酸、鹼滴定反應時，H^+ 之克當量數與 OH^- 之克當量數一定相同，

所以　　酸、鹼滴定時，酸、鹼之克當量＝$\frac{\text{酸、鹼的克式量}}{\text{參加反應 }H^+\text{ 的數目}}$

例如　　$H_2SO_4+NaOH\longrightarrow HSO_4^-+H_2O+Na^+$

$$H_2SO_4\text{ 之克當量}=\frac{H_2SO_4}{1}=98.08(\text{克})$$

$$H_2SO_4+2NaOH\longrightarrow Na_2SO_4+2H_2O$$

$$H_2SO_4\text{ 之克當量}=\frac{H_2SO_4}{2}=49.04(\text{克})$$

(b) 氧化劑及還原劑之克當量計算

求一氧化劑或還原劑之當量，必需取在氧化或還原過程中涉及的轉移的電子數（氧化數之變化數）。

$$\text{氧化劑或還原劑之克當量}=\frac{\text{氧化劑或還原劑之式量}}{\text{轉移電子式}}$$

$$=\frac{\text{氧化劑式還原劑之式量}}{\text{氧化數變化數目}}$$

例：$KMnO_4$ 在酸存在下被還原時，由＋7價 MnO_4^- 轉移成亞錳離子（Mn^{++}）

$$MnO_4^- + 5Fe^{++} + 8H^+ \longrightarrow Mn^{++} + 5Fe^{+3} + 4H_2O$$

錳之氧化數變化由＋7至＋2

所以　高錳酸鉀在此條件下之克當量爲$\frac{KMnO_4}{5}=31.61$ 克

$KMnO_4$ 在鹼性溶液中，被還原成 MnO_4，氧化數變化由＋7至＋4。

$$MnO_4^- + 2H_2O + 3e \longrightarrow MnO_2 + 4OH^-$$

所以　其在此條件下之克當量爲$\frac{KMnO_4}{3}=52.7$克

(c) 難溶性物質之克當量計算:

$$\text{克當量}=\frac{\text{克式量}}{\text{離子的電荷數}}$$

例　$BaCl_2 + Na_2SO_4 \rightleftharpoons BaSO_4 + 2NaCl$

$$BaCl_2\ \text{之克當量}=\frac{BaCl_2}{2}$$

$$Na_2SO_4\ \text{之克當量}=\frac{Na_2SO_4}{2}$$

$$3Ag^+ + PO_4^{-3} \rightleftharpoons Ag_3PO_4$$

$$Ag^+\ \text{之克當量}=\frac{Ag^+\ \text{之克式量}}{1}$$

$$PO_4^{-3}\text{ 之克當量}=\frac{PO_4^{-3}\text{ 之克式量}}{3}$$

下列舉數例，規定濃度之計算：

例：若混合 3.00 克之固體 KOH 及 5.00 克之固體 NaOH，溶解於水，且溶液配成 1,500*ml*，則該溶液 OH^- 規定濃度？

OH^- 之克當量數由 NaOH 而來是：

$$\frac{3.00}{NaOH}=\frac{3.00}{40.00}=0.075$$

OH^- 之克當量數由 KOH 而來是：

$$\frac{5.00}{KOH}=\frac{500}{56.10}=0.089$$

溶液中之鹽基克當量數＝0.075＋0.089＝0.164

在 1 升溶液中含有多少克當量數？(N)

$$N=\frac{0.164}{\frac{1500}{1000}}=0.164\times\frac{1000}{1500}=0.1093$$

例：溶解 6.73 克之 NaOH(99.5％NaOH, 0.5％H_2O) 及 9.42克之$Ba(OH)_2 8H_2O$ 於水中且稀釋至 850*ml* 而配成鹼溶液其規定濃度爲何？

6.73 克含純 NaOH 應 6.73 克×99.5％＝6.70 克

$$OH^-\text{ 之克當量數}=\frac{6.70}{40}+\frac{9.42}{\frac{Ba(OH)_2 8H_2O}{2}}$$

$$=0.1674+0.0597=0.2272$$

$$N=0.2272\times\frac{1000}{850}=0.267(N)$$

§7-4 規定濃度之應用

(A) 體積，規定濃度，與毫克當數關係

若進行中和反應，氧化還原反應或沈澱生成，當反應完全時，兩反應物之克當量數，或毫克當量數相等；又由規定濃度的定義知道：

規定濃度×體積（升）＝克當量數

規定濃度×體積（毫升）＝毫克當量數

在分析化學上試藥的體積通常以毫升爲單位，爾後均以毫升爲討論。

$N\times ml$＝毫克當量數

兩滴定液到達當量點時表示二者之當量數相等，因此

$N_1V_1=N_2V_2$……(1)

知道其中任何三項，另一項未知數便可得知。

(B) 溶液濃度的稀釋

溶液的稀釋祇是使其濃度改變而在溶液中原先的當量數不應有所增減，基於此觀念，上式①$N_1V_1=N_2V_2$，可應用於此。

例：欲配 1.003N 之溶液應將 10*ml*，2.006N 溶液稀釋至何體積？

$$N_1V_1=N_2V_2$$

$$2.006\times 10=1.003\times V_2$$

$$V_2=\frac{2.006\times 10}{1.003}=20(ml)$$

需再加 10*ml*H_2O，使溶液體積成爲 20*ml* 才能配成 1.003*N*。

(C) 計算滴定的結果：

例：有一 HCl 酸性溶液以標準濃度之 NaOH 溶液來校正；如果 25.00*ml* 的 HCl 需要 32.20*ml*，0.0950N，NaOH 滴定，試求 HCl 之標準濃度？

利用中和時，酸、鹼毫克當量數相等

$$N_1V_1=N_2V_2$$

所以　　$(32.20)\times(0.0950)=(25.00)\times(N_{HCl})$

$N_{HCl}=0.1224$。

例：一純 $CaCO_3$ 試料重 1.000 克需以 40.10*ml* 之 HCl 溶液中和之。(*a*) 此酸之規定濃度爲何？(*b*) 對於相等重量之 $CaCO_3$ 需要相等規定濃度之 H_2SO_4 若干體積？

(*a*)　　$CaCO_3$ 之毫克當量數$=\dfrac{1.000}{\dfrac{100.09}{2}}\times10^3=19.972$

$\therefore\quad N_{(HCl)}\times40.10=19.972\quad N_{(HCl)}=0.4983$。

所以得知 HCl 濃度應爲 0.4983

(*b*)　　$19.972=0.4983\times V_{(H_2SO_4)}$

$V=40.10ml\cdots\cdots H_2SO_4$ 溶液

例　150.0 毫克純淨 Na_2CO_3，需用 30.06*ml* 之 HCl 中和，計算 HCl 之標定後規定濃度：

$$2H^++CO_3^=\longrightarrow CO_2(g)+H_2O$$

$$Na_2CO_3\text{ 之克當量}=\frac{Na_2CO_3}{2}=52.99$$

所以　　$(30.06)\times(N_{HCl})=\dfrac{150.0}{52.99}$

$N_{HCl}=0.09416$

例　有一不純的 Na_2CO_3（蘇打灰）以 0.5000*N* H_2SO_4 滴定之，如果 1.100克需以 35.00*ml* 之酸中和，試求灰中純淨 Na_2CO_3 之百分比爲何？

需以 35.00*ml*，0.500*N* H_2SO_4 中和必含有純淨 Na_2CO_3 之毫克當量數爲

$$35.00\times0.500=17.50$$

17.50 毫克當量數相當於 $17.50=\dfrac{X}{\dfrac{Na_2CO_3}{2000}}$

$X=0.9275$ 克之 Na_2CO_3

因此 1.100 克中僅含 0.9275 克純淨 Na_2CO_3

$$\frac{0.9275}{1.100}\times 100=84.32\%$$

§7-5 標準溶液 (*Standar solution*)

若一溶液其濃度爲已知正確値稱之爲標準溶液，標準溶液之調製方法有二。一爲直接法；即是由天平秤取已知純度物質(純度高達100%的物質，如 $K_2Cr_2O_7$, Na_2CO_3, $KHC_8H_4O_4$, KIO_3 與 I_2 等)於量瓶內，再加水稀釋成一定濃度之溶液，即成標準溶液。二爲間接法；即是先將欲標定濃度配製成相近的濃度（不必極精確），然後選定一基準試劑 (*primary standards*)，秤取精確量的基準試劑，再以未知濃度溶液滴定之，到達當量點時由已知重量之基準試劑與滴定所用的體積可換算得知溶液之標定濃度。

間接法是較常使用的方法，因爲一方面對物質是否有很高純度仍有疑慮，一方面又顧慮到在溶液轉移或配製時，因人爲的誤差而使濃度易變更。

通常在標定時，準確性不可高於千分之一 (1‰)，若普通天秤之精度爲 0.1*mg*，爲合乎此誤差範圍，秤重不可低於 100*mg*。($\frac{0.1}{100}\times 100=1‰$)；然爾滴定管若精度在 0.02*ml* 內，滴定時滴定管不可少於 20*ml*，若作一根二次實驗時，則不能少於 40*ml* 之容積。

最重要的是標定時基準試劑的選擇，選擇之條件列於下節討論。

§7-6 基準試劑 (*Primary Standards*)

對任何滴定液濃度之標定必先選擇一基準試劑，觀察一定量試液體積與精確量基準試劑作用而計算其標準濃度。可作爲基準試劑需具備下列幾項條件：

① 基準試劑純度應達到 99.9 %以上。

② 基準試劑成分應有一定的組成，且與被標定的滴定試液有一定量的化學反應關係。

③ 基準試劑之組成不應受乾燥及濕氣之影響。

④ 基準試劑需易溶解於水中，而其與被標定液生成之鹽類亦須易溶解於水中。

⑤ 基準試劑之克當量需較大以減少滴定與秤重誤差。

關於諸種反應之基準試劑，當於各部份中申述之。又基準試劑亦有可爲不同種類之反應之基準者。

習 題

1. 敍述容量分析之種類。

2. 基準試劑應具備的條件爲何？

3. (*a*) 需用多少克之 $S_8Cl_2 \cdot 6H_2O$ 以配製 500*ml* 0.550*N* 溶液？

(*b*) 此溶液 20.0*ml* 中所有氯離子沉澱應需 1.00M $AgNO_3$ 多少 *ml*？

(答案 (a)36.7克，(b)11.0 *ml*)

4. 應混合 6.00N 及 3.00.N 酸各若干體積以配製 1 升 5.00N 之酸？

(答案：667*ml* 之 6 N，331*ml* 之 3 N)

5 應加入多少 *ml* 之 H_2O 於一升之 0.167*N* H_2SO_4 以使其成 0.100N。

(答案：670*ml* 之 H_2O)

6. 若中和 10.00*ml* 之稀醋酸需 13.12*ml* 之 0.1078*N* KOH 則此酸之規定濃度爲何？

(答案：0.1414N)

7. 若加入 50.00*ml* 之 1.087*N* HCl 於 28.00*ml* 之固體鹼物質溶液中，後者經

中和後尚有餘，需要 10.00*ml* 之 0.1021*N* NaOH 以使溶液達到中和點。

(*a*) 固體鹼溶液含有多少當量。

(*b*) 其規定濃度爲何？

(答案：(*a*)53.34 (*b*)1.905N)

8. 溶解 0.4200 克之 HgO 於 KI 水溶液生成 HgI_4^{--} 之溶液。

試寫出此反應平衡方程式。所產生溶液以 H_2SO_4 滴定時用去 20.15*ml* 之酸，但發現需要以每 *ml* 含量相當於 0.150 毫摩爾之 Na_2O 之 NaOH 溶液 2.40*ml* 行逆滴定。求 H_2SO_4 之規定濃度。

(答案：0.2282N)

9. 比重爲 1.09 含 H_2SO_4 13.0 %之稀硫酸，求其規定濃度。

10. 中和純草酸結晶 ($H_2C_2O_4 \cdot 2H_2O$)0.3000 克 需 KOH 溶液 45.18*ml*，問此 KOH 溶液之規定濃度若干？

(答案：N＝0.1053)

第八章　中和滴定理論與滴定曲線

§8-1 概　　說

在容量分析上，關於酸、鹼的中和最主要的是:

(1) 强酸與强鹼的中和

(2) 弱酸（鹼）與强鹼（酸）的中和

(3) 弱酸與弱鹼的中和

(4) 多氫酸的中和

(5) 數酸或數鹼混合物之中和

在本章各節中將分別詳述，但需先討論酸度 (pH) 的計算，指示劑理論等重要觀念。

§8-2 酸 (*Acid*) —鹼 (*Base*) 理論

A. 酸-鹼定義

(1) *Brönsted* 定義: 酸是一種能供給氫原子 (*protons*) 的物質。

鹼是一種能接受氫原子的物質。

(2) *Lewis* 定義: 一種物質它有未充滿電子的能層（軌道），而能接受外來的一對電子，稱之爲酸; 相反的，能供給一對電子的物質稱之爲鹼。

如

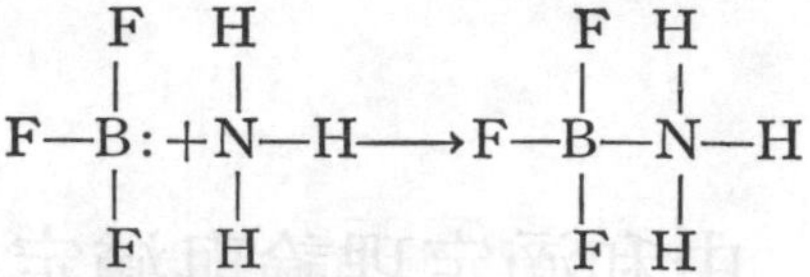

(鹼)(酸)

在容量分析中我們祇考慮 *Brönsted* 之定義較爲實際。

$$
\begin{array}{r}
\text{酸}_{①} \longrightarrow H^{+} + \text{鹼}_{①} \\
\text{鹼}_{②} + H^{+} \longrightarrow \text{酸}_{②} \\
\hline
\text{酸}_{①} + \text{鹼}_{②} \longrightarrow \text{酸}_{②} + \text{鹼}_{①}
\end{array}
$$

當一酸 HA 溶在一溶劑 HL 中有下列情形，溶劑充當一種鹼以增加酸的解離，

酸①	鹼②		酸②	鹼①	
HA	HL	$\rightleftharpoons$	H_2L^+	$+A^-$	(通常情況)
HA	H_2O	$\rightleftharpoons$	H_3O^+	$+A^-$	(水解)
HA	C_2H_5OH	$\rightleftharpoons$	$C_2H_5OH_2{}^+$	$+A^-$	(酒精中)
HA	CH_3COOH	$\rightleftharpoons$	$CH_3COOH_2{}^+$	$+A^-$	(醋酸中)

當一鹼 B 溶在 HL 溶劑中，溶劑充當一種酸，以增加溶劑陰離子 (L^-) 的濃度：

鹼①	酸②		酸①	鹼②
B	HL	$\rightleftharpoons$	BH^+	$+L^-$
B	H_2O	$\rightleftharpoons$	BH^+	$+OH^-$
B	C_2H_5OH	$\rightleftharpoons$	BH^+	$+C_2H_5O^-$
B	CH_3COOH	$\rightleftharpoons$	BH^+	$+CH_3COO^-$

總和上述兩種酸，鹼在溶劑 HL 中情形，可知

$$
\begin{array}{r}
HA + HL \rightleftharpoons H_2L^+ + A^- \\
B + HL \rightleftharpoons BH^+ + L^- \\
\hline
HA + B + 2HL \rightleftharpoons H_2L^+ + BH^+ + A^- + L^- \cdots (1)
\end{array}
$$

又因溶劑本身 $H_2L^+ + L^- \rightleftharpoons 2HL$…(2)

(1)+(2)　$HA + B \rightleftharpoons BH^+ + L^-$…(3)

酸①　鹼②　酸②　鹼①

同時由上述情形亦可知無所謂絕對爲酸或鹼，它們之間是一種比較，在某種情形是酸，在另一條件下却亦可爲鹼；酸、鹼在形態上若祇是氫原子的差異稱之爲共軛對 (*Conjugated pairs*)

酸	鹼（共軛對）
HCN	CN^-
CH_3COOH	CH_3COO^-
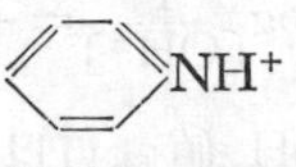	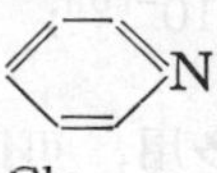
HCl	Cl^-

B. 酸度 (*Acidity*)：pH 值

水之游離式爲 $H_2O \rightleftharpoons H^+ + OH^-$。其平衡常數爲 K

$$K = \frac{[H^+][OH^-]}{[H_2O]} \cdots \text{（在一定溫度下）} \cdots (1)$$

（平衡常數隨溫度變化而改變其值）

將 (1) 整理　$K[H_2O] = [H^+][OH^-]$……………… (2)

因爲 H_2O 游離極少，故 $[H_2O]$ 可視爲一定值，即令

$$K[H_2O] = K_W \quad K_W = [H^+][OH^-]$$

K_W 定名爲水之游離積常數 (*ion-product constant of* H_2O)，雖 K_W 亦隨溫度改變而變更，一般可視爲一定值，等於 10^{-14}。($T = 25°C$ 時 $K_W = 10^{-13.96}$; $T = 18°C$ 時 $K_W = 10^{-14.22}$)

$$[H^+][OH^-] = 10^{-14} \cdots\cdots (3) \text{（在常溫下）}$$

不論是中性，酸性或鹼性溶液，$[H^+]$, $[OH^-]$ 均同時存在，祇是多少量之不同，在中性溶液中 $[H^+] = [OH^-]$ ∴ $[H^+] = [OH^-] = \sqrt{10^{-14}} = 10^{-7}$。在酸性溶液中 $[H^+] > 10^{-7}$；在鹼性溶液中 $[OH^-] > 10^{-7}$

$[H^+]$	$10^1, 10^0, 10^{-2}, 10^{-4}, 10^{-6}, 10^{-7}, 10^{-8}, 10^{-10}, 10^{-12}, 10^{-14}$
$[OH^-]$	$10^{-15}, 10^{-14}, 10^{-12}, 10^{-10}, 10^{-8}, 10^{-7}, 10^{-6}, 10^{-4}, 10^{-2}, 10^0$

酸性 ⟵ 中性 ⟶ 鹼性

爲方便起見我們並不直接採用 $[H^+]$, $[OH^-]$ 來表示酸性的大小，以 *Sörensen* 倡用 pH 值以表示溶液的酸度。

定義: $[H^+]=10^{-pH}$ ……………………………(3)

$$pH=\log\frac{1}{[H^+]}=-\log[H^+] \quad \cdots\cdots\cdots\cdots(4)$$

同理 $pOH=10^{-pOH}$; $pOH=\log\frac{1}{[OH^-]}=-\log[OH^-]$ …(5)

pOH 普通並不多用，可以祇用 pH 值就可以表示；當然它們之間必有一關係存在，

$$pH+pOH=14 \quad \cdots\cdots\cdots\cdots(6)$$

因爲 $K_w=10^{-pK_w}$, $pK_w=\log\frac{1}{K_w}$ ……………………(7)

由 (4), (5), (7) 可得

$$pH+pOH=\log\frac{1}{[H^+]}+\log\frac{1}{[OH^-]}=\log\frac{1}{[H^+][OH^-]}$$

$$=\log\frac{1}{K_w}=p\,K_w=\log\frac{1}{10^{-14}}=14$$

∴ $pH+pOH=pK_w=14$ ……………………(8)

故 $[H^+]=4\times10^{-5}$ 時，即 $[H^+]=10^{0.60}\times10^{-5}=10^{-4.40}$，所以 pH $=4.40$

例: 試計算 0.025M NaOH 其 pH 爲多少？

$[OH^-]=2.5\times10^{-2}$

$pOH=2-\log 2.5=2-0.40=1.60$

$pH=14-pOH=12.40$

§8-3　指示劑 (*Indicator*)

容量分析所用的指示劑種類各不相同，最重要的不外乎是中和滴定的指示劑，其主要的目的是藉用指示劑在不同酸度範圍顏色顯著變化來判斷反應進行之完成程度，因此指示劑本身必需具備二個重要條件:

(1) 指示劑自身必是一弱酸或弱鹼，深受 pH 值影響。

(2) 指示劑自身的顏色與解離後離子團顏色必不相同，若顏色差異愈大愈好。

根據上面兩項事實，指示劑要能顯色其分子構造必含有所謂發色圈（發色團），因此可推斷指示劑大部份必屬於有機物，事實上一般指示劑都是一種有機染料，但有機染料並不一定均能充當中和用的指示劑，至於指示劑理論申論如下:

設以 HIn 表示一酸式指示劑，InOH 表示鹼式指示劑，則在水溶液中應有微解離現象;

$$HIn \rightleftharpoons H^+ + In^- \quad \cdots\cdots(1)$$

$$InOH \rightleftharpoons In^+ + OH^- \quad \cdots\cdots(2)$$

$$K_a = \frac{[H^+][In^-]}{[HIn]} \quad \cdots\cdots(3)$$

$$K_b = \frac{[In^-][OH^-]}{[InOH]} \quad \cdots\cdots(4)$$

因爲它們均爲弱酸、弱鹼所以 K_a, K_b 值均很小，現以 HIn 爲例觀察其變色的各種情形。

當 HIn 在中性水溶液中；成平衡狀態

$$HIn \rightleftharpoons H^+ + In^-$$

酸性顏色（甲）　　　　鹼性顏色（乙）

溶液酸性大時（pH 值小）則 HIn 濃度較高而呈現酸性顏色，若 pH 值大則 In^- 濃度變大，而呈現鹼性顏色。

由（3）式可得

$$\frac{K_a}{[H^+]}=\frac{[In^-]}{[HIn]}\cdots\cdots\cdots\cdots(5)$$

故比值$\frac{[In^-]}{[HIn]}$不但與酸性指示劑之解離常數，並與 $[H^+]$ 有極密切關連，以人的視覺感觸並不十分敏感，要能感受一種顏色變成另一種顏色，兩種帶色物質之濃度至少須差 10 倍，即是要看到此酸性指示劑呈酸性（甲）顏色則

$$\frac{[HIn]}{[In^-]}\geqslant 10\cdots\cdots\cdots\cdots(6)$$

反之，則$\frac{[In^-]}{[HIn]}\geqslant 10\cdots\cdots\cdots\cdots(7)$

呈鹼性顏色，以 (5) 代入 (6) 與 (7) 中

$$\frac{[In^-]}{[HIn]}=\frac{K_a}{[H^+]}\leqslant\frac{1}{10}\cdots\cdots\cdots\cdots(8)$$

∴ $[H^+]\geqslant 10\,K_a\cdots\cdots\cdots\cdots(9)$

由（9）得 $pH\leqslant -1-\log K_a\cdots\cdots\cdots\cdots(10)$

再由（7）得 $\frac{[In^-]}{[HIn]}=\frac{K_a}{[H^+]}\geqslant 10\cdots\cdots\cdots\cdots(11)$

∴ $[H^+]\leqslant\frac{K_a}{10}\cdots\cdots\cdots\cdots(12)$

$$pH\geqslant +1-\log K_a\cdots\cdots\cdots\cdots(13)$$

由（10）與（13）兩式可得一指示劑要呈現兩種不同顏色時，其 pH 範圍應爲

$$pH=-\log K_a\pm 1=pK_a\pm 1\cdots\cdots\cdots\cdots(14)$$

即是有二個 pH 單位的變動，由（14）亦可得

$$pH_{\text{鹼性}}-pH_{\text{酸性}}=(pK_a+1)-(pK_a-1)=2$$

$$\Delta pH=2 \cdots\cdots\cdots\cdots\cdots\cdots(15)$$

例如一酸性指示劑其 $K_a=1\times10^{-5}$ 時，溶液要是由 pH=4 變化到 pH=6 時，此指示劑將於甲顏色變化至乙顏色，若應用於酸鹼滴定時，主要當量點在此範圍內時，即可由指示劑的顏色的變化而告知我們滴定已完成。

指示劑現今使用較廣且起源較古者，有甲基橙 (*methyl orange*)，甲基紅 (*methyl red*) 與酚酞 (*phenol-phthalein*)，今將各種指示劑變色之 pH 範圍與呈色列於下表：

表 8-1 指示劑

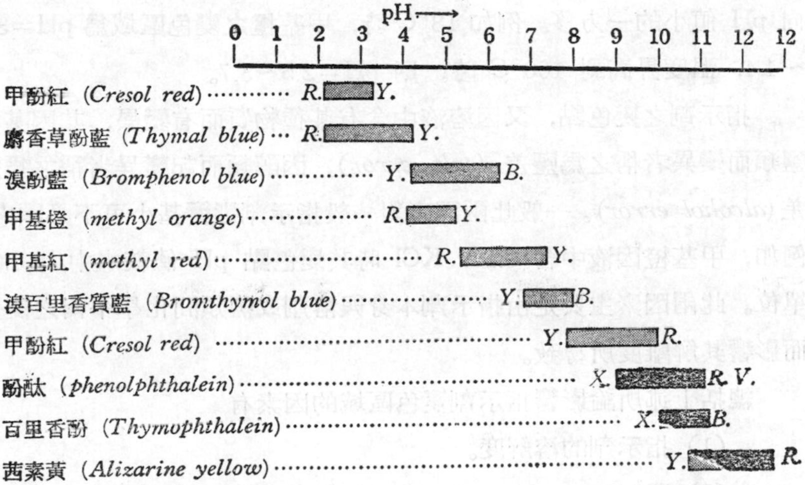

(R.-紅; Y.-黃; B.-藍; V.-紫; X-無色)

某種指示劑其變色區域並非祇限於一段，有時呈現兩段，如麝香草酚藍，甲酚紅均有兩段變色區，當然應用價值高。

§8-4 影響指示劑的因素與指示劑變色原因

指示劑的用量不可使用過多，因為自身亦是一種弱酸或弱鹼．通常製成稀薄溶液，而在 100—150 *ml* 滴定液中加 1—2 滴卽可，各種指示劑的調配在爾後使用到時再介紹，有時可將兩種指示劑混合使用效果更佳，例如將 *methyl red* 與 *methylene blue* 適當混合時，此混合劑在酸時呈紅紫，鹼時呈綠，變移點時無色；指示劑的用量應列入考慮，否則滴定將有誤差，而指示劑之用量多少却又與自身溶解度有關，易溶者應多加，且濃度大小與變色範圍有關係，難溶者變色範圍較窄，因此指示劑的溶解度是影響因素之一。

溫度是影響指示劑變色範圍因素之二，溫度與指示劑溶解度有密切關連，故溫度上昇時，指示劑變色區域微向酸性方向移卽是微向 pH 值小的一方移。例如 18°*C* 時，甲基橙之變色區域為 pH=3.1～4.4，溫度昇高到 100°*C* 時，則 pH=2.5～3.7。

指示劑之變色點，又因溶液中含有某種物質而有變異，其因某種鹽類而變異者稱之為鹽差（*salt error*），因醇類而起變異者稱之為醇差（*alcohol error*）。一般此兩因素對一般指示劑影響甚小可不必顧慮。例如，甲基橙因液中含 0.1*N* KCl 時其變色點 pH 值較水中大 0.08 單位。此兩因素主要是由指示劑本身與溶劑或鹽類間化學平衡之變化而影響其解離度所導致。

總括上述所論影響指示劑變色區域的因素有

(1) 指示劑的溶解度。

(2) 溫度。

(3) 溶液中所含的物質或溶劑。

最後將指示劑之所以變色的原因略加以敍述；學者不必在此方面多鑽研，因為若要在此方面多加認識必先瞭解有機化學。舉一例說明，有機物質之顏色與其分子構造有密切相關，如酚酞在酸性溶液中其構造式如下，

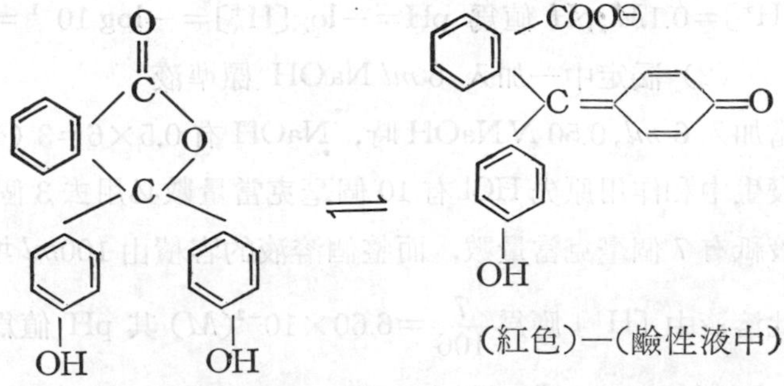

（無色）—（酸性液中）　　（紅色）—（鹼性液中）

因在鹼性液中其分子結構起變化，有一發色團，醌體（*quinoid*）

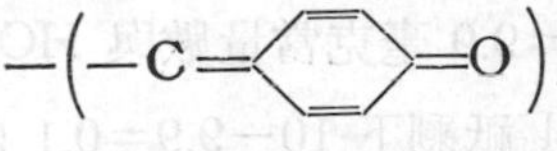

產生，因其能吸收某光譜線而使眼睛觸覺到紅色的刺激；當然發色團不僅限於此類，不在此討論。

例：在 25°*C* 時，某稀酸溶液含 $[H^+]=2.5\times10^{-4}$，問 (a) 其 pH 值爲何。(b) 當滴一滴甲基紅則溶液呈何顏色？

(a) $pH=\log\dfrac{1}{2.5\times10^{-4}}=\log1-\log2.5-\log10^{-4}=3.60$

(b) 甲基紅在 pH＝3.60 時呈紅色。

§8-5　强酸——强鹼滴定

假定取 20 *ml*, 0.50 *N* HCl 稀釋成 100 *ml*，然後以 0.5 *N* NaOH 來滴定，計算其 pH 值變化並劃出滴定圖。强酸與强鹼均爲全部解離在計算與思考上較爲簡單，分成五階段討論。

(1) 滴定前—未加入 NaOH 標準液。

未加入 NaOH 溶液時，祇有 20 *ml*, 0.50 *N* HCl 稀釋到100 *ml* 其濃度 $[H^+]$ 應爲$\dfrac{20\times0.50\,(\text{毫克當量數})}{100\,(\text{毫升})}=\dfrac{10}{100}=0.1(M)$ 或 $0.1(N)$

$[H^+]=0.1M$; pH 值為 $pH=-\log[H^+]=-\log 10^{-1}=1$。$pH=1$。

(2) 滴定中一加入 6 *ml* NaOH 標準液

當加入 6 *ml*, 0.50 *N* NaOH 時，NaOH 有 $0.5\times6=3$ (毫克當量數) 因發生中和作用原先 HCl 有 10 個毫克當量數必用去 3 個，故 HCl 在溶液祇有 7 個毫克當量數，而整個溶液的容積由 100*ml* 增到 106*ml*，因此溶液中 $[H^+]$ 應為 $\frac{7}{106}=6.60\times10^{-2}(M)$ 其 pH 值為 $-\log[H^+]=-\log(6.60\times10^{-2})=2-\log 6.60=1.18$, $pH=1.18$。

(3) 滴定中但接近當量點一加入 19.8*ml* 之 NaOH 標準液當加入 19.8 *ml*, 0.50 *N* 之 NaOH 時，已將接近當量點也就是酸一鹼毫克當量數接近相等。此時 NaOH 共加入 $19.8\times0.5=9.9$ 毫克當量數與 HCl 之 9.9 個毫克當量數中和，因此溶液中 HCl 祇剩下 $10-9.9=0.1$ 個毫克當量數，而溶液容積增至 119.8 *ml* 若以 120 *ml* 計算，則 $[H^+]=\frac{0.1}{120}=8.33\times10^{-4}$, $pH=4-\log 8.33=3.08$,　$pH=3.08$。

(4) 滴定完成時達到當量點一加入 20 *ml*, NaOH 標準液。20 *ml*, NaOH 加入後，酸-鹼當量數相同，溶液完成成為中性也就是 $[-H^+]=1.0\times10^{-7}$ ($K_w=1.0\times10^{-14}=[H^+]\cdot[OH^-]$), $pH=7$。

(5) 滴定完成後再加入 10*ml* NaOH (共加入 30 *ml* NaOH) 因當量點已過，若再加入 NaOH 時溶液漸由中性轉至鹼性，此時 NaOH 多出了 $10\times0.50=5$ 個毫克當量數，溶液容積為 130*ml*，因此 $[OH^-]=\frac{5}{120}=3.84\times10^{-2}$; $pOH=-\log[OH^-]=2-\log 3.84=1.42$，則 $pH=14-1.42=12.58$

將上述 pH 值與滴定液所用的容積作一表列:

（20ml 之 0.50N HCl 稀釋成 100 ml 然後用 0.5N NaOH 滴定）

加入 NaOH 之容積	溶液之總容積	〔H^+〕濃度 $\left(\frac{meq}{ml}=\frac{moles}{l}\right)$	〔OH^-〕濃度	pH
0	100	$10/100=1.00\times10^{-1}$ (1)		1.00
2	102	$9/100=8.82\times10^{-2}$		1.05
6	106	$7/100=6.60\times10^{-2}$ (2)		1.18
10	110	$5/100=4.55\times10^{-2}$		1.34
18	118	$1/118=8.48\times10^{-3}$		2.07
19.8	≒ 120	$0.1/120=8.33\times10^{-4}$ (3)		3.08
20	120	1.00×10^{-7} (4)	1.00×10^{-7}	7.00
20.2	≒ 120		$0.1/120=8.33\times10^{-4}$	10.92
22	122		$1/122=8.20\times10^{-3}$	11.91
30	130		$5/130=3.84\times10^{-2}$ (5)	12.58
34	134		$7/134=5.22\times10^{-2}$	12.72
38	138		$9/138=6.52\times10^{-2}$	12.81
40	140		$10/140=7.14\times10^{-2}$	12.85

根據上列表 pH 值變化，以 NaOH 加入之容積爲橫坐標，以 pH 值爲縱坐標，製一滴定曲線圖。

圖中Ⓐ表示以 NaOH 爲滴定液，Ⓑ表示以 HCl 爲滴定液。

由圖上可以看出當橫標位置於 19.8 至 20.2 時曲線斜率變化很大，在橫標 20 位置，曲線幾與縱線相重合，精確地觀察曲線並非與縱線相疊祇是幾乎相重合，且曲線與橫線 20 之線相交於 pH＝7 的位置，故其當量點亦是中和點，在此點時，指示劑的選擇應採用 *Bromthymol blue*（溴百里香質藍），實際上因在當量點附近，曲線幾成垂直線，故指示劑選擇甲基紅（*methyl red*）與酚酞（*phenolphthalein*）均不會錯過此條陡直的斜率，不會有太大誤差。一般此種强酸一强鹼滴定，選用酚酞（pH＝8.2～10.5），甲基紅（pH＝4.0～6.2）或甲基橙（pH＝3.2～4.4）所得的誤差不會大於千分之2（2‰）。

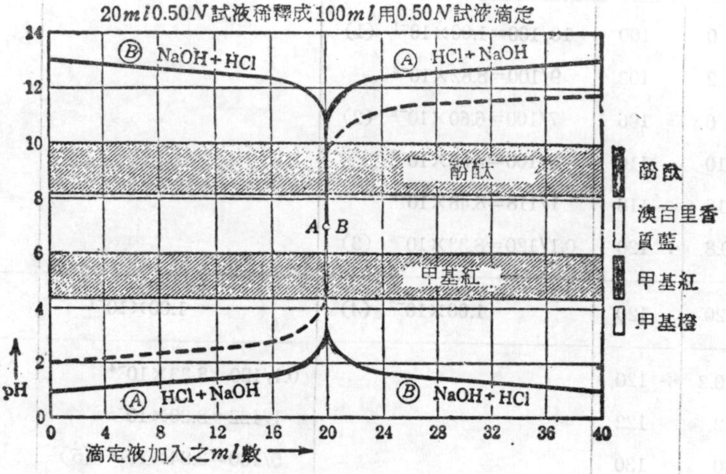

圖 8-1　强酸-强鹼滴定圖

如果滴定液濃度愈稀薄，曲線在當量附近斜率的變化愈不陡直，如圖中虛線所示；諸如此類滴定時對指示劑就要加以選擇，如圖中之虛線爲滴定曲線時若選用甲基橙或酚酞時，即使溶液當量已到達，指示劑仍未變色，原因是曲線已在指示劑變色 pH 值範圍之外，所以滴定液的濃度與指示劑之選擇有密切關係。

§8-6　强鹼滴定弱酸

取 $20ml$ $0.50N$ CH_3COOH（弱酸）稀釋成 $100ml$ 後，以$0.50N$ NaOH 來滴定，計算在各個滴定過程中〔H^+〕或 pH 變化。

(1) 未加進 NaOH 前，溶液〔H^+〕值：

因爲醋酸爲一弱酸，並非完全解離，在溶液中有一定的解離常數而成平衡狀態，其解離常數(*ionization constant*)在 25°*C* 爲 1.86×10^{-5}。

$$HC_2H_3O_2 \rightleftarrows H^+ + C_2H_3O_2^-$$

$$\frac{[H^+][C_2H_3O_2^-]}{[HC_2H_3O_2]}=K_a=1.86\times10^{-5}$$

$$\frac{x\cdot x}{0.1-x}=1.86\times10^{-5}$$

$$x^2\cong\sqrt{0.1\times1.86\times10^{-5}}$$

因爲 $x\ll0.1$ 所以 $0.1-x\cong x$（≅近似相等）

$$x\cong1.36\times10^{-3}=[H^+]$$

$$pH=\log\frac{1}{1.36\times10^{-3}}=2.87$$

在未滴定前溶液之 pH＝2.87

(2) 當滴進 6 *ml* NaOH 時，溶液〔H^+〕值：

加進 NaOH 後，醋酸鈉生成，溶液中便形成了緩衝溶液性質，因爲 CH_3COO^-（醋酸根離子）會抑制 CH_3COOH（醋酸）之解離，其〔H^+〕濃度計算如下：

加進 6*ml*, 0.50*N* NaOH 其毫克當量數爲 3，因此亦有 3 毫克當量數之 CH_3COONa 產生，且此時溶液總容積爲 106 *ml*，故〔CH_3COO^-〕$=\frac{3}{106}(N)$；而溶液中剩下未被中和之醋酸其毫克當量數爲 $20\times0.50-3=7$（毫克當量數），而〔CH_3COOH〕$=\frac{7}{106}(N)$

$$K_a=\frac{[H^+][C_2H_3O_2^-]}{[HC_2H_3O_2]}=1.86\times10^{-5}$$

$$\therefore\quad [H^+]=1.86\times10^{-5}\times\frac{[HC_2H_3O_2]}{[C_2H_3O_2^-]}=1.86\times10^{-5}\times\frac{\frac{7}{106}}{\frac{3}{106}}$$

$$=1.86\times10^{-5}\times\frac{7}{3}=4.34\times10^{-5}$$

$$pH=4.36$$

(3) 滴進 18 *ml*, NaOH 時，溶液〔H^+〕值:

此情況與 (2) 完全相同，$[CH_3COO^-]=\frac{18\times0.50}{118}=\frac{9}{118}(N)$

$$[CH_3COOH]=\frac{1}{118}(N)$$

故 $$[H^+]=1.86\times10^{-5}\times\frac{[CH_3COOH]}{[CH_3COO^-]}$$

$$=1.86\times10^{-5}\times\frac{\frac{1}{118}}{\frac{9}{118}}=1.86\times10^{-5}\times\frac{1}{9}=2.07\times10^{-6}$$

$$pH=5.68$$

(4) 在當量時，加入 20 *ml* NaOH 時，溶液〔H^+〕值:

加進 20*ml* NaOH，有 20×0.50＝10（毫克當量數）之 CH_3COONa 生成，而醋酸雖已全部中和，不過醋酸鈉發生水解，溶液 pH 值並不在 7 而成中性，其反應與計算如下:

$$\underset{\substack{20\times0.50\\10meq.}}{CH_3COOH}+\underset{\substack{20\times0.05\\10meq.}}{NaOH}\longrightarrow\underset{10meq.}{CH_3COONa}+H_2O$$

(*meq*＝毫克當量數)

$$C_2H_3O_2^-+H_2O\rightleftharpoons OH^-+HC_2H_3O_2$$

因此溶液成鹼性而非中性

$$\frac{[OH^-][HC_2H_3O_2]}{[C_2H_3O_2^-]}=K$$

分子，分母各乘以〔H^+〕一項，則

$$K=\frac{[OH^-][HC_2H_3O_2]}{[C_2H_3O_2^-]}=\frac{[H^+][OH^-][HC_2H_3O_2]}{[H^+][C_2H_3O_2^-]}$$

$$=\frac{[H^+][OH^-]}{\frac{[H^+][C_2H_3O_2^-]}{[HC_2H_3O_2]}}$$

$$[H^+][OH^-]=K_W;\quad K_a=\frac{[H^+][C_2H_3O_2^-]}{[HC_2H_3O_2]}$$

故上述　$$K=\frac{K_W}{K_a}=\frac{[OH^-][HC_2H_3O_2]}{[C_2H_3O_2^-]}$$

又因　$[OH^-]=[HC_2H_3O_2]$；$[C_2H_3O_2^-]=C$（濃度值）

所以　$$\frac{K_W}{K_a}=\frac{[OH^-]^2}{[C_2H_3O_2^-]}\quad 而\ [OH^-]=\sqrt{C\frac{K_W}{K_a}}$$

$$[H^+]=\frac{K_W}{[OH^-]}$$

$$[H^+]=\frac{K_W}{\sqrt{C\frac{K_W}{K_a}}}=\sqrt{\frac{K_aK_W}{C}}$$

$$pH=-\log[H^+]$$

$$pH=-\log\left(\sqrt{\frac{K_a\cdot K_W}{C}}\right)=-\frac{1}{2}\log\left(\frac{K_a\cdot K_W}{C}\right)$$

$$=-\frac{1}{2}\log K_W-\frac{1}{2}\log K_a+\frac{1}{2}\log C$$

$$=\frac{1}{2}pK_W+\frac{1}{2}pK_a+\frac{1}{2}\log C$$

上式為 CH_3COONa 在水溶液中 pH 值之求法，依據實驗值代入可得，

$$[H^+]=\sqrt{\frac{K_aK_W}{C}};\quad K_a=1.86\times10^{-5}\quad K_W=1\times10^{-14}$$

$$C=[C_2H_3O_2^-]=\frac{10}{120}=0.0833\ (N)$$

$$[H^+]=\sqrt{\frac{(1.86\times10^{-5})\times(1\times10^{-14})}{0.0833}}=1.5\times10^{-9}$$

$$pH=8.83$$

(5) 到達當量點以後繼續加進 10 *ml* NaOH 時，溶液 $[H^+]$ 值：NaOH 之加入超越當量點所需量時，因溶液中無反應發生，其 $[H^+]$

值變化與前節強酸一強鹼情況相同。

$$\text{多加入 } 10\ ml\text{, NaOH 其 } [OH^-] = \frac{10\times0.50}{130\ (\text{溶液總體積})}$$

$$= 3.84\times10^{-2}$$

$$pOH = 1.42,\quad pH = 12.58$$

對上述五階段滴定情形，列表於下並作一滴定曲線:

(20*ml* 之 0.50*N* 醋酸稀釋成 100 *ml* 後用 0.5 *N*, NaOH 滴定)

加入 *ml*	V_{ml}	$[H^+]$	$[OH^-]$	pH
0	100	$\sqrt{0.1K}=1.36\times10^{-3}$		2.87
2	102	$9K=1.68\times10^{-4}$		3.78
6	106	$7/3K=4.34\times10^{-5}$		4.36
10	110	$K=1.86\times10^{-5}$		4.73
18	118	$1/9K=2.07\times10^{-6}$		5.68
19.8	120	$1/99K=1.88\times10^{-7}$		6.73
20	120	1.48×10^{-9}		8.83
20.2	120		$0.1/120=8.33\times10^{-4}$	10.92
22	122		$1/122=8.20\times10^{-3}$	11.91
30	130		$5/130=3.84\times10^{-2}$	12.58
34	134		$7/130=5.22\times10^{-2}$	12.72
38	138		$9/138=6.52\times10^{-2}$	12.81
40	140		$10/140=7.14\times10^{-2}$	12.85

以 pH 值為縱標，NaOH *ml* 為橫標，劃一滴定曲線圖:

觀察下圖， 曲線與橫標 20 之縱線相交於 pH 值 8.83 處， 故其當量點並非中性點，且斜率陡直範圍較短，通過酚酞變色區域，故此實驗應選酚酞為指示劑，不可選用甲基紅或其他指示劑。

20ml0.50N $HC_3H_3O_2$試液稀釋成100ml用0.50N NaOH試液滴定

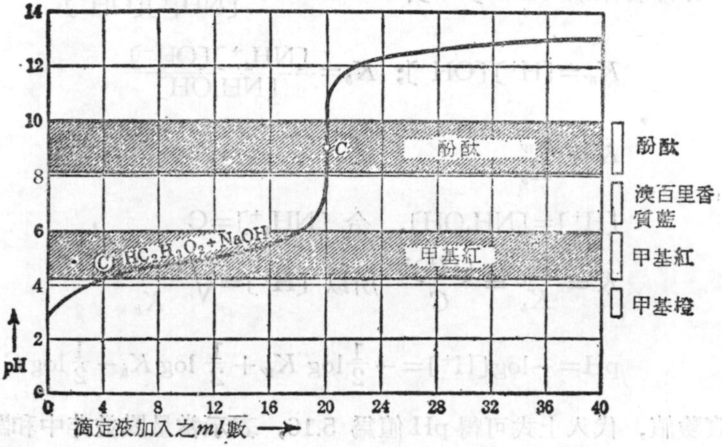

圖 8-2　强鹼-弱酸滴定圖

§8-7　强酸滴定弱鹼

以强酸滴定弱鹼與上節情形相同，若取 20*ml*，0.50 *N* 之 NH_4OH 稀釋至 100 *ml*，以 0.50 *N* HCl 來滴定，計算在各個滴定過程中〔H^+〕與 pH 值之變化。

在當量點之前後滴定情況與計算方式，學者應自行演練，惟在當量點時其計算公式較爲繁雜。

到達當量點，加入 20 *ml* 0.5*N* HCl 時，溶液〔H^+〕值:

加入 20 *ml* 0.50 *N* HCl 時，NH_4Cl 產生，但 NH_4Cl 亦會發生水解，故其 pH 值並非在 7 處。

$$NH_4^+ + H_2O \rightleftharpoons H^+ + NH_4OH$$

$$K = \frac{[H^+][NH_4OH]}{[NH_4^+]}$$

分子，分母各乘以 $[OH^-]$ 一項 $K=\frac{[H^+][OH^-][NH_4OH]}{[NH_4^+][OH^-]}$

$$K_W=[H^+][OH^-];\quad K_b=\frac{[NH_4^+][OH^-]}{[NH_4OH]}$$

所以 $K=\frac{K_W}{K_b}$

又因 $[H^+]=[NH_4OH]$，令 $[NH_4^+]=C$

而得 $K=\frac{K_W}{K_b}=\frac{[H^+]^2}{C}$ 所以 $[H^+]=\sqrt{\frac{C\cdot K}{K_b}}$

$$pH=-\log[H^+]=-\frac{1}{2}\log K_W+\frac{1}{2}\log K_b-\frac{1}{2}\log C$$

根據實驗值，代入上式可得 pH 值為 5.16，表示當量點並非中和點，其 pH 值小於 7，溶液呈酸性。

20 ml, 0.50 N NH_4OH 稀釋至 100 ml, 並以 0.50 N HCl

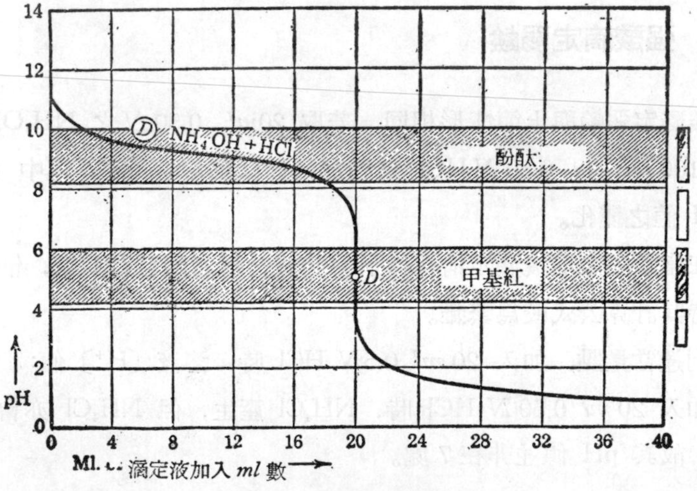

圖 8-3 強酸滴定弱鹼圖

此時曲線斜率陡直範圍正通過甲基紅變色區域，因此祇能選用此種指示劑。

不論是以强鹼滴定弱酸或以强酸滴定弱鹼，在未達當量點之前，溶液均呈緩衝溶液性質，觀察 Ⓒ 曲線與 Ⓓ 曲線在當量點前斜率變化較爲平穩，Ⓒ 在此階段呈 CH_3COO^-—CH_3COOH 酸性緩衝液 pH 值在 4.5～5.5，Ⓓ 在此階段呈 NH_4^+—NH_4OH 鹼性緩衝液 pH 值在 8.4～9.3。

在强酸—强鹼滴定時，曾提到滴定液與被滴定液濃度稀薄程度與曲線圖形有密切關係，在此强酸—弱鹼或强鹼—弱酸滴定時其解離常數之大小，對曲線變化有顯著的影響，下列二圖說明之。

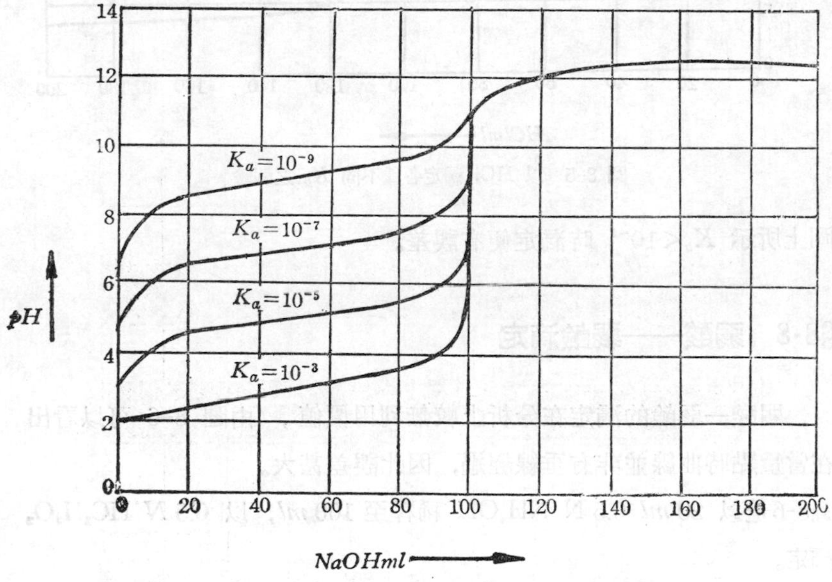

圖 8-4　以 NaOH 滴定各種不同 K_a 之弱酸。

由上圖可知弱酸K_a愈小，其斜率陡直範圍愈小，因此對指示劑的選擇便有困難，因此 K_a 小於 10^{-7} 滴定便有極大誤差。

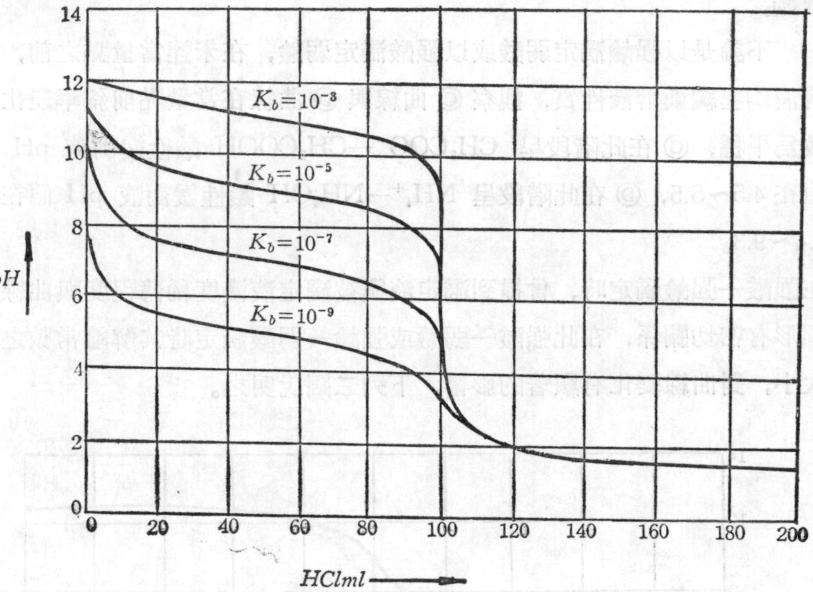

圖 8-5 以 HCl 滴定各種不同 K_b 之弱鹼

圖上所示 $K_b<10^{-7}$ 時滴定便有誤差。

§8-8 弱酸——弱鹼滴定

弱酸—弱鹼的滴定在分析上較無利用價值， 由圖 8-6 可以看出在當量點時曲線並非有垂線經過，因此誤差甚大。

圖8-6是以 20 *ml* 0.5 N NH_4OH 稀釋至 100 *ml*，以 0.5 *N* $HC_2H_3O_2$ 滴定。

其 pH 計算公式爲

$$[H^+]^2=\frac{K_W K_a}{K_b}$$

$$[H^+]=\sqrt{\frac{K_W\cdot K_a}{K_b}}$$

$$\therefore \quad pH = -\frac{1}{2}\log K_W - \frac{1}{2}\log K_a + \frac{1}{2}\log K_b$$

$$pH = \frac{1}{2}pK_W + \frac{1}{2}pK_a - \frac{1}{2}pK_b。$$

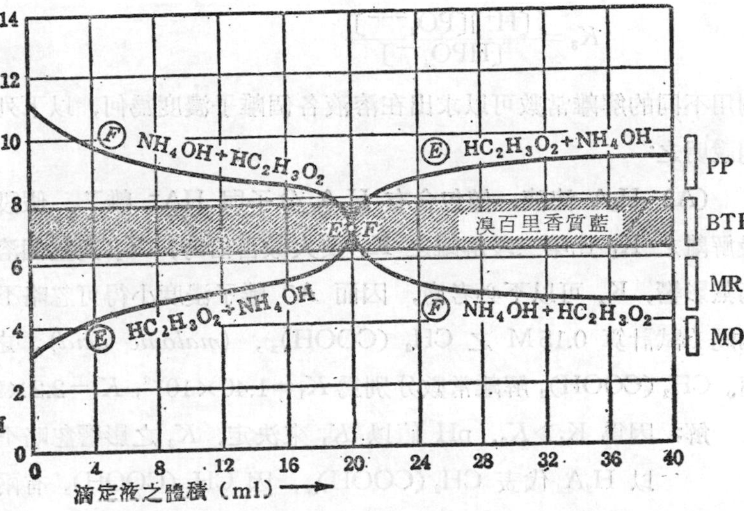

圖 8-6　弱酸-弱鹼滴定

§8-9　多氫酸 Polyprotic acid 之 pH 值計算

酸中若含多個酸性氫原子 (*acidic hydrogen*) 時，其解離程度是分段進行，每一解離階段均有固定不同的解離常數，如磷酸 H_3PO_4 解離情形:

$$H_3PO_4 \rightleftarrows H^+ + H_2PO_4^- \cdots\cdots\cdots\cdots\cdots K_1$$

$$H_2PO_4^- \rightleftarrows H^+ + HPO_4^{--} \cdots\cdots\cdots\cdots\cdots K_2$$

$$HPO_4^{--} \rightleftarrows H^+ + PO_4^{---} \cdots\cdots\cdots\cdots\cdots K_3$$

三段解離之解離常數爲:

$$K_1=\frac{[H^+][H_2PO_4^-]}{[H_3PO_4]}$$

$$K_2=\frac{[H^+][HPO_4^{--}]}{[H_2PO_4^-]}$$

$$K_3=\frac{[H^+][PO_4^{---}]}{[HPO_4^{--}]}$$

利用不同的解離常數可以求出在溶液各個離子濃度爲何，以下列三例題說明之:

(A) H_2A 溶液，僅包含有 H_2A 分子與 HA^- 離子，假設第一段解離之 K_1 比第二段解離之 K_2 要大數百倍時，K_2 對整個溶液平衡無影響，K_2 可以不必考慮，因而 $A^=$ 離子濃度小得可忽略不計。

例題 1 試計算 0.15 M 之 $CH_2(COOH)_2$，(*malonic acid*)，之 pH 值。$CH_2(COOH)_2$ 解離常數分別爲 $K_1=1.40\times10^{-3}$, $K_2=2.2\times10^{-6}$。

解: 因爲 $K_1\gg K_2$，pH 值以 K_1 來決定，K_2 之影響忽略不計。以 H_2A 代表 $CH_2(COOH)_2$，因 $CH_2(COOH)_2$ 有兩個酸性氫原子。

$$H_2A \rightleftharpoons H^+ + HA^- \qquad K_1=1.40\times10^{-3}$$

解離前——(0.15)

解離後——(0.15－x) (x) (x) (x……令爲解離後 $[H^+]$)

$$K_1=\frac{[H^+][HA^-]}{[H_2A]}=\frac{x\cdot x}{0.15-x}=1.40\times10^{-3}$$

$$x^2+(1.40\times10^{-3})x-(2.1\times10^{-4})=0$$

$$[H^+]=x=1.38\times10^{-2} \qquad pH=1.86$$

(B) H_2A 溶液，包含所有可能產生離子 －H_2A 分子，HA^- 與 $A^=$ 離子，K_1 與 K_2 相差不大時，溶液之 pH 值受 K_1 與 K_2 影響。

例題 2 H_2A 溶液解離常數分別爲 K_1 與 K_2，K_1，K_2 對溶液各單

元濃度均有影響，試求其 pH 爲何？

$$H_2A \rightleftharpoons H^+ + HA^- \cdots\cdots K_1 = \frac{[H^+][HA^-]}{[H_2A]}$$

$$HA^- \rightleftharpoons H^+ + A^= \cdots\cdots\cdots K_2 = \frac{[H^+][A^=]}{[HA^-]}$$

$$[A^=] = \frac{K_2[HA^-]}{[H^+]} \cdots\cdots\cdots\cdots\cdots\cdots\cdots\cdots (1)$$

當 HA^- 解離成 H^+ 與 $A^=$ 時 $[H^+] \neq [A^=]$，因爲部份 $[H^+]$ 離子與 $[HA^-]$ 離子形成 $[H_2A]$，所以

$$[A^=] = [H^+] + [H_2A] \cdots\cdots\cdots\cdots\cdots\cdots\cdots (2)$$

以 (1) 代入 (2) 得， $$\frac{K_2[HA^-]}{[H^+]} = [H^+] + [H_2A]$$

又因 $$[H_2A] = \frac{[H^+][HA^-]}{K_1}，故 \frac{K_2[HA^-]}{[H^+]}$$

$$= [H^+] + \frac{[H^+][HA^-]}{K_1}$$

整理之， $$[H^+]^2(K_1 + [HA^-]) = K_1K_2[HA^-]$$

$$[H^+]^2 = \frac{K_1K_2[HA^-]}{K_1 + [HA^-]}$$

在一般多氫酸溶液中 $K_1 \ll [HA^-]$，因此 $K_1 + [HA^-] \cong [HA^-]$

$$[H^+]^2 = \frac{K_1K_2[HA^-]}{[HA^-]} = K_1K_2$$

$$[H^+] = \sqrt{K_1K_2};\quad pH = \frac{pK_1 + pK_2}{2}$$

§8-10　多氫酸的滴定

在上節已求得多氫酸 H^+ 濃度之計算式，$H^+ = \sqrt{K_1K_2}$；若此類

酸以 NaOH 滴定時，可分爲兩種情形討論，一是當某酸之 K_1，K_2 幾近相同，如 H_2SO_4；若以 H_2SO_4－NaOH 滴定時，$NaHSO_4$ 生成後立卽放生 H^+ 而成 $SO_4^=$，因此直到第二次放出之 H^+ 全部中和爲止並沒有任何 pH 値的變動，此種滴定猶如强酸，强鹼滴定。二是某酸之 K_1，K_2 相差甚異，如 H_3PO_4；若以 H_3PO_4－NaOH 滴定時，NaH_2PO_4 生成後並不能够百分之百地放出 H^+ 而成 Na_2HPO_4，因爲 NaH_2PO_4 爲一弱酸，K_2 比 K_1 要小很多，因此在這段變化中，pH 値就有變更，卽是形成分段中和。

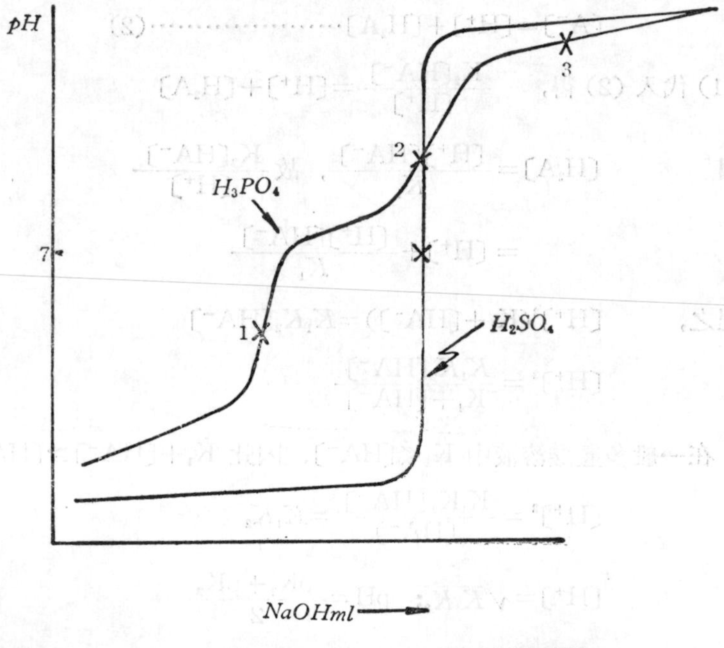

圖 8-7 H_2SO_4, H_3PO_4 以 NaOH 滴定比較圖

習 題

(1) (a) 需多少克之 $SrCl_2 \cdot 6\,H_2O$ 以配製 500 *ml* 0.550 *N* 溶液？

(b) 此溶液之式量濃度爲何，又使此溶液 20.0 *ml* 中之所有氯離子沈澱需 1.00 *M* $AgNO_3$ 多少 *ml*？

(2) 有 12.0% 之 $H_2C_2O_4 \cdot 2H_2O$（比重＝1.04）溶液。

(a) 此溶液爲酸之規定濃度爲何？(b) 此酸 18.0*ml* 能中和 3.00 *M* KOH 多少 *ml*？

(3) 一 H_3PO_4 溶液含 0.500 毫摩爾/毫升。

(a) 轉變 5.00 *ml* 之酸成 $H_2PO_4^-$ 需多少 *ml* 之 1.20N 之 KOH？(b) 欲配製 1.10 *N* 磷酸鹽溶液，應將 25.0 *ml* 之原有酸稀釋至多少體積？

(4) 多少 *ml* 之 0.1096 *N* NaOH 相當於 26.42 *ml* 之 0.05360 MH_2SO_4？

(5) 需要多少 *ml* 0.3000 *N* H_2SO_4 以 (a) 中和 30.0 *ml* 之 0.5000 *N* KOH，(b) 中和 30 *ml* 之 0.0500 *N* $Ba(OH)_2$，(c) 中和 20.0 *ml* 之每 100*ml* 含 10.02 克之 $KHCO_3$ 之溶液，(d) 產生重量 0.4320 克之 $BaSO_4$ 沉澱？

(6) 一牛奶試料重 5.00 克以濃 H_2SO_4 加催化劑消化之，而變蛋白質中之氮成 NH_4HSO_4。加入過量之 NaOH，且逸出之 NH_3 以 25.0 *ml* 之稀 H_2SO_4 捕獲之。過量之酸需 28.2 *ml* 之 NaOH，此 NaOH 31.0 *ml* 相當於 25.8 *ml* 之稀 H_2SO_4。

(7) (a) HCl，(b) H_2SO_4 之規定濃度爲何，若需 40.0 *ml* 以中和 0.500 克之以 K_2CO_3 計算之含有 95.0% 總鹼之眞珠灰 (*Pearl ash*)？

(8) 假定：1.000 *ml* NaOH $\Leftrightarrow$ 1.342 *ml* HCl;

1.000 *ml* HCl $\Leftrightarrow$ 0.02250 克 $CaCO_3$

(a) 應加入若干體積之 H_2O 於 1,100 *ml* 之 NaOH 溶液以使其爲 0.5000*N*？

(b) 應加入若干體積之 HCl（比重 1.190）於 1,100 *ml* 之 HCl 以使其爲 0.5000 *N*？

(9) 一化學家欲配製約 14 升之 0.5000 *N* NaOH 溶液

(a) 需要若干重量之固體 NaOH？經配製 14.00 升之溶液後，該分析家取出 100 *ml*，經標定爲 0.4805 *N*

(b) 應加入 6.00 *N* NaOH 若干體積於所剩餘之 13.90 升中以使其成爲 0.5000 *N*？經加入約此量並經混合後，該分析家又取出 100 *ml* 而標定其爲 0.5010 N。

(c) 應加入多少 H_2O 於所得溶液中以其成爲 0.500 N？

第九章　酸鹼滴定法

§ 9-1　概　論

標準酸性溶液通常由 HCl 配製，有時亦採用 HNO_3, H_2SO_4, $H_2C_2O_4 \cdot 2H_2O$（草酸）溶液，草酸與硫酸不具揮發性，要是加入過量在滴定完成前需使之沸騰而趕除；標準鹼性通常用 NaOH 配製，有時 KOH, $Ba(OH)_2$ 亦被採用；在任何滴定時，標準液的選擇要看被滴定液的性質與溶液中包含的其他物質而定。

酸性溶液濃度的標化 (*standardization*) 是測定與已知精確重量純淨的鹼性基準試劑作用所需的體積而推算其標準規定濃度：反之，鹼性溶液濃度的標化亦是相同方法。

在酸、鹼滴定法各溶液濃度均以規定濃度(N)表示，參以克當量的觀念計算各條件下滴定的情形，另外對指示劑應作適當選擇，滴定時基本操作的正確性亦須注意。

§ 9-2　0.25N HCl 與 0.25N NaOH 之配製——實驗 9

在酸鹼滴定時所用的酸與鹼必須能避免有 CO_2 與 $CO_3^=$ 存在，因為 CO_2 能溶於蒸餾水中，而 Na_2CO_3 卻存在於不純的 NaOH 固體中尚且 NaOH 溶液極易吸收空氣中 CO_2，若滴定時有上述情形發生均易產生極大的誤差。當以酸加入含 Na_2CO_3 之 NaOH 溶液中，三種反應會發生：① $OH^- + H^+ \longrightarrow H_2O$，②將 $CO_3^=$ 轉成 HCO_3^-，

$(CO_3^{=}+H^+\longrightarrow HCO_3^-)$，③$HCO_3^-+H^+\longrightarrow H_2CO_3\longrightarrow CO_2+H_2O$，假使發生①與②反應，溶液的 pH 值爲 8.4，此時適可使酚酞變色，若反應進行到③，則 pH 值爲 4，適可使甲基橙變色，因此在滴定時以甲基橙爲指示劑較以酚酞爲之所需酸的量要多，結果便有誤差產生，因此在配製 NaOH 與 HCl 可依下列方法小心處理。

A. 0.25N NaOH 之配製：

1. 預先將 550cc 蒸餾水煮沸 5 分鐘去除 CO_2，以表玻璃蓋住煮沸後的蒸餾水使其冷却，以量筒取 370cc 處理後的蒸餾水倒入另一燒杯或燒瓶，隨卽以表玻璃蓋住以免空氣中 CO_2 溶解其中。用普通天平秤 5 克 NaOH(NaOH 有侵蝕性，故秤量時以燒杯盛之，不能直接置於天平秤盤上，亦不適以白紙盛之，因爲 NaOH 易潮解。）溶於 100cc 蒸餾水，再將其倒入含 370cc 蒸餾水的燒杯中，混合均勻後，再取 30cc 0.2N $BaCl_2$溶液混合加以攪拌，待 $BaCO_3$ 沉澱靜置後，用傾倒法將澄清液倒入 500cc 之試劑瓶，爾後將剩餘溶液以濾紙過濾於試劑瓶中(1)，丟棄沉澱物，以橡皮塞塞住試劑瓶用力搖幌數次使溶液混合均勻(2)。

NaOH 溶液因易吸收空氣中之 CO_2 而變更其濃度，故保存時需以塑膠瓶盛裝，在端口置有乾燥劑，且用一虹吸管以便吸取溶液，其裝置如圖 9-1 所示。

虹吸管不可挿至瓶底，否則將有沉澱物被吸出。

少量標準氫氧化鈉溶液之儲存，可用施塗石臘之瓶，卽用適當大小之瓶，以清潔劑洗滌後，於 100°*C* 乾燥，傾入適當之熔解石爈，乃於 100°*C*附

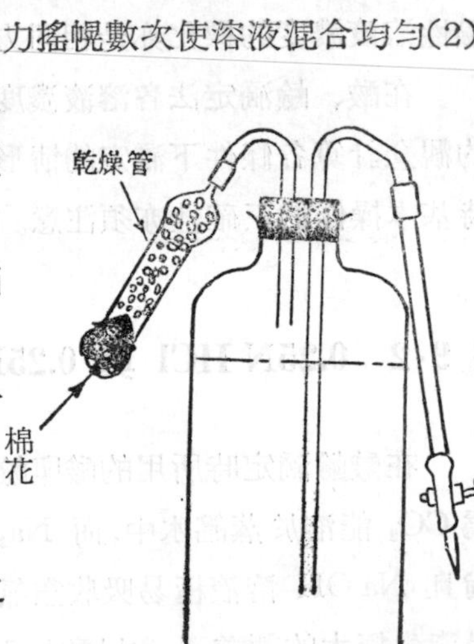

圖 9-1 NaOH 溶液儲存

近起，旋轉至冷而後之。

B. 0.25N HCl 之配製

Ⅱ 以量筒量取 489.6cc 之蒸餾水於 600cc 之燒瓶或燒杯中，將其煮沸(3)，靜待冷却後倒入 500cc 之試劑瓶，再量取 10.4cc, 12*N* HCl 倒入瓶中，以玻璃瓶塞塞緊後，多次搖幌，使溶液完全均勻(4)。

〔註〕(1) NaOH 濃溶液不宜用普通濾紙過濾，因爲 NaOH 溶液會腐蝕濾紙，最好用石棉板層過濾卽是用 *Gooch* 坩堝過濾。其裝置如圖 9-2 示。

(2) 以此方法配製之 NaOH 濃度大略爲 0.25N

$$\frac{5克(NaOH)}{40克(NaOH, 1\,mole)} \times \frac{1000}{500} = 0.25(N)$$

(3) 煮沸蒸餾水以除去 CO_2 氣體

(4) 以此法配製之 HCl 濃度大略 0.25N 利用 $NV = N'V'$ 計算式

計算出：$500(ml) \times 0.25(N) = 12(N) \times 10.4(ml)$

需 10.4*ml* 之 12N HCl

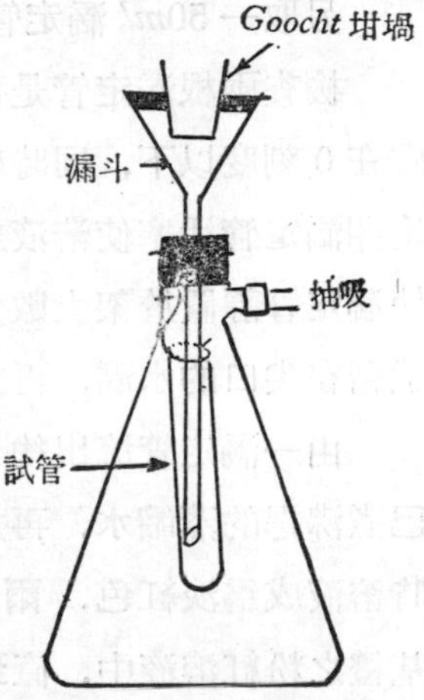

圖 9-2 NaOH 過濾

§ 9-3 酸、鹼溶液濃度比值的求法——實驗10

通常在滴定實驗有兩種基本操作，一則是利用攪拌棒於滴定過程中不斷在燒杯中攪拌，二則是直接以燒瓶（*flask*）盛滴定液以右手輕旋燒瓶。初學者應先學習後者方法續而練習前者操作。

求酸、鹼溶液濃度之比值日的是祇需對其中之一標定其規定濃度卽可，另一者以所得之比值便可計算出，以減少標定時人爲誤差，再者若利用逆反滴定（*back titration*）在計算上對過量酸、鹼的換算亦極爲方便。

I　操作方法:

取一根預先清洗乾淨 50*ml* 之滴定管，用10*ml*已配製完成之 HCl 溶液將滴定管內壁沾濕，然後由滴定管的下端尖口流出，捨棄之，如此清洗四次後再將滴定充滿 HCl 溶液，在此操作時應注意直接從 HCl 試劑瓶倒進滴定管中切勿流出外端或流入燒瓶或燒杯中，不可以藉其他燒杯爲媒介再移入於滴定管(1)。

另取一 50*ml* 滴定管，同上手續處理裝滿 NaOH 溶液 (2)。

檢查兩根滴定管是否垂直，調整滴定管內液面，使其彎月形最低處在 0 刻度以下，同時確定滴定管下端尖口內無氣泡存在，若有之則旋開滴定管活塞使溶液急流而將氣泡趕除，轉回活塞使溶液不流出，使滴定管靜置於架上數分鐘，觀察滴定管有否洩漏，用濾紙吸去任何遺留在尖口的水滴，再記錄滴定管液面的正確讀數，如表所示。

由一滴定管流出約 35*ml* HCl 溶液於清淨之燒瓶中，加入 40*ml* 已煮沸過的蒸餾水，再加進 5 滴或適量的甲基橙溶液作爲指示劑，此時溶液成爲淡紅色，爾後由另一根滴定管小心地流出 NaOH 於含甲基橙之粉紅溶液中，直到溶液顏色由淺紅色轉變爲黃色(3)。

用小量蒸餾水冲下附在燒瓶上端未流下之 NaOH 溶液，再由滴定管滴入 HCl 數滴使溶液再由黃色轉爲淺紅色，繼續由另一根含 NaOH 溶液滴定管滴入 NaOH 使溶液顏色介於淺紅色及黃色之間（此手續爲 *back titration*—逆反滴定，爲使達到直正的中和點）；爲了使顏色易於辨認在滴定管支架表面漆以白色漆料或貼上一層白紙較佳。

操作完畢後，立刻記錄兩根滴定管最後讀數再記於表格上。

以相同的手續重新操作一次，求其兩次平均値，核對兩次結果差異不可在千分之二以上（*two parts per thousand*)。

Ⅱ 記錄整理與表列（4):

表 9-1　標準 HCl 與 NaOH 濃度之比值

	I	II
最後讀數 HCl*	35.66	29.22
最初讀數 HCl	0.08	0.02
	35.58 *ml* HCl	29.20 *ml* HCl
最後讀數 NaOH*	34.51	28.34
最初讀數 NaOH	0.06	0.03
	34.45 *ml* NaOH	28.31 *ml* NaOH
log *ml* HCl	1.5512	1.4654
log *ml* NaOH	1.5372	1.4520
log 比值	0.0140	0.0134
1 *ml* NaOH≎	1.033 *ml* HCl	1.031 *ml* HCl
colog 比值	$\bar{1}$.9860	$\bar{1}$.9866
1 *ml* HCl≎	0.9683 *ml* NaOH	0.9696 *ml* NaOH

平均值: 1 *ml* NaOH≎1.032 *ml* HCl
1 *ml* HCl ≎0.9690 *ml* NaOH

*滴定管校正後之讀數

〔註〕 1. 直接由試劑瓶傾倒溶液至滴定管爲了避免濃度的改變，在操作前至少需以滴定液沾濕四次使滴定管內壁無水分子薄膜附在壁上而顯響滴定液濃度。

2. 滴定管裝盛 NaOH 鹼性溶液不可久留，否則玻璃活塞因被溶液侵蝕而不能轉動，因此在實驗完畢後除了將剩餘 NaOH 丟棄外，必須用蒸餾水冲洗滴定管數次，再以少量的凡士林塗於玻璃活塞使之潤滑。

3. 加入指示劑不可過量，因爲指示劑本身爲弱酸或弱鹼，加入過量會影響滴定曲線 (*titration curve*) 而產生誤差。

4. 將實驗所得的數值列入表格，以 log 值計算目的避免在乘除計算對有效數字的刪除而產生計算誤差。

§ 9-4　NaOH 溶液之標定——實驗11

利用於標定 NaOH 濃度之基準試劑有下列數種:

(*a*) 苯二甲酸氫鉀 (*potassium, biphthalate*)

(*b*) 氨基磺酸 (*Sulfamic acid*)

(*c*) 苯甲酸 (*Benzoic acid*)

(*d*) 草酸 (*Oxalic acid*)

(*e*) 氫碘酸鉀 (*Potassium biiodate*)

在此實驗中選苯二甲酸氫鉀爲標定 NaOH 溶液之基準試劑，再利用酸、鹼溶液之比值便可求出 HCl 規定濃度。

I. 操作方法:

利用苯二甲酸氫鉀（KHP）標定 NaOH 溶液濃度之操作法苯二甲酸氫鉀（*potassium biphthalate*）($C_6H_4COOK{\cdot}COOH$)

其分子結構式爲

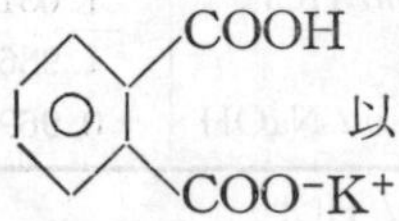

以 KHP 代號表示。

KHP 爲一良好的 NaOH 溶液標定劑，KHP 爲一白色固體具有基準試劑所具備的條件，其爲一弱酸，是一含單氫酸且需要指示劑變色區域在 pH 8～9 之間，故以酚酞爲指示劑。

由秤量瓶秤取 1～2 克乾燥純淨的 KHP 於 300*ml* 之燒瓶中(1)，秤重時讀到有效數字四位（或小數點第三位），記錄其重量於表格中（如表9-2所示)。依上述方法再秤取 KHP 於另一燒瓶中；凡是作定量分析實驗必須同時進行兩次操作以便核對兩次所得之成果。

將兩燒瓶標上號碼以區別之，各以 100*ml* 煮沸後的蒸餾水加入燒瓶中，微熱兩燒瓶使 KHP 粉末易於溶解，最後滴入 2 滴酚酞試液。

將兩滴定管分別充滿 HCl 與 NaOH 溶液，依據使用滴定管應注意事項處理後，記錄兩滴定管開始的讀數，以 NaOH 溶液來滴定 KHP 試劑，直至溶液開始局部呈淡紅色(2)，再用蒸餾水冲洗瓶上端內壁，繼續滴定迄溶液呈淡紅色且能保持30秒鐘以上而不褪色，若 NaOH 溶液加入過量，則用 HCl 溶液，反滴之，再將反滴定所需用 HCl 溶液的容體換算爲 NaOH 容積，以原來所得 NaOH 體積讀數扣去換算所得的體積就是實際上與 KHP 作用之 NaOH 量。利用克當量數相等式可算出 NaOH 標準濃度，並由 NaOH 與 HCl 濃度比值之關係，計算 HCl 標準溶液濃度。

Ⅱ．記錄整理與表列:

表 9-2　NaOH 溶液之標定

	I	Ⅱ
	16.336	14.283
	14.283	12.268
鄰苯二甲酸氫鉀重	2.053 g	2.015 g
最後讀數 NaOH*	39.47	38.46
最初讀數 NaOH	0.02	0.07
	39.45 ml NaOH	38.39 ml NaOH
最後讀數 HCl	0.32	0.01
最初讀數 HCl	0.01	0.01
	0.31 ml HCl	0.00 ml HCl
與 HCl 相當之 NaOH 體積	0.30 ml	0.00 ml
NaOH 淨體積(4)	39.15 ml	38.39 ml
log 鄰苯二甲酸氫鉀重 (5)	0.3124	0.3043
colog ml NaOH (5)	$\overline{2}.4073$	$\overline{2}.4158$
colog 克毫當量 (5)	0.6900	0.6900
	$\overline{1}.4097$	$\overline{1}.4101$
NaOH 規定濃度	0.2568*N*	0.2571*N*
NaOH 規定濃度平均值	0.2570*N*	
log NaOH 規定濃度平均值	$\overline{1}.4099$	
log 酸鹹濃度比值	$\overline{1}.9863$	
	$\overline{1}.3962$	
HCl 規定濃度	0.2490*N*	

*滴定管校正後之讀數

〔註〕 1. 所需用的 KHP 必須在使用前先烘乾兩小時以上，溫度保持在 105～110 左右。

2. 酚酞指示劑在酸性溶液中呈無色，在中性或鹼性溶液中呈淡紅色至深紅色。

3. 當秤量基準試劑時若超過 1 克以上必須讀至毫克單位，才能合乎不超過千分之二之誤差，如秤量爲 2 克，而讀數至 2mg（毫克），其誤差 $\frac{2\times10^{-3}}{2}\times10^3=1‰$。

而不必秤至 0.2mg 程克。

4. 利用 HCl 與 NaOH 之濃度比值便可換算。

5. 把三項log值，colog 值相加。含意是:

$$N(\text{NaOH})\times V(\text{NaOHml 數})=\frac{W(\text{KHP 重})}{E(\text{KHP 之毫克當量})}\cdots\cdots(1)$$

取 log 值計算以免除計算上之誤差，log 值祇有用加法而已。

所以(1)式取 log 值得:

$$\log NV=\log\frac{W}{E}$$

$$\log N+\log V=\log W-\log E\quad(-\log E=\text{colog}\,E)$$

$$\therefore\quad \log N=\log W+\text{colog}\,E+\text{colog}\,V\quad(-\log V=\text{colog}\,V)$$

再將 $\log N$ 換算成 N 值。

§ 9-5 HCl 溶液之標定——實驗12

在上節已提過祇需知道 NaOH 與 HCl 之比值，NaOH 溶液標定後，利用此比值便可換算成 HCl 之標定濃度；則本實驗亦可免除。

標定 HCl 溶液常用的基準試劑有下列數種:

(1) 純淨無水碳酸鈉（Na_2CO_3）

因市售的無水碳酸鈉純度不夠不能爲分析之用，須以純碳酸氫鈉（$NaHCO_3$）於 270°C 加熱分解而得 Na_2CO_3

$$2NaHCO_3\longrightarrow Na_2CO_3+CO_2+H_2O$$

但若溫度高於 300°C 時，Na_2CO_3 將自行分解而得 Na_2O 與 CO_2，因此溫度控制是極重要的因素。

(2) 純淨碳酸鈣（$CaCO_3$）

純淨碳酸鈣不僅易得而且穩定，惟一缺點就是不易溶於水，須加過量的HCl 溶液爾後用 NaOH 標準液作反滴定。

(3) 純淨氧化汞（HgO）

純淨氧化汞是一很好的基準劑，穩定，無水，無潮解性；先將已秤重的 HgO 溶於 KI 溶液。

$$HgO + 4I^- + H_2O \longrightarrow HgI_4^= + 2OH^-$$

以所得的鹼性溶液可被 HCl 溶液滴定，此時用甲基紅爲指示劑（pH＝4.5～9.5）

(4) 有機物一三羥甲氨基甲烷（*tris-hydroxymethylamino-methane*）；

$H_2N—C—(CH_2OH)_3$；THAM（T-395 號試劑）

此劑純度亦甚高，具有很大的克當量且易溶於水，不吸收 CO_2。THAM 在此爲一鹼性基準劑，

$$RNH_2 + H^+ \longrightarrow RNH_3^+$$

在當量點時 pH 爲 4.7，用溴甲酚綠（*bromcresol green*）與茜素紅 S（*alizarin red* S）混合指示劑。

Ⅰ. 以純淨 Na_2CO_3 爲基準試劑之操作法：

用秤量瓶秤取精確兩份 0.3 克～0.4 克（至 0.1 毫克單位）的 Na_2CO_3，記錄之，各加入 100*ml* 蒸餾水微熱之使 Na_2CO_3 完全溶解。滴進 2～3 滴甲基橙或再製甲基橙指示劑，將欲標定之 HCl 溶液裝滿於滴定管中，讀其未開始滴定的刻度且記錄。

由滴定管中滴下鹽酸溶液於 Na_2CO_3 溶液中至呈微紅色，滴定時應不停地攪拌，注意不使溶液濺出。滴定完畢後，將燒杯置於石棉網上緩慢加熱煮沸一分鐘，並保持在此溫度附近，微加攪拌使發生的 CO_2 氣體趕除。

冷却以上的溶液，再以 HCl 或 NaOH（反滴定）滴至當量點，將淨用的 HCl 的體積數記錄，算出 HCl 溶液之標定濃度。重複一次實驗，求兩次之平均值。（若用 NaOH 作反滴時，必須先知它們之比值才能換算成 HCl 之體積）。

Ⅱ. 以 THAM 爲基準試劑之操作法:

先秤量 THAM 兩份大約 0.7 克（至 0.1 毫克單位）於 250*ml* 之燒杯或燒瓶中，加 100*ml* 蒸餾水使之溶解。加入 2 滴甲酚綠與茜素紅混合指示劑。

將滴定管充滿 HCl 與 NaOH 溶液，以 HCl 溶液滴定直到溶液漸成黃色，小心地滴至當量點，若滴定過頭可用 NaOH 反滴定，記錄 HCl 淨用體積數，計算 HCl 之標定濃度；由 HCl 與 NaOH 之比值亦可求得 NaOH 之標準濃度。

§ 9-6　鹼灰（*Soda Ash*）中總鹼度的定量——實驗13

鹼灰是一種含無水碳酸鈉（Na_2CO_3）與其他雜質如氯化物，氫氧化物，因此在基本定量勿需求出含無水碳酸鈉之百分比，祇需知道樣品中所含總鹽基度之百分比而以 Na_2CO_3% 或 Na_2O% 表示之。

作鹼灰定量實驗是一基本鹼性滴定操作，對鹼灰以外如 K_2CO_3, $CaCO_3$; CaO, NaOH, KOH, $Mg(OH)_2$ 等鹼性物質均可利用相同實驗操作法以決定其含鹽基性之强弱，在工業上是一極有價值而簡便的方法。

Ⅰ. 操作方法:

由秤量瓶秤兩份含鹼灰之白色粉末大略 0.5 克左右於 300*ml* 燒瓶或燒杯中，秤量讀數至 0.1*mg* 單位。

以 75*ml* 蒸餾水稍加微熱使試料溶解，冷却後加入 4 滴甲基橙指示劑，溶液呈淡黃色。

依據使用滴定管應注意事項將兩根滴定管分別充滿 HCl 與 NaOH 溶液，以 HCl 溶液爲滴定液，滴至溶液由黃色轉至橘紅色，再多加 0.2*ml* HCl，滴定過程中應使滴定管之尖端不離液面過高，且滴入酸時應緩慢而穩定，若使用燒瓶者需不斷旋轉之使在中和點前指示劑能極速轉變，若使用燒杯者應繼續不斷攪拌之。

將多加入 0.2*ml* HCl 後之溶液在三角架石棉網上加熱，使 CO_2 完全逐出，觀察溶液顏色由橘紅色漸褪至黃色 (1)，冷却後再以 HCl 溶液繼續滴定直至溶液顏色呈淺紅色而經久不變，立即記錄最後 HCl 之讀數。

若滴定過量時，或顏色變化不顯著時可以 NaOH 作逆反滴定，記下所用 NaOH 之體積再換算成 HCl 之體積便可。

求得淨用 HCl 溶液容量，計算試料中含鹽基性之强弱以 Na_2O 百分比表示之。

計算方式以 $Na_2O\%$ 表示法:

$$\%Na_2O=\frac{(\text{HCl 淨用體積數})\times(\text{HCl 規定濃度})\times(Na_2O\text{ 毫克當量})}{\text{試料重}}\times 100$$

$$Na_2O\text{ 毫克當量}=\frac{Na_2O\text{ 之克式量}}{2000}$$

Ⅱ. 記錄整理與表列:

表 9-3　鹼灰總鹼度分析表

	試料號數（兩次實驗）	
試料秤量	26.2116	25.7197
	25.7197	25.2199
	0.4919	0.4998
HCl 最後讀數	8.29	8.38
HCl 起始讀數	0.01	0.06
	8.28	8.32
NaOH 最後讀數	0.10	0.10
NaOH 起始讀數	0.02	0.10
	0.08	0.00
NaOH 換算成 HCl 值	0.07	0.00
HCl 淨用體積	8.21	8.32

HCl 體積之 log 值	0.9143	0.9201
HCl 規定濃度之 log 值	$\overline{1}.2497$	$\overline{1}.2497$
$\log \frac{Na_2O}{2000}$ (2)	$\overline{2}.4914$	$\overline{2}.4914$
試料重之 colog 值	0.3081	0.3011
log 100	2.0000	2.0000
	0.9635	0.9423
Na_2O	9.194%	8.756%
HCl 體積之 log 值	0.9143	0.9201
HCl 規定濃度之 log 值	$\overline{1}.2497$	$\overline{1}.2497$
$\log \frac{Na_2CO_3}{2000}$	$\overline{2}.7243$	$\overline{2}.7243$
試料重之 colog 值	0.3081	0.3011
log 100	2.0000	2.0000
	1.1964	1.1952
Na_2CO_3	15.71%	15.67%

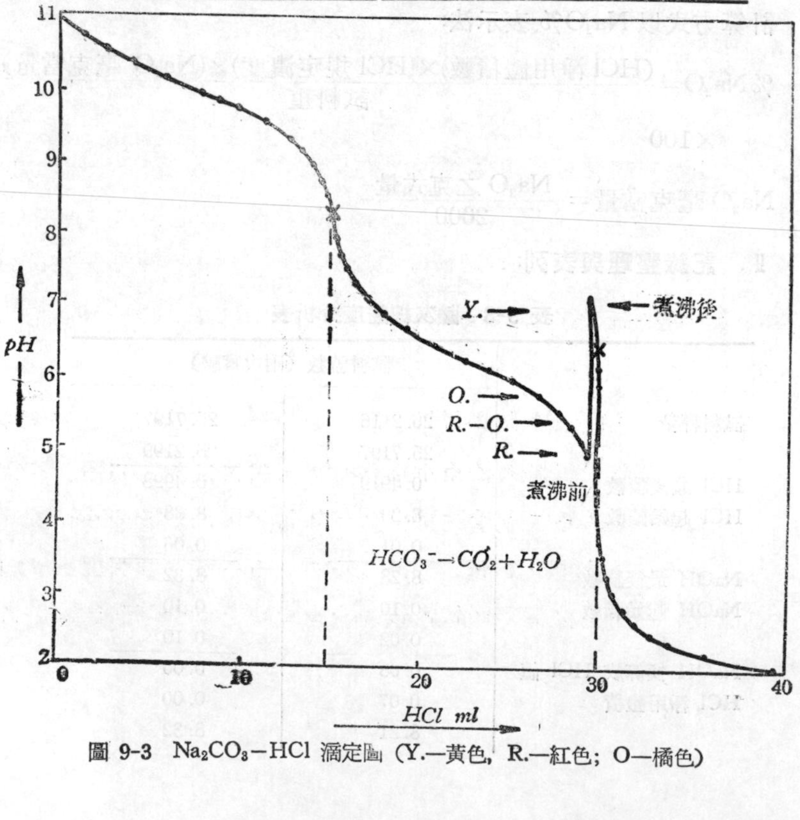

圖 9-3 Na_2CO_3－HCl 滴定圖 (Y.—黃色, R.—紅色; O—橘色)

〔註〕 1. 當溶液呈橘色時加熱使 CO_2 趕除後 pH 值漸增高，而使溶液又呈黃色，經過這樣處理目的使 Na_2CO_3 第二段當量點更爲顯著。

2. $$Na_2O\% = \frac{NV \times \left(\frac{Na_2O}{2000}\right)}{W} \times 100$$

取 log 值 $\log Na_2O\% = \log N_{(HCl)} + \log V_{(HCl)} + \log\left(\frac{Na_2O}{2000}\right)$

$+\text{colog}\, W$(試料)$+\log 100$

§ 9-7 有機酸總酸度之定量——實驗14

分析可溶性有機酸的酸度是酸性分析 (*acidimetric process*) 之典型實驗。分析的有機酸一通有下列三類型：

(a) 草酸 (*oxalic acid*) 固體或草酸鹽混以其他 *inert* 物質，酸度以 $H_2C_2O_4 \cdot 2H_2O\%$ 表示。

(b) 固體鄰苯二甲酸氫鉀 (*potassium biphthalate*) 混以其他*inert*物質，酸度以 $KHC_8H_4O_4\%$ 表示。

(c) 食醋 (*Vineger*) 則以 $HC_2H_3O_2\%$ 表示；其他固體可溶性有機酸則以有效氫百分比表示。

操作方法：

預備實驗：先作一次預備實驗求出者用 30*ml* 之 NaOH 之滴定液時，試料大約重量爲多少，再繼續作正式實驗。

由秤量瓶秤取大略 1 克重之試料（有效數字兩位）於 250*ml* 的燒瓶內，以 100*ml* 之蒸餾水溶解，滴進 2 滴指示劑酚酞，立刻以 NaOH 標準液滴定，直至溶液呈現淡紅色後求出有機酸之含量百分比，計算大略需用多少試料重。

正式實驗：

由秤量瓶秤取預備實驗所得結果的試料重兩份（秤量至四位有效數字），分別置於 250*ml* 燒瓶，以不含 CO_2 之蒸餾水溶解試料，再滴定 2 滴酚酞指示劑，以 NaOH 標準溶液滴定直至有淺紅色呈現，計算所淨用的 NaOH 體積，以有效百分比表示酸度之含量。（如作食醋則以 $HC_2H_3O_2\%$ 表示）。

§ 9-8　間接滴定法 (*Indirect Titration Methods*)

間接滴定法係加入過量之標準溶液於試料中，待反應完全後所剩餘之標準溶液再以另一標準液作逆滴定，由此兩次之體積值以求試料純度的方法。

設　A　是試料之毫克當量數。

B　是加入試料中過剩標準溶液 B 的毫克當量數。

D　是反應完全後剩餘標準溶液的毫克當量數。

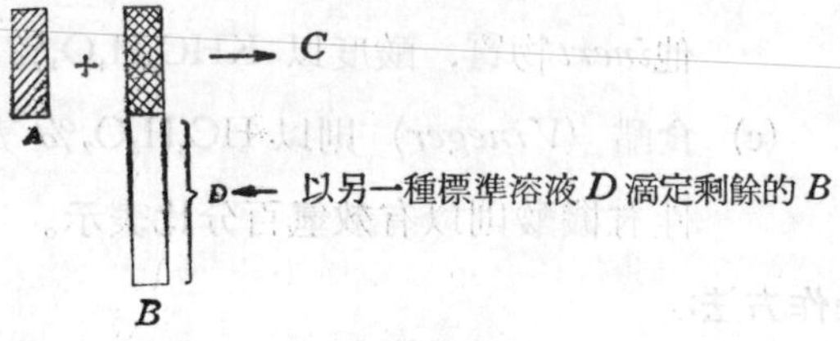

$$N_B \times V_B - N_D \times V_D = A \text{（毫克當量數）}$$

此類滴定通常應用於銨離子之試料中加入 NaOH 溶液加熱，所生成的氨氣通到已知體積之 HCl 標準液中，反應後剩餘之 HCl 以 NaOH 標準溶液逆滴定。這種方法亦可應於食物，肥料中含氮量的分析。

例：將含氮的物質 1.000 克加入濃 H_2SO_4 及少許催化劑加熱分解，所得之溶液加入過量 NaOH 加熱使產生的 NH_3 氣體以 25.00*ml*, 0.2520 N HCl 吸收，剩餘之 HCl 需以 0.2340 N

NaOH 2.75*ml* 中和，試求該物質中含氮量的百分率。

溶液：

HCl 之毫克當量數＝25.00×0.2520＝6.300

NaOH 之毫克當量數＝2.75×0.2340＝0.644

起反應的 HCl 淨毫克當量數＝6.300－0.644＝5.656

在中和反應，每一分子 NH_3 與 H^+ 成 NH_4^+，而每一分子 NH_3 含一式量之 N，

$$\text{因此}\quad N\% = \frac{5.656 \times \frac{N}{1000}}{1.000} \times 100 = 7.923\%$$

§ 9-9　利用兩種指示劑滴定法 (*Double Indicator Titrations*)

某些指示劑在中和之不同階段變色之事實可應用於分析某物質在混合物中所佔的百分比，觀察在一滴定中兩個終點的變化，此可藉著兩不同指示劑在不同變色區域，計算由各終點所需滴定液之體積而求得。以 Na_2CO_3 爲例：

碳酸鈉以酸滴定時可分兩個階段：

$$CO_3^{=} + H^+ \longrightarrow HCO_3^- \cdots\cdots\cdots\cdots(1)$$

$$HCO_3^- + H^+ \longrightarrow H_2O + CO_2 \cdots\cdots(2)$$

當加入酸使反應進行到第一階段時，pH 爲 9，此處可使酚酞變化，亦即利用酚酞爲指示劑祇能告訴我們第一階段的完成，假如再繼續滴定時，則需等量於第一階段中和時酸的體積數來完成第二階段反應，此時 pH 爲 4，此處可使甲基橙變化，因此祇用甲基橙爲指示劑卻祇能告訴我們由 Na_2CO_3 變成 CO_2 時所需的酸量。若兩種指示劑同

時使用，就能指示出由 $Na_2CO_3 \longrightarrow NaHCO_3$ 與 $NaHCO_3 \longrightarrow CO_2$ 兩階段反應情形，藉著兩階段所需酸的量計算混合物中 $NaHCO_3$，或 Na_2CO_3 之含量百分比。下面分成 7 種情況說明：混合物中

(1) 祇含 NaOH

(2) 祇含 $NaHCO_3$

(3) 祇含 Na_2CO_3

(4) 含　$NaOH + Na_2CO_3$

(5) 含　$Na_2CO_3 + NaHCO_3$

(6) 含　$NaOH + NaHCO_3$

(7) 含　$NaOH + Na_2CO_3 + NaHCO_3$

第一情況：祇含 NaOH 時，不論用酚酞或甲基橙所得結果均相同，因為它是強酸一強鹼中和，在當量點時 pH 變化由 3～11 區域對此兩種指示劑均可顯示。

第二情況：祇含 $NaHCO_3$，可以酸標準液滴定，以甲基橙為指示劑，其變色在 pH=4。

第三情況：祇含 Na_2CO_3 時，其方法如第六節所述，若同時使用兩種指示劑，可觀察兩段變色區域，具此二階段所需酸之標準液必相等。

第六、七情況：此兩種情況之各成分不能共存於溶液中，因氫氧化鈉與碳酸氫鈉立即形成碳酸鈉，其定量是 1:1 (摩爾數)。

$$OH^- + HCO_3^- \longrightarrow CO_3^{-} + H_2O$$

因此第六情況若 NaOH 與 $NaHCO_3$ 量相同時也就等於第二種情況，若量不同時相當於第四或第五情況；第七情況可能為第四或第五情況。

由上的分析，實際上常遇及的有第四與第五兩情況，以下分別討論：

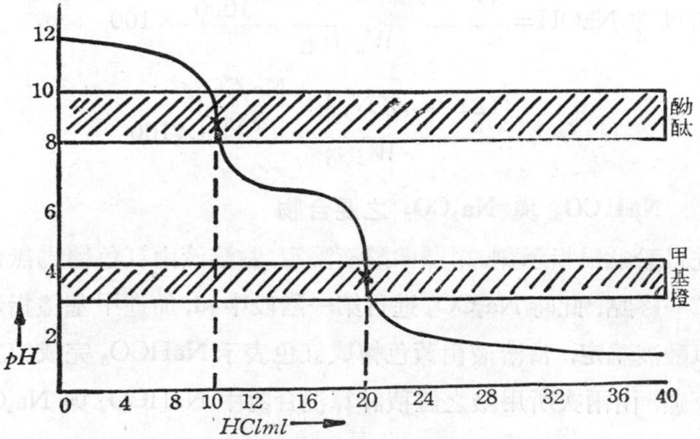

圖 9-4　Na_2CO_3 滴定

Ⅰ. NaOH 與 Na_2CO_3 之混合物

先以酚酞為指示劑，用標準酸液滴定，當溶液由粉紅色變為無色時，表示第一終點已到達，此時混合物中 NaOH 必全被中和，而 $NaCO_3$ 亦完成第一階段的中和作用，變成 $NaHCO_3$，然後再滴進第二種指示劑甲基橙，溶液呈黃色，繼續滴定，當溶液再度呈現紅色時，則第二終點已到達，表示 $NaHCO_3$ 完成第二階段中和反應，由兩次所用酸的體積計算混合中 NaOH 與 Na_2CO_3 含量百分比。

Ⅰ. $NaOH+Na_2CO_3$

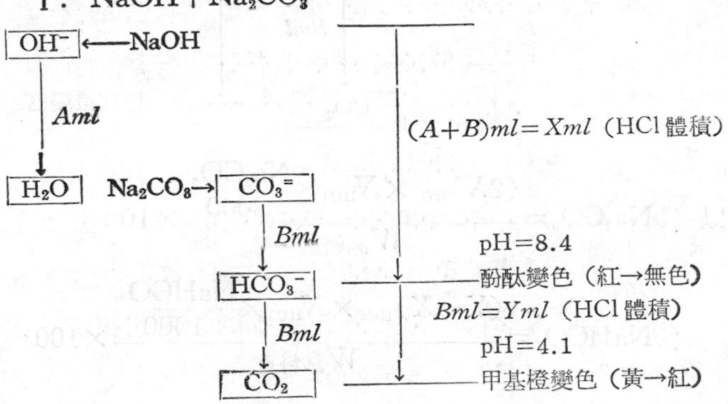

$$所以\ \%NaOH=\frac{(X-Y)_{HCl}\times N_{HCl}\times\frac{NaOH}{1000}}{W_{試料重}}\times 100$$

$$\%Na_2CO_3=\frac{(2Y)_{HCl}\times N_{HCl}\times\frac{Na_2CO_3}{2000}}{W_{試料重}}\times 100$$

Ⅱ. $NaHCO_3$ 與 Na_2CO_3 之混合物

先以酚酞爲指示劑，用標準酸液滴定，當溶液由紅色轉爲無色時，是爲第一終點，此時 Na_2CO_3 進行第一階段中和，加進甲基橙指示劑，繼續以酸液滴定，當溶液由黃色轉成紅色表示 $NaHCO_3$ 完成第二階段中和反應，由兩次所用酸之體積計算混合物中 $NaHCO_3$ 與 Na_2CO_3 含量百分比。

Ⅱ. $Na_2CO_3+NaHCO_3$

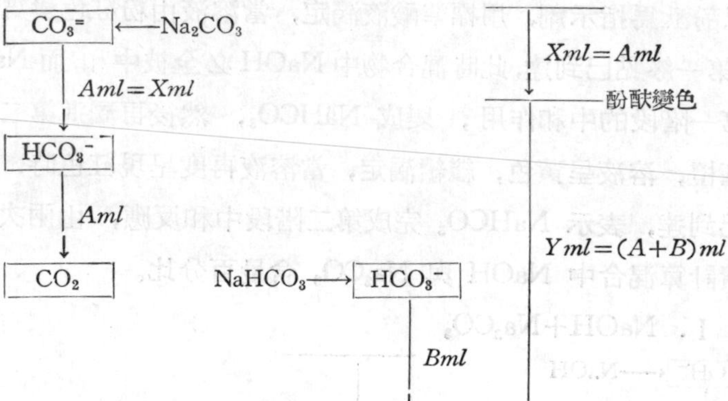

$$所以\ \%Na_2CO_3=\frac{(2X)_{HCl}\times N_{HCl}\times\frac{Na_2CO_3}{2000}}{W_{試料重}}\times 100$$

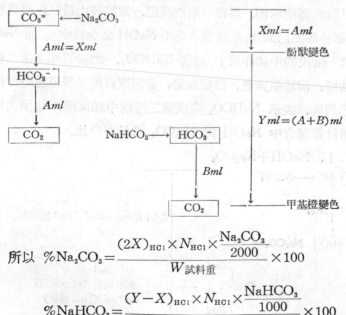

$$\%NaHCO_3=\frac{(Y-X)_{HCl}\times N_{HCl}\times\frac{NaHCO_3}{1000}}{W_{試料重}}\times 100$$

例 I. 溶解含有不活性不純物之 NaOH 及 Na_2CO_3 混合物，1.200 克而以 0.5000N HCl 滴定之，以酚酞爲指示劑，需用 30.00*ml* 之酸液才使之變爲無色，次以甲基橙爲指示劑，滴入 5.00*ml* 酸液後即變紅色，試求該試料中 NaOH 及 Na_2CO_3 之含量百分比。

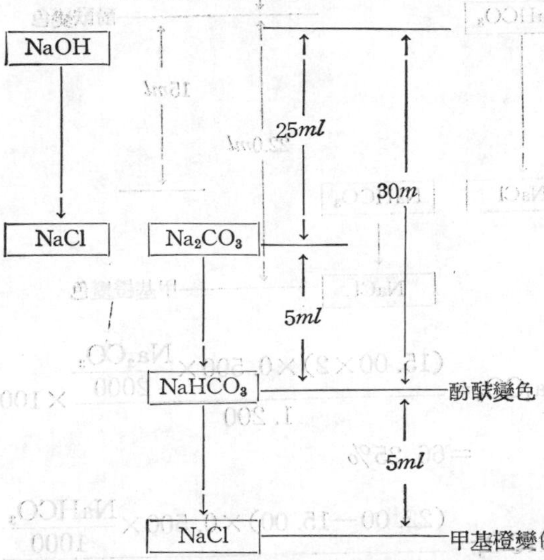

$$\%NaOH=\frac{(30.00-5.00)\times 0.500\times \frac{NaOH}{1000}}{1.200}\times 100$$

$$=41.67\%$$

$$\%Na_2CO_3=\frac{(2\times 5)\times 0.500\times \frac{Na_2CO_3}{2000}}{1.200}\times 100$$

$$=22.08\%$$

例 II. 有 $NaHCO_3$ 與 Na_2CO_3 混合試料 1.200 克，加水溶解後，以 0.5000N HCl 滴定，加入 15*ml* 後使酚酞變色，次再需 22.0*ml* 才使甲基橙變色，試求試料中 Na_2CO_3 及 $NaHCO_3$

之含量百分比。

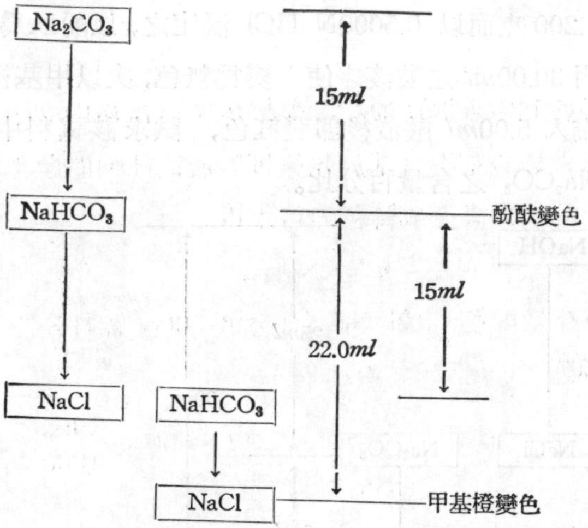

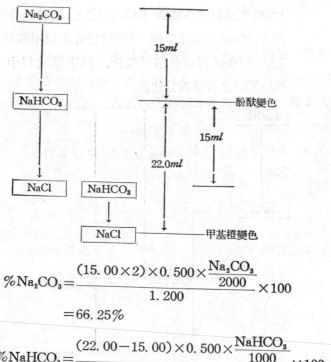

$$\%Na_2CO_3=\frac{(15.00\times 2)\times 0.500\times \frac{Na_2CO_3}{2000}}{1.200}\times 100$$

$$=66.25\%$$

$$\%NaHCO_3=\frac{(22.00-15.00)\times 0.500\times \frac{NaHCO_3}{1000}}{1.200}\times 100$$

$$=24.50\%$$

根據以上的分析，假定 *Xml* 之酸液使酚酞變色，用 *Yml* 使甲基橙變色，則有下列關係：

混合物類型	X(*ml*)	Y(*ml*)
NaOH	X	O
$NaHCO_3$	O	Y
Na_2CO_3	X	Y＝X
$NaOH+Na_2CO_3$	X	Y＜X
$NaHCO_3+Na_2CO_3$	X	Y＞X

§ 9-10 計算演練

當酸、鹼達到當量點而使指示劑變色時，溶液內酸的毫克當量數與鹼的毫克當量數必相等，基於此原則對滴定任何問題祇需知某一之毫克當量數另一者之濃度或體積均可求得。

$$ml_{(A)} \times N_{(A)} = ml_{(B)} \times N_{(B)}$$

例 1. 某生欲配製 0.1N NaOH 溶液 500*cc* 需秤多少克之 NaOH 固體？(NaOH＝40)

$$0.1 \times 500 = \frac{X}{\frac{NaOH}{1000}} \quad X = 0.1 \times 500 \times \frac{40}{1000} = 2(g)$$

例 2. 若欲將 1600*ml*, 0.2050*N* 之酸性溶液稀釋到 0.2000*N* 時需再加多少 *ml* 的蒸餾水？

1600×0.2050＝328.0（毫克當量數）……原溶液

328.0＝0.2000×*X*…………………………稀釋後溶液

$\therefore \quad X = 1640(ml)$

1640－1600＝40(*ml*)……需再加 40*ml* 蒸餾水便可稀釋到 0.2000*N*。

例 3. 若需用 45.18*ml* 體積來中和 0.3000 克純的草酸 ($H_2C_2O_4 \cdot 2H_2O$)，試問 KOH 濃度應為多少？

$$草酸之毫克當量 = \frac{H_2C_2O_4 \cdot 2H_2O}{2000} = 0.06303(毫克)$$

(一份摩爾之草酸可以有兩份摩爾 H^+ 與 OH^- 中和故除以 2000)

0.3000 克草酸之毫克當量數為 $\frac{0.3000}{0.06303}$，應相當於 KOH 之毫克當量數，KOH 之毫克當量數為 $45.18 \times N$

所以 $45.18\times N=\dfrac{0.3000}{0.06303}$ $N=0.1053$。

例 4. 依據實驗所得的記錄計算試料 K_2CO_3（不純）所含鹽基性的强弱以 K_2O 百分比表示。

試料重：0.3500克(g)
HCl 共用體積：48.03*ml*
NaOH 用以逆反滴定之體積：2.02*ml*
1.000*ml* HCl 相當於 0.005300 克 Na_2CO_3
1.000*ml* NaOH 相當於 0.02192 克 $KHC_2O_4\cdot H_2O$

$$\text{HCl 之濃度}=\frac{0.005300}{1.000\times\dfrac{Na_2CO_3}{2000}}=0.1000(N)$$

$$\text{NaOH 濃度}=\frac{0.02192}{1.000\times\dfrac{KHC_2O_4\cdot H_2O}{1000}}\times=0.1500(N)$$

實際上 HCl 所用之毫克當量數＝HCl 毫克當量數－NaOH 用以逆反滴定之毫克當量數

$$=(48.03\times0.1000)-(2.02\times0.1500)=4.500$$

$$K_2O\text{ 之毫克當量數}=\frac{X}{\dfrac{K_2O}{2000}}=4.500$$

$$X(K_2O\text{ 實際重})=4.500\times\frac{K_2O}{2000}=0.2119$$

$$\%K_2O=\frac{0.2119}{0.3500}\times100=60.54\%$$

例 5. 若有一不純的草酸試料以 0.5000*N* NaOH 滴定試問需多少的重的試料才能使含 $H_2C_2O_4\cdot2H_2O$ 百分比數正爲滴定管讀數之兩倍？

假設 1*ml* 之 NaOH 用以滴定完成，則

$$\frac{1\times0.5000\times0.06303}{W}\times100=2$$

$$\left(\frac{H_2C_2O_4\cdot 2H_2O}{2000}=0.06303\right)$$

$$\therefore W=1.576\text{ 克}$$

習 題

1. 一食醋（*Vinegar*）試料重 10.52 克以 NaOH 滴定之。超越終點後以 HCl 行逆滴定。由下列數據以醋酸 CH_3COOH 之百分率求此食醋之酸度。所用 NaOH＝19.03*ml*，所用 HCl＝1.50*ml*；1.000*ml* HCl≑0.02500 克 Na_2CO_3；1.000*ml* NaOH≑0.06050 克 苯甲酸（C_6H_5COOH）。
2. 一石灰石（*limestone*）經滴定以求其當中和劑之值。取用一重量 1.000 克之試樣。滴定酸之規定濃度應為何，始可以 CaO 之百分數表示時每 10*ml* 代表 $4\frac{1}{2}$%之中和值。
3. 弱鹽基如 NH_4OH 以強酸如 HCl 滴定時，當滴定達當量點之一半時，溶液之 pH 值與鹽基之電離常數，K_b 之間存有何關係？
4. 某一弱的一鹽基性酸之解離常數為 2.0×10^{-4}。若溶解其 0.0100*mole* 於 H_2O 而將此溶液稀釋至 200*ml* 後以 0.250*N* NaOH 滴定之，求計在下列各點之溶液 pH 值:

   (a) 原溶液，(b) 當量點之 1/5 處，(c) 當量點。
5. (a) H^+濃度 $9.0\times10^{-10}\,M$ 溶液其 pOH 值為何？

   (b) 在近似此濃度時有何常用指示劑會變色？
6. 導出表示弱鹽基以強酸滴定達到當量點時之 pH 值公式

   $$pH=\frac{1}{2}pK_w-\frac{1}{2}pK_b-\frac{1}{2}\log C。$$
7. 已知一試料含有 NaOH，$NaHCO_3$，或 Na_2CO_3 或此等之適當混合物與不活性物共存。以甲基橙為指示劑，對於 1.200 克試料需 42.20*ml* 之 0.5000*N* HCl。以酚酞為指示劑時等重試料需 36.30*ml* 之酸。求計試料中不活性物之百分數。

8. 一含 Na_2CO_3+NaOH 及不活性物 (*inert*) 混合物重 0.7500 克，其水溶液以冷的 0.5000N HCl 滴定時，當加入 21.00ml 之酸時酚酞之顏色消失。然後加入甲基橙，而另外需要 5.00ml 之酸以使溶液呈紅色求此試料之百分組成，並表示此滴定曲線之一般形狀。

9. 含 KOH 及 K_2CO_3 之一混合物重 a 克，在酚酞冷溶液中，需要 bml 之 $C(N)$ 酸。加入甲基橙後，需要 dml 之酸。求計 KOH 及 K_2CO_3 之百分數。化成最簡項。

第十章　氧化還原之電化學理論

§10-1 氧化還原反應

一原子失去電子時，稱爲氧化作用，得電子時，稱爲還原作用，氧化與還原必是同時發生。

$$A_{氧化劑}+ne^- \rightleftharpoons A_{還原劑}$$

$$Fe^{+3}+e^- \rightleftharpoons Fe^{++}$$

氧化劑是一物質物獲得電子而使氧化數降低，本身起還原作用；

$$B_{還原劑} \rightleftharpoons B_{氧化劑}+ne^-$$

$$Zn^0(s) \rightleftharpoons Zn^{+2}+2e^-$$

還原劑是一物質失去電子而使氧化數增高，本身起氧化作用。上述各反應式稱爲半反應 (*half reaction*)，此類半反應式不能成爲平衡狀況，因此需將氧化還原兩半反應式相加而成一完整的氧化還原反應。

$$\begin{array}{r} A_{氧化劑}+ne^- \rightleftharpoons A_{還原劑} \\ B_{還原劑} \rightleftharpoons B_{氧化劑}+ne^- \\ \hline A_{氧化劑}+B_{還原氧} \rightleftharpoons A_{還原劑}+B_{氧化劑} \end{array}$$

$$\begin{array}{r} 2Fe^{+3}+2e^- \rightleftharpoons 2Fe^{+2} \\ Zn^0(s) \rightleftharpoons Zn^{++}+2e^- \\ \hline 2Fe^{+3}+Zn^0(s) \rightleftharpoons 2Fe^{+2}+Zn^{+2} \end{array}$$

因爲氧化還原反應實際上是電子轉移作用，所以它與電性 (*electricity*) 必有密切關係；下列舉一例說明之。

在兩個容器內分裝盛 $FeSO_4$ 及 $Ce(SO_4)_2$ 溶液，中間以鹽橋 (*salt bridge*) 相連，以鉑電極插入兩溶液且以電線連接兩鉑電極，中間連接一電位計以觀察電流流動情形。

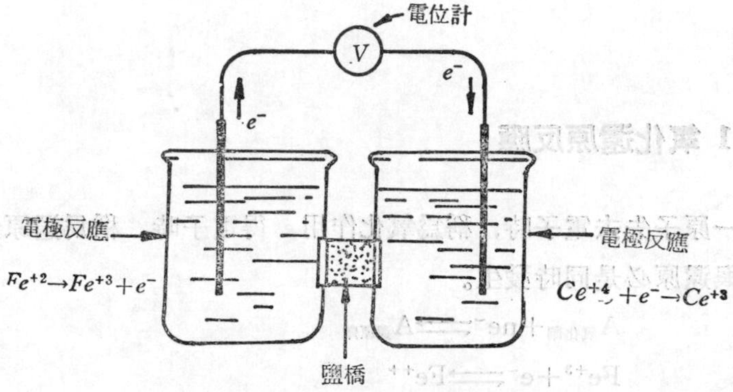

圖 10-1　氧化還原反應

當外線路連通後，電位計上的指針就有擺動表示有電流通過，電子由亞鐵離子溶液之電極經過電線而流入鈰離子溶液中的電極，形成一完整的通路。

凡是起氧化作用的一極稱為陽極，如 $Fe^{++} \longrightarrow Fe^{+3} + e^-$ 一極，起還原作用的一極稱為陰極，如 $Ce^{+4} + e^- \longrightarrow Ce^{+3}$ 一極，鹽橋的功用是維持兩溶液內正負電荷數目相等，通常鹽橋多以 K_2SO_4 或 KCl 等電解質；倘若兩溶液未分開亦無鹽橋相連，反應仍會進行，不過此時無電流可流經外線路。

若進一步地觀察可發覺為什麼 $FeSO_4$—$Ce(SO_4)_2$ 構成的電池一定是 Fe^{++} 放出電子而 Ce^{+4} 獲得電子，電流的強弱與兩溶液的濃度有否相關等問題，爾後數節將對此問題作詳盡的解說。

§ 10-2 標準電極電位 (*Standard Electrode Potential*)

如果以一鉑線之一端覆以鉑黑為電極，將此電極浸入單位活性氫離子 ($a=1$, *activity*) 之硫酸溶液中，且在外通以 1 大氣壓之 H_2 氣體，以維持反應進行。其裝置如圖 10-2 所示

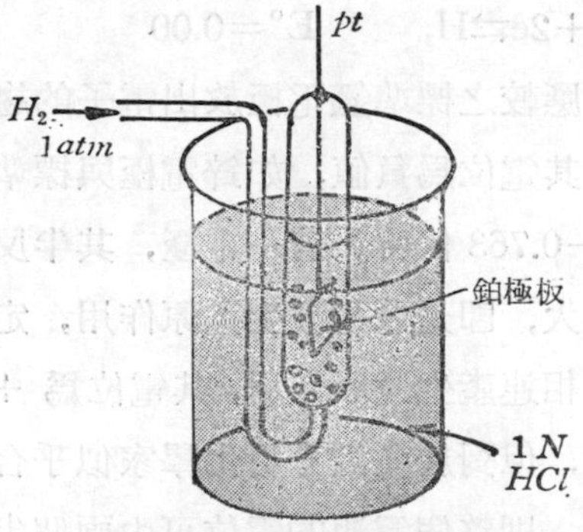

圖 10-2　標準氫電極裝置

如此裝置稱為標準氫電極 (*normal hydrogen electrode*) 鉑極使 H^+ 離子發生 $2H^+ + 2e \rightleftharpoons H_2$ 半反應，今假定有一金屬鋅浸入具有單位活性 (*activity*=1) 之鋅離子溶液中，以金屬鋅為電極與標準氫電極相連，中間以 K_2SO_4 為鹽橋，則有電流產生使鋅極起氧化作用，$Zn^0 \longrightarrow Zn^{++} + 2e$，且在電位計上可讀出此時電位為0.763伏特。

若又以銅金屬為電極，硫酸銅為電解液連以標準電極，銅極發生還原作用，$Cu^{++} + 2e \longrightarrow Cu^0$ 其電位為 0.337 伏特。

又將鋅半電極與銅半電極相連接，亦可產生 1.100 伏特電位，不過是鋅極發生氧化作用而銅極發生還原作用，

$$Zn^0 \longrightarrow Zn^{++} + 2e$$
$$Cu^{++} + 2e \longrightarrow Cu^0$$
$$\overline{Cu^{++} + Zn^0 \longrightarrow Zu^{++} + Cu^0}$$

觀察上述三種情況，可知任何半電極之電池反應對於放出電子或接受電子的趨向均不相同，我們稱此種趨向爲半電池之電位。電極與溶液間之絕對電位難以測定，但吾人所需要的祇是兩電極相連時彼此電位差值，因此可選定一標準電極訂定其電位爲零，其他各半電極與之比較而得相對的電位值，此標準電極就是標準氫電極，定其電位爲零值。

$$2H^{+}+2e \rightleftarrows H_2 \qquad E^{\circ}=0.00$$

若一電極，其半反應較之標準氫電極放出電子的趨向爲大，即是愈易發生氧化作用，定其電位爲負值，如鋅電極與標準電極相連產生氧化作用，其電位爲 -0.763 伏特。若一電極，其半反應較之標準氫電極接受電子的趨向爲大，即是愈易發生還原作用，定其電位爲正值，如銅電極與標準電極相連產生還原作用，其電位爲 $+0.337$ 伏特。此正、負值均屬任意訂定，但對於多數分析化學家似乎合用。當標定出各半電池反應之電位值，則整個電池的電位可由兩個半電池電位值相減而得之，例如，銅—鋅電池。

銅極半電池 $E_1=0.337 \cdots\cdots\cdots\cdots(1)$

鋅極半電池 $E_2=-0.763 \cdots\cdots\cdots(2)$

整個電池電位則爲 $E=E_1-E_2=+0.337-(-0.763)$

$=+1.100$ (伏特)

$$Cu^{++}+Zn^{0} \rightleftarrows Cu^{0}+Zn^{++} \quad E=1.100 \text{ 伏特}$$

若由 (2)—(1) 時則得 -1.100 伏特，而反應式表示 $Zn^{++}+Cu^{0} \rightleftarrows Zn^{0}+Cu^{++}$，亦即告知我們反應不是順此方向進行，應反方向進行，$Cu^{++}+Zn^{0} \rightleftarrows Cu^{0}+Zn^{++}$ 才屬正確 ($E=+1.100$)。

§ 10-3 電位符號的規定

氧化還原反應的進行方向或整個系統的電位值可由兩個不同半電

池電位之値求知， 但問題在於半電池的表示是以氧化電位表示之一$Zn \rightleftharpoons Zn^{++}+2e$，或是還原電位表示之一$Zn^{++}+2e \rightleftharpoons Zn$，況且標準電位（*Standard potential*）是以氧化力比 H_2/H^+ 標準電池趨向大爲正號或負號均須有一規定，很不幸的是對正，負號的規定與氧化電位與還原電位的採用，隨化學家的意願而被應用者，並非一致規定。

A. 標準氧化電位（*Standard oxidation potential*）：

標準氧化電位規定半電池之氧化力比標準氫電池趨向大定爲正值，反之訂爲負值。

$Zn \rightleftharpoons Zn^{++}(1M)+2e$	$+0.76V$
$H_2(1atm) \rightleftharpoons 2H^+(1M)+2e$	$0.00V$
$Cu \rightleftharpoons Cu^{++}(1M)+2e$	$-0.34V$
$Fe^{++}(1M) \rightleftharpoons Fe^{+3}(1M)+e$	$-0.77V$
$Ce^{+3}(1M) \rightleftharpoons Ce^{+4}(1M)+e$	$-1.61V$

此種半反應之寫法以氧化反應（丟棄電子）的寫法，將電子列在右端，此一習慣用法被美國物理化學專家所採用。

B. 標準還原電位（*Standard reduction potential*）

另一習慣寫法是將半反應式寫成還原式（獲得電子），將電子列在左端。

$Ce^{+4}(1M)+e \rightleftharpoons Ce^{+3}(1M)$	$+1.61\ V$
$Fe^{+3}(1M)+e \rightleftharpoons Fe^{++}(1M)$	$+0.77\ V$
$Cu^{++}(1M)+2e \rightleftharpoons Cu$	$+0.34\ V$
$2H^+(1M)+2e \rightleftharpoons H_2(1\ atm)$	$0.00\ V$
$Zn^{++}(1M)+2e \rightleftharpoons Zn$	$-0.76V$

比標準氫電池有較強獲得電子的趨向定爲正值，此法爲歐美化學家所採用，且爲 IUPAC（國際化學聯會）所採用。本書以後對半電池反應式以及其他有關應用均採用標準還原電位寫法。

§ 10-4 氧化還原反應式的寫法

利用半電池反應式以及半電池電位值可推斷整個氧化還原反應方程式的寫法及反應自動進行的方向；下列以數個例子說明之。

例 1： $Fe^{++}+Cl_2 \rightleftharpoons 2Cl^-+2Fe^{+3}$

首先查出氯氣與亞鐵離子半反應式與半電池電位多少。

(1) $Cl_2 + 2e \rightleftharpoons 2Cl^-$ $(E_1^0=+1.359)$

$Fe^{+3} + e \rightleftharpoons Fe^{++}$ $(E_2^0=+0.771)$

(2) $2Fe^{+3} + 2e \rightleftharpoons 2Fe^{++}$ $(E_2^0=+0.771)$

由 (1)-(2) 因爲 $E_1^0-E_2^0=(+1.359)-(+0.771)=+0.588>0$

故 $Cl_2+2Fe^{++} \rightleftharpoons 2Cl^-+2Fe^{+++}$（反應向右進行）

此處應注意是當以數目乘上原來的反應式，雖然各項係數增加但是電位值並無因乘上任何數目而增加若干倍數。

例 2: $6Fe^{++}+Cr_2O_7^{=}+14H^+ \rightleftharpoons 6Fe^{+++}+2Cr^{+3}+7H_2O$

(1) $Cr_2O_7^{=}+14H^++6e \rightleftharpoons 2Cr^{+3}+7H_2O$ $(E_1^0=+1.33)$

(2) $6Fe^{+3}+6e \rightleftharpoons 6Fe^{++}$ $(E_2^0=+0.77)$

---

(1)-(2) $6Fe^{++}+Cr_2O_7^{=}+14H^+ \rightleftharpoons 6Fe^{++}+2Cr^{+3}+7H_2O$

$(E_1^0-E_2^0=0.56>0)$

例 3: $5Sn^{++}+2MnO_4^-+16H^+ \rightleftharpoons 5Sn^{+4}+2Mn^{++}+8H_2O$

(1) $2MnO_4^- + 16H^+ +10e \rightleftharpoons 2Mn^{++}+8H_2O$ $(E_1^0=+1.51)$

(2) $5Sn^{+4}+10e \rightleftharpoons 5Sn^{++}$ $(E_2^0=+0.15)$

---

(1)-(2) $5Sn^{++}+2MnO_4^-+16H^+ \rightleftharpoons 5Sn^{+4}+2Mn^{++}+8H_2O$

$(E=1.36>0)$

上述三反應總電位值均大於零，表示反應向右進行，若所得總電位值爲負值表示反應向左進行。

例 4:

$$(1)\qquad I_2 + 2e \rightleftharpoons 2I^- \qquad (E_1^0 = +0.54)$$

$$(2)\quad 2Ce^{+3} + 2e \rightleftharpoons 2Ce^{+3} \qquad (E_2^0 = +1.61)$$

若以 (1)-(2)　$2Ce^{+3} + I_2 \rightleftharpoons 2Ce^{+4} + 2I^-$

$$E = (+0.54) - (+1.61) = -1.07V$$

故知反應向左進行也就是應寫成 $2Ce^{+4} + 2I^- \rightleftharpoons 2Ce^{+3} + I^2$ 因此由總電位值正負號可以判斷反應進行方向，而不必考慮應由 (1) 減去 (2) 或應由 (2) 減去 (1)；有關標準還原電位值在附錄列一覽表。

§ 10-5 常使用的電池與電池整體的寫法:

1. 金屬-金屬離子構成:

$Zn\ |Zn^{++}$

中間劃一黑線表示右邊爲半電池的溶液而左邊爲半電池電極。

2. 金屬-金屬錯離子構成:

$Cu\ |Cu(NH_3)_4{}^{++}, NH_3$

3. 金屬-金屬所構成鹽類之飽和溶液構成:

$Ag|AgCl, Cl^-$ (飽和溶液)

4. 氣體-離子構成:

$Pt, H_2|H^+$

此時將 H_2 通過鉑極板而使 H^+ 溶液呈飽和狀態

5. 離子-離子構成:

$Pt|\ Fe^{+++}, Fe^{++}$

此時還原劑與氧化劑均為可溶性之電解質，並以鉑金屬作為電極使電解質與外線電路相通。

6. 鈉汞齊-離子構成:

$Na(Hg) | Na^+$

當瞭解一般常使用電池的形式，進一步知道電池整體如何表示，如下列一電池:

$$Zn | Zn^{++}(1M) || Fe^{+++}(0.3M), Fe^{++}(0.5M) | Pt$$

單黑線表示電極與電解液分開，双黑線表示鹽橋(*Salt bridge*)。有時在每一電解質後面標出其濃度，若為氣體標出氣壓多少；下列再舉數個電池寫法使學者能熟悉。

(1)　$Zn | Zn^{++} || Fe^{+++}, Fe^{++} | Pt$

右: $2Fe^{+++} + 2e \rightleftharpoons 2Fe^{++}$

左: $Zn^{++} + 2e \rightleftharpoons Zn$

電池: (右)-(左)　$2Fe^{+++} + Zn \rightleftharpoons Zn^{++} + 2Fe^{++}$

通常右邊半電池均為獲得電子反應，左邊為失去電子反應，所以右邊為陰極而左邊為陽極。

(2)　$Pt, H_2 | H^+ || Cu^{++} | Cu$

右: $Cu^{++} + 2e \rightleftharpoons Cu$

左: $2H^+ + 2e \rightleftharpoons H_2$

電池: $H_2 + Cu^{++} \rightleftharpoons Cu + 2H^+$

(3)　$Pt | Fe^{++}, Fe^{+++} || Cr^{+++}, Cr_2O_7^{=}, H^+ | Pt$

右: $Cr_2O_7^{=} + 14H^+ + 6e \rightleftharpoons 2Cr^{+++} + 7H_2O$

左: $Fe^{+++} + e \rightleftharpoons Fe^{++}$

電池: $Cr_2O_7^{=} + 6Fe^{++} + 14H^+ \rightleftharpoons 2Cr^{+++} + 6Fe^{+++} + 7H_2O$

(4)　$Ag | AgCl, Cl^- || Cl^-, Hg_2Cl_2 | Hg$

右: $Hg_2Cl_2 + 2e \rightleftharpoons 2Hg + 2Cl^-$

左：$2AgCl+2e \rightleftharpoons 2Ag+2Cl^-$

電池：$2Ag+Hg_2Cl_2 \rightleftharpoons 2AgCl+2Hg$

(5)　$Pt, H_2|OH^-||H^+|H_2, Pt$

右：$2H^++2e \rightleftharpoons H_2$

左：$2H_2O+2e \rightleftharpoons 2OH^-+H_2$

電池　$H^++OH^- \rightleftharpoons H_2O$

(6)　$Cu|CuY^=, H_2Y^=, H^+||Cu^{++}|Cu$

右：$Cu^{++}+2e=Cu$

左：$CuY^=+2H^++2e \rightleftharpoons Cu+H_2Y^=$

電池：$Cu^{++}+H_2Y^= \rightleftharpoons CuY^=+2H^+$

在 (5) 中 $Pt, H_2|H^+$ 爲標準氫電池（SHE 電池），爲比較其他電池之電位定此標準電池之電位爲零，這是一人爲的假設而已，其裝置如圖 10-2 所示。

下列表爲上述學例各電池與氫標準電池相對位置之關係。

表 10-2 半電極相對位置圖

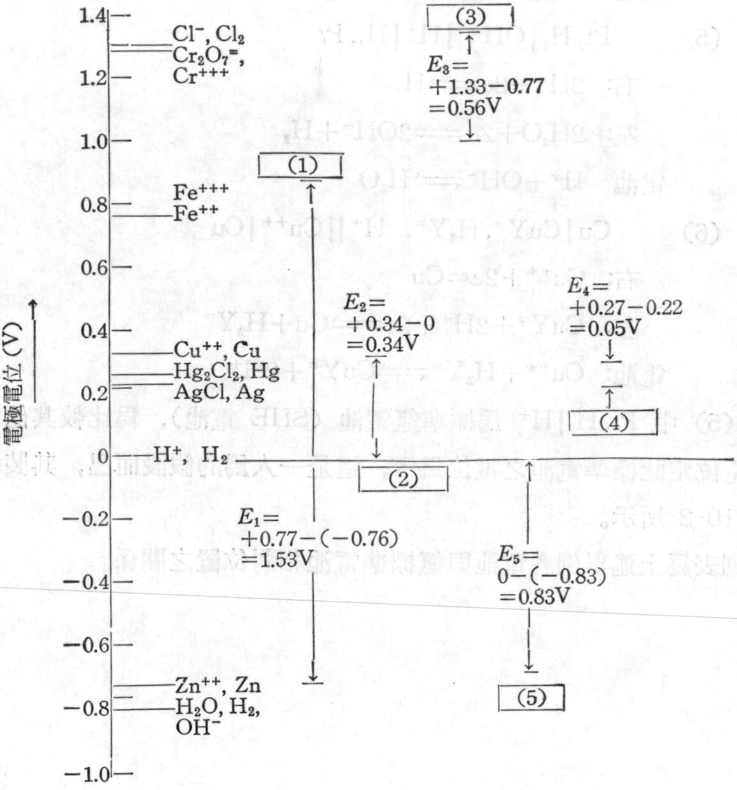

將常用的半電池電位與半電極列一表，以便隨時查對，本表仍以還原電位的習慣寫法列出:

E^0	半電池反應
2.65	$F_2+2e^-=2F^-$
2.07	$O_3+2H^++2e^-=O_2+H_2O$
1.77	$H_2O_2+2H^++2e^-=2H_2O$
1.695	$MnO_4^-+4H^++3e^-=MnO_2+2H_2O$
1.61	$Ce^{+4}+e^-=Ce^{+3}$
1.6	$H_5IO_6+H^++2e^-=IO_3^-+3H_2O$

E°（伏特）	半電池反應
1.52	$BrO_3^- + 6H^+ + 5e^- = \frac{1}{2}Br_2 + 3H_2O$
1.51	$MnO_4^- + 8H^+ + 5e^- = Mn^{++} + 4H_2O$
1.36	$Cl_2 + 2e^- = 2Cl^-$
1.33	$Cr_2O_7^{=} + 14H^+ + 6e^- = 2Cr^{+++} + 7H_2O$
1.23	$MnO_2 + 4H^+ + 2e^- = Mn^{++} + 2H_2O$
1.229	$O_2 + 4H^+ + 4e^- = 2H_2O$
1.195	$IO_3^- + 6H^+ + 5e^- = \frac{1}{2}I_2 + 3H_2O$
1.065	$Br_2 + 2e^- = 2Br^-$
1.06	$ICl_2^- + e^- = \frac{1}{2}I_2 + 2Cl^-$
1.00	$VO_2^+ + 2H^+ + e^- = VO^{++} + H_2O$
0.87	$C_6H_5NO_2 + 7H^+ + 6e^- = C_6H_5NH_3^+ + 2H_2O$
0.799	$Ag^+ + e^- = Ag$
0.789	$Hg_2^{++} + 2e^- = 2Hg$
0.771	$Fe^{+++} + e^- = Fe^{++}$
0.73	$C_2H_2 + 2H^+ + 2e^- = C_2H_4$
0.682	$O_2 + 2H^+ + 2e^- = H_2O_2$
0.564	$MnO_4^- + e^- = MnO_4^{=}$
0.536	$I_3^- + 2e^- = 3I^-$
0.5355	$I_2 + 2e^- = 2I^-$
0.521	$Cu^+ + e^- = Cu$
0.361	$VO^{++} + 2H^+ + e^- = V^{+++} + H_2O$
0.36	$Fe(CN)_6^{-3} + e^- = Fe(CN)_6^{-4}$
0.337	$Cu^{++} + 2e^- = Cu$
0.31	$H_2C_2O_4 + 6H^+ + 6e^- = CH_3COOH + 2H_2O$
0.2676	$Hg_2Cl_2 + 2e^- = 2Hg + 2Cl^-$
0.222	$AgCl + e^- = Ag + Cl^-$
0.192	$CH_3CHO + 2H^+ + 2e^- = C_2H_5OH$
0.19	$HCHO + 2H^+ + 2e^- = CH_3OH$
0.17	$S_4O_6^{=} + 2e^- = 2S_2O_3^{=}$
0.17	$SO_4^{=} + 4H^+ + 2e^- = H_2SO_3 + H_2O$
0.15	$Sn^{+4} + 2e^- = Sn^{+2}$
0.153	$Cu^{++} + e^- = Cu^+$

$E°$（伏特）	半電池反應
0.10	$TiO^{++}+2H^{+}+e^{-}=Ti^{+++}+H_2O$
0.1	$CO_2+6H^{+}+6e^{-}=CO(NH_2)_2+H_2O$
0.095	$AgBr+e^{-}=Ag+Br^{-}$
0.000	$2H^{+}+2e^{-}=H_2$
−0.126	$Pb^{++}+2e^{-}=Pb$
−0.13	$CrO_4^{=}+4H_2O+3e^{-}=Cr(OH)_3+5OH^{-}$
−0.136	$Sn^{++}+2e=Sn$
−0.151	$AgI+e^{-}=Ag+I^{-}$
−0.276	$H_3PO_4+2H^{+}+2e^{-}=H_3PO_3+H_2O$
−0.403	$Cd^{++}+2e^{-}=Cd$
−0.41	$Cr^{+++}+e^{-}=Cr^{++}$
−0.44	$Fe^{++}+2e^{-}=Fe^{0}$
−0.49	$2CO_2+2H^{+}+2e^{-}=H_2C_2O_4$
−0.50	$H_3PO_3+2H^{+}+2e^{-}=H_2PO_2+H_2O$
−0.56	$Fe(OH)_3+e^{-}=Fe(OH)_2+OH^{-}$
−0.763	$Zn^{++}+2e^{-}=Zn$
−0.828	$2H_2O+2e^{-}=H_2+2OH^{-}$
−1.66	$Al^{+++}+3e^{-}=Al$
−2.25	$\frac{1}{2}H_2+e^{-}=H^{-}$
−2.37	$Mg^{++}+2e^{-}=Mg$
−2.714	$Na^{+}+e^{-}=Na$
−3.045	$Li^{+}+e^{-}=Li$

由上表可得下列三結論:

(1) 表之愈上端愈易起還原作用，是愈强的氧化劑。

(2) 表之愈下端愈易起氧化作用，是愈强的還原劑。

(3) 兩半反應式間隔愈大，反應愈易。

§ 10-6 電解質濃度與電極電位關係（楞次公式—*Nernst equation*）

假定電解質的濃度不爲 $1\,M$ 時，此時電極電位與標準狀況下電位值不相同，要求得在任意濃度下電極電位值則必須明瞭楞次公式的意義與應用。從化學自由能（*free energg*）定義下可導出楞次公式如下（註）：

$$E=E^{\circ}+\frac{RT}{nF}ln\frac{a_{oxid}}{a_{red}}$$

$$(O_{xid}+ne^{-}\rightleftharpoons R_{ed})$$

E……電極在某情況下的電位

E°……電極在標準狀況下之標準電位（*standar electrode potential*）

R……氣體常數，8.314（焦耳/摩爾-度數）

T……絕對溫度度數（273＋攝氏度數）

n……起氧化還原反應所需之電子數

F……法拉第數（96,500 庫倫）

a_{oxid}……氧化劑之活性數（*activity*）

a_{red}……還原劑之活性數

假定在 25°C 時，而活性數（*activity*）以摩爾濃度代替，楞次公式可簡化為：

$$E=E^{\circ}+\frac{0.059}{n}\log\frac{[A_{oxid}]}{[A_{red}]}$$

A_{oxid}：為氧化劑之摩爾濃度

A_{red}：為還原劑之摩爾濃度

在一般規定下（如同求平衡常數時），水的濃度或不溶性物質之濃度均予刪除，而且氣體之活性以分壓力表示。

應用楞次定律於半反應式的例子：

(1) $Zn^{++}+2e\rightleftharpoons Zn;E=-0.760+\frac{0.0591}{2}\log[Zn^{++}]$

(2) $Fe^{+3}+e\rightleftharpoons Fe^{++};E=+0.771+\frac{0.0591}{1}\log\frac{[Fe^{+3}]}{[Fe^{+2}]}$

(3) $Cl_2(gas)+2e \rightleftharpoons 2Cl^-$;$E=+1.359+\frac{0.0591}{2}\log\frac{[Cl_2(分壓)]}{[Cl^-]^2}$

(4) $Cr_2O_7^{=}+14H^++6e=2Cr^{+3}+7H_2O$

$$E=+1.33+\frac{0.0591}{6}\log\frac{[Cr_2O_7^{=}][H^+]^{14}}{[Cr^{+3}]^2}$$

計算實例:

〔例 1〕: 計算下列電池在 25°C 時的電動勢。

$$Pt \left| \begin{matrix} Ce^{+4}(1M) \\ Ce^{+3}(0.01M) \end{matrix} \right\| \begin{matrix} Fe^{+3}(0.001M) \\ Fe^{+2}(1M) \end{matrix} \Bigg| Pt$$

(1) $Ce^{+4}(1M)+e \rightleftharpoons Ce^{+3}(0.01M)$

$$E_1=E_1^{\circ}+\frac{0.0591}{1}\log\frac{[Ce^{+4}]}{[Ce^{+3}]}$$
$$=+1.61+0.0591\log 100=+1.73(V)$$

(2) $Fe^{+3}(0.001M)+e \rightleftharpoons Fe^{+2}(1M)$

$$E_2=E_2^{\circ}+\frac{0.0591}{1}\log\frac{[Fe^{+3}]}{[Fe^{+2}]}$$
$$=+0.77+0.0591\log 0.001=+0.59(V)$$

(1)-(2) $\therefore E=E_1-E_2=1.73-0.59=+1.14(V)$

正號表示 (1)-(2) 之反應爲 $Ce^{+4}(1M)+Fe^{+2}(1M) \longrightarrow Ce^{+3}(0.01M)+Fe^{+3}(0.001M)$

〔例 2〕: 下示反應應向那一方面進行？如構成一電池其電動勢爲多少伏特？

$$Mn^{++}(0.1M)+O_2(1atm)+2H_2O \rightleftharpoons MnO_2 +H_2O_2(0.1M)+2H^+(0.1M)$$

(1) $O_2(1atm)+2H^++2e \rightleftharpoons H_2O_2$

$$E_1=+0.68+\frac{0.0591}{2}\log\frac{[O_2][H^+]^2}{[H_2O_2]}$$

(2) $MnO_2+4H^++2e \rightleftharpoons Mn^++2H_2O$

$$E_2=+1.23+\frac{0.0591}{2}\log\frac{[H^+]^4}{[Mn^{++}]}$$

$$(1)-(2)\quad Mn^{++}+O_2+2H_2O \rightleftharpoons MnO_2+H_2O_2+2H^+$$

$$E=E_1-E_2=-0.55+\frac{0.0591}{2}\log\frac{[O_2][Mn^{++}]}{[H_2O_2][H^+]^2}$$

$$=-0.55+\frac{0.0591}{2}\log\frac{(1)(0.1)}{(0.1)(0.1)^2}$$

$$=-0.49(V)$$

負號表示反應是 $MnO_2+H_2O_2+2H^+ \longrightarrow Mn^{++}+O_2+2H_2O$

習　題

1. 試求下列各電極電位:

   (a) $O_2(2atm)+2H^+(1.5M)+2e \rightleftharpoons H_2O_2(0.0020M)$

   (b) $Hg^{++}(0.0010M)+2e \rightleftharpoons Hg(S)$

2. 計算下列電池之電動勢

   $Pt|Fe^{++}(0.50M), Fe^{+3}(0.20M)||Sn^{++}(0.10M), Sn^{+4}(0.010M)|Pt$

3. (a) 由下列電池可得之電動勢爲何？

   $Zn|Zn^+(0.010M)||Ag^+(0.30M)|Ag$

   (b) 連結電極之外線路中電子流動方向？電流流動方向？

   (c) 寫出各電極之半反應式; 與全反應式。

   (d) 若不使電流通過則開始時 Ag^+ 濃度應爲多少？

4. 由標準半電池電位 $Cr^{+3}+3e \rightleftharpoons Cr^0(-0.74)$; $Cr^{++}2e \rightleftharpoons Cr^0(-0.86)$

   求 $Cr^{+3}+e \rightleftharpoons Cr^{++}$之標準電位。

5. 元素砷與亞砷酸根離子 (AsO_2^-) 間在鹼溶液中之標準電位爲－0.68伏特, 求亞砷酸鹽及氫氧離子濃度各爲 $0.10M$ 時求此系之電位。

6 平衡下列方程式, 並以具二半電池反應之差表示之:

   $PbO_2(S)+Br^-+H^+ \longrightarrow Pb^{++}+Br_2+H_2O$

7. $2Fe^{++}(0.010M)+H_2O_2(0.010M)+2H^+(0.10M)$

   $\rightleftharpoons 2Fe^{+3}(0.20M)+2H_2O$

指出反應朝那一方向進行，並計算電動勢多少？

8. 試將

$Ce^{+3}+Fe^{+3} \rightleftharpoons Ce^{+4}+Fe^{++}$ 反應式寫成電池形式。

並指出反應朝那一方向進行。

第十一章　氧化還原滴定法

§11-1　氧化劑與還原劑之標準試液

容量分析較常用的氧化劑與還原劑有

（1）氧化劑

$KMnO_4$（高錳酸鉀）；$K_2Cr_2O_7$（重鉻酸鉀）

KIO_3（碘酸鉀）；$KBrO_3$（溴酸鉀）

$Ce(SO_4)_2$（硫酸鈰）；I_2（碘）

$K_3Fe(CN)_6$（鐵氰化鉀）

（2）還原劑

$FeSO_4 \cdot (NH_4)_2SO_4 \cdot 6H_2O$（硫酸亞鐵銨）；

$FeSO_4$（硫酸亞鐵）

$Na_2S_2O_3$（硫代硫酸鈉）；$Na_2C_2O_4$（草酸鈉）

Na_3AsO_3（亞砷酸鈉）；$H_2C_2O_4$（草酸）

$SnCl_2$（氯化亞錫）　　Ag（銀）

此等氧化劑及還原劑，力量强弱不相同，通常使用的配合如下數種:

（1）$KMnO_4—FeSO_4 \cdot (NH_4)_2SO_4 \cdot 6H_2O$

（2）$KMnO_4—Na_2C_2O_4$

（3）$K_2Cr_2O_7—FeSO_4 \cdot (NH_4)_2SO_4 \cdot 6H_2O$

（4）$I_2—Na_2S_2O_3$

（5）$Ce(SO_4)_2—FeSO_4$

上述氧化劑與還原劑中，可以作爲基準試劑祇限於，$K_2Cr_2O_7$，

KIO_3;I_2;$Na_2C_2O_4$; As_2O_3; $KBrO_3$ 等，此等物質比較容易製成純度極高樣品，故以其一定量溶於水中，即可達成一標準溶液，其他較不穩定或不純之氧化與還原劑可藉此而校正之。

§11-2 氧化劑及還原劑之克當量

在前已大致提過氧化劑與還原劑之克當量需視其反應中電子轉移數而決定，或是視其氧化數之變化數而定之：例如 $Sn^{++} \longrightarrow Sn^{+4} + 2e$ 之反應中每一 Sn^{++} 離子放出兩個電子，亦即是氧化數變化為 2，因此 Sn^{++} 在這反應中的克當量為 $\frac{Sn}{2} = \frac{118.69}{2} = 59.35$ 克，因為 59.35 克正好可以使 1.008 克之氫離子還原。又如 $MnO_4^- + 8H^+ + 5e \longrightarrow Mn^{++} + 4H_2O$ 一反應中，MnO_4^- 接受 5 個電子而氧化數由 $+7 \rightarrow +2$，變化數為 5，因此 $KMnO_4$ 在此條件下之克當量正好為 $\frac{KMnO_4}{5} =$ 31.61 克。在酸性溶液中，$KMnO_4$ 之一規定濃度為一升溶液中含 31.61 克或一毫升中含 0.03161 克之 $KMnO_4$，但在鹼性溶液中，$KMnO_4$ 祇被還原成 MnO_2（$MnO_4^- + 2H_2O + 3e \longrightarrow MnO_2\downarrow + 4OH^-$），因此其克當量為 $\frac{KMnO_4}{3} = 52.68$ 克。

因為氧化數由 +7 降到 +4，亦即是半反應中有 3 個電子之轉移。不論是任何氧化還原反應，氧化劑與還原劑完全作用時其克當量數一定相等，亦就是下列公式成立

$$V\text{（氧化劑體積）} \times N\text{（氧化劑規定濃度）} = \text{氧化劑之克當量數}$$
$$= \text{還原劑之克當量數}$$
$$= V\text{（還原劑體積）} \times N\text{（還原劑規定濃度）}$$
$$N_{(oxid)} \times V_{(oxid)} = N_{(red)} \times V_{(red)}。$$

例：有一 HNO_3 溶液為 $3.000N$，應加入若干體積之 H_2O 於 50

*ml*之酸中使其成爲 3.000*N* 之氧化劑？

(假定起還原作用 $HNO_3 \longrightarrow NO$)

$$HNO_3\text{當氧化劑時克當量數}=\frac{HNO_3}{3}=\frac{63.01}{3}=21.00(\text{克})$$

∴　爲當酸時的$\frac{1}{3}$，因此其體積應爲 50*ml* 之 3 倍，150*ml*，因而需加 H_2O 100*ml*。

$$3.000\times 50=3.000\times\frac{1}{3}\times x;x=150(ml)$$

§11-3　氧化還原滴定中電位之變化

當氧化還原反應完成後而達到平衡狀態時，電池總電位降至爲零，即是兩半電池電位相等。

平衡時：$E=E_1-E_2=0$ 所以$E_1=E_2$ 成立。

今以 $KMnO_4$ 與 $FeSO_4$ 爲例觀察滴定中電位與各濃度變化。開始滴定時，溶液僅含 Fe^{++}，滴入 $KMnO_4$ 時，Fe^{++} 漸減而 Fe^{+++} 增多，即是 $[Fe^{+++}]/[Fe^{++}]$ 比值增大。

$$Fe^{++}\longrightarrow Fe^{+++}+e\quad(Fe^{+++}+e\longrightarrow Fe^{++}\quad E^\circ=+0.771)$$

所以　$$E=0.771+0.0591\log\frac{[Fe^{+++}]}{[Fe^{++}]}\cdots\cdots(1)$$

(1) 式E值亦隨之增大，若$[Fe^{+++}]=10^n[Fe^{++}]$ 時則 (1) 式爲 $E=0.771+0.059\cdot n$; 若 $[Fe^{+++}]=[Fe^{++}]$ 時則 (1) 式爲 $E=0.771$。若以百分比表示氧化程度則可得下列一表列:

%被氧化之Fe^{++}	E(電池電位)
0.1	0.57
1	0.63
10	0.69

50	0.748
90	0.80
99	0.86
99.9	0.93

由表中可觀察當 $KMnO_4$ 繼續滴入時，電位昇高，到 50 %氧化時，電位已高至 0.748，而99%到99.9%階段電位變化較甚，亦即若以 $KMnO_4$ 之體積爲橫標，以電位爲縱標，在 99%－99.9 %階段，曲線斜率陡直，吾人由斜率陡直處可求得當量點（終點）的位置亦可藉以判斷氧化還原反應之完成。此種利用電位變化作爲滴定之根據的方法稱爲電位滴定法 (*Potentialmetric tifration*)。

例：過量之金屬鋁加入 0.30 M 之銅離子溶液，經達到平衡後在理論上 Cu^{++} 之濃度爲何？

$$2Al^0 \longrightarrow 2Al^{+++}+6e \quad (+1.66)$$

$$3Cu^{++}+6e \longrightarrow 3Cu^0 \quad (+0.337)$$

$$3Cu^{++}+2Al^0 \longrightarrow 3Cu^0+2Al^{+++}(+1.997)$$

$$\therefore \quad [Al^{+++}]=0.2M \text{ 因爲} [Cu^{++}]=0.3M$$

反應平衡後，$[Cu^{++}]=x$,

$$E_1=E_2 \quad \therefore -1.67+\frac{0.0591}{3}\log 0.20=+0.377+\frac{0.0591}{2}\log x$$

$$\therefore \quad \frac{0.0591}{3}\log 0.20-\frac{0.0591}{2}\log x=0.377+1.67=1.997$$

$$\log x=-68.5$$

$$x=1\times10^{-69}(M)$$

由此可知當反應平衡後 $[Cu^{++}]$ 所剩幾是微乎其微，證明此反應完全。

§11-4 由電極電位計算反應之平衡常數

有一氧化還原反應式

$$Ox_1+Red_2 \rightleftharpoons Red_1+Ox_2$$

在平衡狀況下 $E_1=E_2$，當滿足下方程式:

$$E_1^0+\frac{0.0591}{n}\log\frac{[Ox_1]}{[Red_1]}=E_2^0+\frac{0.0591}{n}\log\frac{[Ox_2]}{[Red_2]}$$

即，
$$\frac{n}{0.0591}(E_1^0-E_2^0)=\log\frac{[Ox_2][Red_1]}{[Red_2][Ox_1]}=\log K$$

K為此反應之平衡常數，可由 E_1^0 與 E_2^0 及n計算求出。

例如，$Fe^{+++}+Ti^{+3} \rightleftharpoons Fe^{++}+Ti^{+4}$

$$E_1^0=+0.771;E_2^0=0.04, n=1,$$

故
$$\log K=\left(\frac{1}{0.0591}\right)(0.771-0.04)=12$$

$$K=10^{12}$$

K值如此大表示，表示 Fe^{+++} 可以完全爲 Ti^{+3} 所還原。又此反應在當量點時，

$$[Ox_1]=[Red_2];[Red_1]=[Ox_2]$$

$$\therefore \frac{[Red_1]}{[Ox_1]}=\frac{[Ox_2]}{[Red_2]} \quad \text{又因}K=\frac{[Ox_2][Red_1]}{[[Ox_1][Red_2]}=\frac{[Red_1]^2}{[Ox_1]^2}$$

所以
$$\frac{[Red_1]}{[Ox_1]}=\frac{[Ox_2]}{[Red_2]}=\sqrt{K}$$

上例中
$$\frac{[Fe^{++}]}{[Fe^{+++}]}=\frac{[Ti^{+4}]}{[Ti^{+3}]}=\frac{10^6}{1} \quad \therefore [Fe^{++}]=10^6[Fe^{+++}];$$

$[Ti^{+4}]=10^6[Ti^{+3}]$，反應完全。

若反應式爲: $aOx_1+bRed_2 \rightleftharpoons bOx_2+aRed_1$

$$K=\frac{[Red_1]^a[Ox_2]^b}{[Ox_1]^a[Red_2]^b}$$

又因在當量點時，

$$\frac{[Red_1]}{[Ox_1]}=\frac{[Ox_2]}{[Red_2]}$$

所以 $$\frac{[Red_1]}{[Ox_1]}=\frac{[Ox_2]}{[Red_2]}=\sqrt[a+b]{K}$$

如 $MnO_4^-+5Fe^{++}+8H^+\rightleftharpoons Mn^{++}+5Fe^{+++}+4H_2O$

若 $[H^+]=1$，$[H_2O]=$常數則:

$$\log K=\frac{5}{0.0591}\times(1.52-0.771)$$

$$K=10^{61}$$

而在當量時

$$\frac{[Fe^{+++}]}{[Fe^{++}]}=(10^{60})^{\frac{1}{5+1}}=10^{10}$$

$\therefore$ $[Fe^{+++}]=10^{10}[Fe^{++}]$；由此可知此反應極爲完全。

以上所述告知我們平衡常數完全由 E_1^0 與 E_2^0 來決定，若 E_1^0, E_2^0 相差很大則平衡常數値愈大，表示反應愈完全，若 $E_1^0=E^0_2$ 則 $K=0$，反應完全不進行。

例: 試計算下示反應之平衡常數。

$$2Fe^{++}+H_2O_2+2H^+\longrightarrow 2Fe^{+3}+2H_2O$$

(1) $2Fe^{+3}+2e\rightleftharpoons 2Fe^{+2}$

$$E_1=+0.77+\frac{0.059}{2}\log\frac{[Fe^{+3}]^2}{[Fe^{+2}]^2}$$

(2) $H_2O_2+2H^++2e\rightleftharpoons 2H_2O$

$$E_2=+1.77+\frac{0.0591}{2}\log[H_2O_2][H^+]^2$$

$$E_1-E_2=-1.00+\frac{0.0591}{2}\log\frac{[Fe^{+3}]^2}{[Fe^{+2}]^2[H_2O_2][H^+]^2}$$

當達平衡時，$E_1=E_2$，$K=\dfrac{[Fe^{+3}]^2}{[Fe^{+2}]^2[H_2O_2][H^+]^2}$

因此　$\frac{0.0591}{2}\log K=1.00 \quad K=6.6\times10^{33}$

反應極為完全。

§11-5　氧化還原指示劑（一）

氧化還原反應終點可用電位法測定，亦可藉指示劑來判斷，此種指示劑較中和法所用指示劑在理論與實用上，均複雜，我們將在爾後各滴定法中陸續介紹，本節祇將其分類列出；

(a) 自身為指示劑者

(b) 內指示劑 (*internal indicators*)

(c) 外指示劑 (*external indicators*)。

習　題

1. 混合等體積之 $0.40M\,Fe^{++}$ 溶液及 $0.10M$ 之 Ce^{+4} 溶液，達到平衡後，結果 Ce^{+4} 濃度為何？
2. 求下列反應之平衡常數值 $2Fe^{++}+I_2\rightleftharpoons 2Fe^{+3}+2I^-$。
3. 取 $100ml\,K_2Cr_2O_7$ 溶液(每升含 10.0克之 $K_2Cr_2O_7$) 混合 $5ml$ $6N$ H_2SO_4 與 $75.0ml\,FeSO_4$ (每升含 80.0 克 $FeSO_4$)。此溶液需用幾毫升 $0.2121N$ $KMnO_4$ 滴定？
4. 欲使下列反應平衡其x值應為何？

$$\underline{Zn}+2Ag^+(xM)\rightleftharpoons Zn^{++}(1.0\times10^{-3}M)+2\underline{Ag}$$

5. 下列各反應中何者能如所示的進行，若各離子濃度均為 $1M$？

(a) $2Bi+2H^++2H_2O\longrightarrow 2BiO^++3H_2$

(b) $2Cl^-+I_2\longrightarrow Cl_2+2I^-$

(c) $2Fe(CN)_6^{-3}+H_2O_2\longrightarrow 2Fe(CN)_6^{-4}+O_2+2H^+$

第十二章　高錳酸鉀滴定法

§12-1　高錳酸鉀的用法與標準溶液

高錳酸鉀是一强氧化劑，它在電動勢表上位置居於很上端，其電位爲 +1.51V，在容量分析上應用甚廣，不僅可與很多還原劑作用而且自身亦可當爲指示劑之用，其主要用途可分爲下列數種:

(A) 在酸性溶液中: $MnO_4^- + 8H^+ + 5e \rightleftharpoons Mn^{++} + 4H_2O$

(1) 冷溶液中與亞鐵鹽作用:

$$MnO_4^- + 8H^+ + 5e \rightleftharpoons Mn^{++} + 4H_2O$$

$$5Fe^{++} \rightleftharpoons 5Fe^{+3} + 5e$$

$$MnO_4^- + 5Fe^{++} + 8H^+ \rightleftharpoons Mn^{++} + 5Fe^{+3} + 4H_2O$$

(2) 熱溶液中與草酸鹽作用:

$$2MnO_4^- + 16H^+ + 10e \rightleftharpoons 2Mn^{++} + 8H_2O$$

$$5C_2O_4^= \rightleftharpoons 10CO_2 + 10e$$

$$2MnO_4^- + 5C_2O_4^= + 16H^+ \longrightarrow 2Mn^{++} + 10CO_2 + 8H_2O$$

(3) 在觸媒輔助下與亞砷酸鹽作用:

$$2MnO_4^- + 16H^+ + 10e \rightleftharpoons 2Mn^{++} + 8H_2O$$

$$5As^{+3} + 20H_2O \rightleftharpoons 5H_3AsO_4 + 25H^+ + 10e$$

$$2MnO_4^- + 5As^{+3} + 12H_2O \rightleftharpoons 5H_3AsO_4 + 2Mn^{++} + 9H^+$$

(4) 除上述二種較常用的方法外，在酸性液中 $KMnO_4$ 亦可與其他可氧化陽離子或陰離子作用，如 As^{+3}, U^{+4}, Ti^{+3}, Mo^{+3}, $SO_3^=$, NO_2^-, VO^{++}; Cr^{+3}; Cu^+, PbO_2; 等等。

(B) 在中性或鹼性溶液中:

$$4MnO_4^- + 2H_2O \rightleftharpoons 4MnO_2 + 4OH^- + 3O_2$$

此時 $KMnO_4$ 祗被還原成 MnO_2 沉澱，一般可用以氧化 $NO_2^- \longrightarrow NO_3^-$；$I^- \longrightarrow IO_3^-$；$HCOO^- \longrightarrow CO_3^=$，在鹼性溶液中可氧化 $PO_3^= \longrightarrow PO_4^{\equiv}$，$H_2PO_2 \longrightarrow PO_4^{\equiv}$ 及 $Mn^{++} \longrightarrow MnO_2$

在酸性溶液中，$KMnO_4$ 一規定溶液每升含有五分之一之克分子量，$\frac{KMnO_4}{5} = 31.61$ 克，在鹼性或中性液中則為三分之一之克分子量，$\frac{KMnO_4}{3} = 52.68$ 克。

高錳酸鉀滴定法亦可分為直接法與間接法兩種;

(A) 直接滴定法: 乃是 $KMnO_4$ 與還原劑直接滴定，在酸性液中，若當量點到達時 $KMnO_4$ 已全部還原成 Mn^{++} 而致使溶液成為無色。

(B) 間接滴定法: 乃是先將一定量的還原劑與欲分析物質作用完全，剩餘的還原劑再用 $KMnO_4$ 標準液滴定，由一定量還原劑之克當量數減去 $KMnO_4$ 之克當量數就可得欲分析物之克當量數；此種分析法應用甚多，例如重鉻酸鹽之測定，軟錳礦 (*Pyrolusite*) 之分析等等。

高錳酸鉀溶液配製後需放置隔夜後再使用，因為 $KMnO_4$ 係一強氧化劑不但與橡皮、濾紙（有機物）均起作用連塵埃都可能促使它分解，因此 $KMnO_4$ 溶液不能用濾紙過濾，且貯存時間不可過於長久，避免日光的直射，經常以基準試劑校正其規定濃度再作滴定應用。

高錳酸鉀之標準溶液不宜直接配製，須用基準試劑與予校正，因為市售 KMnO4 很難得到純淨，此基準試劑有亞鐵硫酸銨溶液，草酸溶液，草酸鈉溶液及純鐵等。

(a) 亞鐵硫酸銨〔$FeSO_4 \cdot (NH_4)_2SO_4 \cdot 6H_2O$〕: 又名 *Mohr* 鹽，

可得純度高的產品，極易溶於水且克當量爲 392 克，其缺點爲其中 Fe^{++} 會因空氣的氧化而成 Fe^{+++}，而其中結晶水亦能失去，故非一理想之基準試劑。

(b) 硫代硫酸鈉 ($Na_2S_2O_3$) 與純鐵均非理想之基準試劑，因皆亦含雜質，如純鐵中含 C, Si, P, S， 等物質不但可減少鐵之含率而碳化物受酸作用時亦可還原 $KMnO_4$, $Na_2S_2O_3$ 本身亦須用他種基準劑校正後才能作爲基準劑，惟其操作簡便而已。

(c) 草酸 ($H_2C_2O_4$) 與其鈉鹽是常用以標定高錳酸溶液，在下節有詳細說明。

§12-2 標準溶液之配製——實驗15

0.1*N* $KMnO_4$ 與 0.1*N* $FeSO_4 \cdot (NH_4)_2SO_4 \cdot 6H_2O$ 溶液配製

高錳酸鉀在酸性溶液中與還原劑作用，錳的氧化數由 +7 降低到 +2, $MnO_4^- \longrightarrow Mn^{++}$，故每一 *mole* $KMnO_4$ 相當於 5 個克當量，$MnO_4^- + 8H^+ + 5e \rightleftharpoons Mn^{++} + 4H_2O$，故 $\frac{KMnO_4}{5} = 31.61$ 克爲一克當量。

亞鐵 Fe^{++} 在酸性溶液中與氧化劑作用被氧化成 Fe^{+++}，其氧化數的變化爲 1, $FeSO_4 \cdot 7H_2O$ 或 $FeSO_4 \cdot (NH_4)_2SO_4 \cdot 6H_2O$ 克分子量分別爲 278.0 克與 392.2 克，其克當量亦是相同數值。

I 0.1*N* $KMnO_4$ 溶液配製操作法:

秤取 1.6 克 $KMnO_4$ 以 500c.c 蒸餾水溶解，加熱至沸騰，然後保持溶液在此溫度約30分鐘以上，再以表玻璃蓋上使之冷却，最好是能隔24小時後再處理。處理 $KMnO_4$ 須格外小心，否則 $KMnO_4$ 溶液易變質。配製 $KMnO_4$ 溶液若沒有經過特殊過濾處理在短期間內就

變質而失去其氧化效果，當原先配製成的溶液停留數天之後再作濃度的校正，促使 $KMnO_4$ 變質的原因有

(1): $KMnO_4$ 溶液與蒸餾水中有機雜質作用促使 $KMnO_4$ 分解

(2): $KMnO_4$ 溶液接受强光照射也易分解爲 MnO_2。

(3): $KMnO_4$ 固體中並非純淨若雜有 MnO_2 在，會促進 $KMnO_4$ 分解。

以上三種因素使 $KMnO_4$ 先分解成 MnO 再繼續分解成 MnO_2，溶液有紅棕色沉澱發生，爲避免 $KMnO_4$ 分解，先將 $KMnO_4$ 溶液加熱至沸騰，保持一段期間，再以石棉過濾，絕不可用濾紙過濾因爲濾紙本身是一種有機物構成。

將隔夜後 $KMnO_4$ 溶液以石棉過濾，過濾方法是先準備一個67 *mm* 瓷的漏斗 (*Porcelain Buchner funnel*) 以石棉墊在漏斗的底端，再裝置於抽氣過濾瓶的瓶口上，將過濾瓶側管以橡皮管套住再連接於抽氣管，先以蒸餾水洗滌石棉墊，丢棄洗滌液，再將 $KMnO_4$ 以抽氣法過濾，濾液盛於棕色試劑瓶內，試劑瓶先滌洗乾淨再烘乾且避免灰塵侵入，用玻璃瓶蓋蓋好後，置於陰暗處，放置隔夜。

Ⅱ 0.1N $FeSO_4 \cdot (NH_4)_2SO_4 \cdot 6H_2O$ 溶液配製

秤取約20克之 $FeSO_4 \cdot (NH_4)_2SO_4 \cdot 6H_2O$ 晶體，於瓶內加入 15 *ml* 6N H_2SO_4（目的在避免 Fe^{++} 發生水解），最後稀釋至 500*ml* 溶液。(Fe^{++} 溶液用量不多，配製時無需配成500*ml*，大致半量卽可)

§12-3 $KMnO_4$ 溶液與 $FeSO_4(NH_4)_2SO_4 \cdot 6H_2O$ 溶液濃度比值——實驗 16

亞鐵溶液祇用於逆反滴定，爲使當量點時顏色變化容易辯認，其

濃度無須求到四位有效數字。

因此祇對 $KMnO_4$ 濃度校正，利用二者比值求得亞鐵溶液濃度。

I 操作法:

預先將滴定管清洗乾淨避免灰塵侵入，每次以 $KMnO_4$ 溶液 10*ml* 冲洗滴定管數次，並丟棄冲洗液。

再將兩根滴定管充滿 $KMnO_4$ 與Fe^{++} 溶液，流取 30*ml* 亞鐵溶液於燒杯中且稀釋至 100*ml*，加進 10*ml* 6*N* H_2SO_4 並以 $KMnO_4$ 溶液滴定之。直至溶液由無色轉變成淺紅色。計算所需 $KMnO_4$ 之容積求二者相當比值。(學者應注意不可將滴定管內剩餘 $KMnO_4$ 溶液收回試劑瓶內。)

II 記錄整理與表列:

假設某生實驗結果記錄如下時（實際上的操作記錄）

表 12-1　MaO_4^- 與 Fe^{++} 溶液濃度比值

	試料號碼	
	I	II
Fe^{++} 最後讀數	30.06	42.58
Fe^{++} 起始讀數	0.05	0.08
	30.01	42.50
MnO_4^- 最後讀數	22.30	31.98
MnO_4^- 起始讀數	0.04	0.04
	22.26	31.94
$\log Fe^{++}ml$ 值	1.4772	1.6284
$\log MnO_4^- ml$ 值	1.3476	1.5044
log 比值	0.1296	0.1240
$1ml MnO_4^-$ ≎	1.348$ml Fe^{++}$	1.330$ml Fe^{++}$
Colog 比值	$\bar{1}.8704$	$\bar{1}.8760$
$1ml Fe^{++}$ ≎	0.7420$ml MnO_4^-$	0.7516MnO_4^-

平均值　$1ml MnO_4^-$ ≎ 1.3390Fe^{++}

　　　　$1ml Fe^{++}$ ≎ 0.7468MnO_4^-

§12-4　$KMnO_4$ 溶液之標定——實驗 17

標定 $KMnO_4$ 溶液之基準劑在第一節已介紹過，本實驗以草酸鈉（$Na_2C_2O_4$）與三氧化二砷（As_2O_3）為基準劑分別討論，因為二者均可得到純度極高產品。

I　以 $Na_2C_2O_4$ 標定 $KMnO_4$ 溶液

A. 操作法

由秤量瓶秤取兩份各 0.20 克預先在烘箱中烘乾兩小時（105°*C*）純淨的 $Na_2C_2O_4$ 於 400-*ml* 燒杯中，秤量讀至 0.1 毫克單位。

添加 200*ml* 蒸餾水與 30*ml* 6*N* H_2SO_4 溶液，攪拌直至草酸鈉完全溶解。讀滴定管中 $KMnO_4$ 液面的刻度 (1)後，迅速流注大略為所秤取 $Na_2C_2O_4$ 克數之 140 倍的 $KMnO_4$ 容積於燒杯中（即就是取 0.2×140＝28*ml* 之 $KMnO_4$ 溶液），於注入 $KMnO_4$ 溶液過程中繼續攪拌，爾後靜置迄溶液褪色 (2)，以蒸餾水冲洗燒杯內上壁及玻棒，改用溫度計攪拌，把溶液加熱迄 55°～68°*C* 在此溫度範圍內繼續以 $KMnO_4$ 滴定直至溶液呈淺紅色且顏色能保持15秒中而不褪色，表明當量點已到達。依照相同方法重新操作一次，求得兩次結果平均值計算 $KMnO_4$ 標準濃度。

〔註〕1. 0.1*N* $KMnO_4$ 溶液呈紫色，故其在滴定管中未能見到液面彎月形最底處，此時讀其液面之最上端刻度為宜。

2. $KMnO_4$ 與 $Na_2C_2O_4$ 反應很慢，必須直至部份 Mn^{++} 離子產生後，以 Mn^{++} 為媒介才促使反應加快，因此若反應極緩慢時不妨加入兩滴 $MnSO_4$ 溶液以加速原先反應。

3. 在加入 $KMnO_4$ 溶液且靜置後發現溶液未見褪色時，可能所配製之 $KMnO_4$ 濃度超過 0.1*N* 而使溶液中氧化力超過還原力，此時必將溶液丟棄重新操作一次，第二次操作所加入 $KMnO_4$ 容積不能依據所秤克數140倍原則，學者可自行計算所需中和 $Na_2C_2O_4$ 應加入 $KMnO_4$ 容積之大約值。

加熱原因是為避免 $H_2C_2O_4$ 在空氣中氧化生成 H_2O_2，而 H_2O_2 能與 Fe^{++} 起氧化還原作用結果影響所得正確結果。

$$5H_2C_2O_4+2MnO_4^-+6H^+\longrightarrow 10CO_2+2Mn^{++}+8H_2O$$

B. 記錄整理與表列:

表 12-2　$KMnO_4$ 溶液之標定

	I	II
	47.7239	47.5129
$Na_2C_2O_4$ 重量	47.5129	47.3346
	0.2110	0.1783
MnO_4^- 最後讀數	31.30	26.84
MnO_4^- 起始讀數	0.10	0.04
	31.20	26.80
Fe^{++} 最後讀數	24.68	11.70
Fe^{++} 起始讀數	11.70	0.10
	12.98	11.60
Fe^{++} *ml*數相當於MnO_4^- *ml*數	9.69	8.66
MnO_4^- 使用淨體積	21.51	18.14
log $Na_2C_2O_4$ 重 *	$\bar{1}$.3243	$\bar{1}$.2511
Colog MnO_4^- *ml* 數 *	$\bar{2}$.6674	$\bar{2}$.7414
Colog毫克當量數 $Na_2C_2O_4$ *	1.1739	1.1739
	$\bar{1}$.1656	$\bar{1}$.1664
$KMnO_4$ 之規定濃度	0.1464 *N*	0.1467 *N*
$KMnO_4$ 規定濃度之平均值	0.1466 *N*	
log 平均值	$\bar{1}$.1662	
log 濃度比值	$\bar{1}$.8732	
	$\bar{1}$.0394	
Fe^{++} 溶液之規定濃度	0.1095 *N*	

＊計算方法:

已知　　$Na_2C_2O_4$ 重量爲 W

　　　　$KMnO_4$ 共用體積爲 V

因爲 $KMnO_4$ 毫克當量數 $=Na_2C_2O_4$ 毫克當量數

所以　　$$N_{(KMnO_4)}\times V_{(KMnO_4)}=\frac{W_{(Na_2C_2O_4)}}{\frac{Na_2C_2O_4}{2000}}$$

$$\left(\frac{Na_2C_2O_4}{2000}=0.06700\ 克\right)$$

$$\therefore\quad \log N=\log W+\text{co}\log\ 0.06700+\text{co}\log\ V$$
$$=\log W+\text{co}\log\ V+1.1739$$

Ⅱ 以As_2O_3 標定 $KMnO_4$ 標準濃度

由秤量瓶秤取兩份各 0.20 克預先在 105°C 下烘乾 2 小時的 As_2O_3 於 250-*ml* 燒杯或燒瓶中，秤量時讀至 0.1毫克。

添加 20*ml* 蒸餾水與 6*ml* 6*N* NaOH 繼續攪拌直至 As_2O_3 完全溶解。加進 15*ml* 6*N* HCl, 50*ml* 蒸餾水與 1 滴 0.002MKI 或 KIO_4 溶液。(0.03 克 KI 或 0.04 克 KIO_3 於 100*ml* 蒸餾水中)(1)。在讀取 $KMnO_4$ 液面上端刻度後，以 $KMnO_4$ 溶液滴定直至溶液呈淺紅色且保持15秒而不褪色爲止(2)。計算 $KMnO_4$ 濃度。

$$As_2O_3+6OH^-\longrightarrow 2AsO_3^{-3}+3H_2O$$
$$AsO_3^{-3}+6H^+\rightleftharpoons As^{+3}+3H_2O$$
$$5As^{+3}+2MnO_4^-+12H_2O\longrightarrow 5H_3AsO_4+2Mn^{++}+9H^+$$

計算方法: $KMnO_4$ 毫克當量數 = As_2O_3 毫克當量數

1 摩爾 As_2O_3 與 $KMnO_4$ 作用放出 4 個電子

因此 As_2O_3 之毫克當量爲 $\frac{As_2O_3}{4000}$

$$N_{(KMnO_4)}\times V_{(KMnO_4)}=\frac{W_{(As_2O_3)}}{\frac{As_2O_3}{4000}}$$

所以 $N_{(KMnO_4)}=\frac{W_{(As_2O_3)}}{\frac{As_2O_3}{4000}}\times\frac{1}{V_{(KMnO_4)}}$；以 log 值表示

〔註〕1. 加入 KI 或 KIO_4 作爲催化劑。

2. 以 $KMnO_4$ 溶液滴定含 HCl 之 As_2O_3 溶液時，溶液不可加熱進行，因爲在含 cl^- 離子溶液若加熱後促使 $KMnO_4$ 與 Cl^- 作用。

$$\log N=\log W(\mathrm{AnO_3})+\mathrm{colog}\frac{\mathrm{As_2O_3}}{4000}+\mathrm{colog}\ V(\mathrm{KMnO_4})$$

〔注意〕: As_2O_3 爲有劇毒藥品，作完實驗請務必洗手。

§12-5 褐鐵礦之分析 (Limonite Analysis)——實驗 18

以高錳酸鉀滴定法定量鐵礦中含鐵量多少，有三段主要處理步驟：(1) 使鐵礦中含鐵化合物溶解，(2)使鐵成份還原爲亞鐵 (Fe^{++}) 狀態，(3)以高錳酸鉀爲氧化劑使 Fe^{++} 氧化成 Fe^{+++} 依據 $KMnO_4$ 使用量計算含鐵之百分比。

褐鐵礦 (*Limonite*) 是最常見的鐵礦，其組成以 $Fe_2O_3 \cdot xH_2O$ 代表，因爲其爲含水氧化物故以 xH_2O 表示之。鐵礦中除含大量鐵化合物之外亦含其他雜質，如矽化物，雜質因含量微少且對高錳酸鉀無作用因此對整個滴定過程無影響，除此之外鐵礦中含有機物，此有機物能與高錳酸鉀起氧化還原作用，結果得到比正確值爲高之百分比含量，因此去除有機物爲實驗過程中重要的一節，對三階段的步驟下列分別闡述之：

(1) 溶解過程 (*dissolving process*)：

濃鹽酸可溶解褐鐵礦或其他鐵礦，以 HCl 爲溶劑是因爲 HCl 可使鐵形成 $FeCl_4^-$ 或 $FeCl_6^{-3}$ 錯離子而加速溶解。但是溶液中含多量氯離子 (Cl^-) 而在有鐵鹽存在時，會促使 $KMnO_4$ 與 Cl^- 起氧化還原作用，因而 $KMnO_4$ 所需量比實際上要多而導致嚴重的誤差。

通常有兩種處理手續可以避免以上誤差，第一種方法是以濃硫酸加進溶液後加熱趕除 HCl 氣體，第二種方法是在滴定過程保持稀、冷溶液且加進多量 $MnSO_4$ 溶液。

$MnSO_4$ 存在溶液中可使 $KMnO_4$ 與 Fe^{++} 作用而不與 Cl^- 起反應，上述兩種處理方法各有利弊前者易使試料因氣體蒸發而損失後者雖較簡易但在當量點時溶液顏色變化不易辨認。

(2) 還原過程 (*reducing process*)：

爲使 $FeCl_4^-$ 或 $FeCl_6^{-3}$ 還原成 Fe^{++} 通常有三種方法;

① 以 H_2S 氣體爲還原劑：$2Fe^{+3}+H_2S\longrightarrow 2Fe^{++}+S+2H^+$，對過剩 H_2S 可藉加熱方法而去除。

② 以 $SnCl_2$ 溶液爲還原劑：$2Fe^{+3}+SnCl_2+2Cl^-\longrightarrow SnCl_4+3Fe^{++}$，對過剩 $SnCl_2$ 液體祇需加進 $HgCl_2$ 溶液便可去除。

$$(Sn^{++}+2Hg^{++}\longrightarrow Hg_2^{++}+Sn^{+4})$$

③ 以鋅或其他金屬或合金固體爲還原劑：

$$2Fe^{+3}+Zn\longrightarrow Zn^{++}+2Fe^{++}$$

以固體 Zn 爲還原劑不必考慮過剩還原劑的處理因爲是以 *Jones* 法裝置。(下節詳加說明)

I：以 $SnCl_2$ 爲還原劑

在前節已提過在稀、冷溶液中 $KMnO_4$ 與 Cl^- 反應很慢但在溶液中含 Fe^{++} 離子存在時則反應加速因而導致嚴重誤差，補救方法則採取添加 $MnSO_4$ 於溶液中促使 $KMnO_4$ 與 Fe^{++} 發生反應降低與 Cl^- 反應之或然率，Mn^{++} 在整個過程中之反應機構如何仍未有明確根據，可能是形成 Mn(Ⅲ) 的中間物而促進與 Fe^{++} 反應，因此 $MnSO_4$ 爲催化劑作用。在此條件下，還原過程中可採用 $SnCl_2$ 液體爲還原劑，使 Fe^{+3} 還原爲 Fe^{++}，在還原過程完成後必須將過剩 $SnCl_2$ 去除否則在滴定時 $SnCl_2$ 與 $KMnO_4$ 亦發生反應結果就有誤差，要去除過剩 $SnCl_2$ 可加進 $HgCl_2$ 使之發生氧化還原作用，將 $SnCl_2$ 氧化成 $SnCl_4$ 而 $HgCl_2$ 被還原成 Hg_2Cl_2 沉澱，$KMnO_4$ 與 Hg_2Cl_2 反應在此條件下極爲緩慢可以不去考慮。

$$Sn^{++}+2HgCl_2 \longrightarrow Hg_2Cl_2\downarrow + Sn^{++++}+2Cl^-$$

A. 操作法:

(實驗用褐鐵礦試料必須研磨粉碎且調配均勻，使用前預先烘乾2小時)

由秤量瓶秤取預先處理過的鐵礦試料 0.3 克 ~0.4 克兩份於 600-*ml*燒杯中，秤量時必須讀至有效數字四位。

加進 20*ml* 6*N* HCl 並加熱迄接近沸騰，以表玻璃蓋住繼續維持30分鐘，如溶液中僅留有白色粒狀的殘渣存在，表示鐵礦已溶解，所留的殘渣是矽的化合物，因其對整個反應無影響可以不必除去，如杯底仍有黑色殘渣時須再加 5*ml* 12*N* HCl 且加熱20分鐘以上，經過此步驟處理黑色殘渣又未能溶解時，則加進 25*ml* 蒸餾水稀釋，以濾紙過濾之，收集濾液後置濾紙於坩堝內，以坩堝蓋半蓋坩堝且用微火緩慢加熱使濾紙化爲灰，冷却後加入 1.5 克無水 Na_2CO_3 混合，以烈火使之熔化且繼續保持5分鐘，冷却後將坩堝置於小燒杯中，用小量沸水溶解熔融物，用水洗滌並以攪拌棒小心地移開坩堝，小心加入 6*N* HCl 避免因發生氣體而濺出。

蒸發迄接近乾涸，以蒸餾水稀釋後與原澄清液收集一起。將溶液加熱迄接近沸騰，在燒杯底端墊一白紙以易辨明溶液顏色變化，以 $SnCl_2$ 逐滴加進溶液使呈黃色 Fe^{+++} 溶液漸漸還原爲無色 Fe^{++} 溶液，不宜加過量 $SnCl_2$ 溶液，如 $SnCl_2$ 過量時，可逐滴加入 $KMnO_4$ 溶液直至溶液又呈黃色，再重新逐滴加入 $SnCl_2$，在此過程中，溶液應都在溫熱情況下進行。

待溶液完全冷却後，立即加進 30*ml* $HgCl_2$ 溶液，有白色 Hg_2Cl_2 沉澱發生，如果在此步驟進行時而無沉澱時表示 $SnCl_2$ 所加的量不够，若沉澱並非白色而是黑褐色時表示過量的 $SnCl_2$，此兩種情況均

不合需要，應丟棄重新再操作一次。(1)

溶液靜置5分鐘後，以冷蒸餾水稀釋成 400*ml*，加入 25*ml* 處理後 $MnSO_4$ 溶液(2)，用 $KMnO_4$ 標準溶液滴定迄溶液呈淺紅色且能保持15秒不消失，由兩次實驗結果計算含鐵的百分比。(學者對本實驗註解需詳加閱讀以徹底了解實驗步驟。)

B. 記錄整理與表列:

假定某生實驗結果得下列記錄（實際記錄）:

表 12-3 褐鐵礦含鐵量分析

	試料號碼 I	試料號碼 II
試料秤重	50.2800 49.9210 0.3590	49.9210 49.6214 0.2996
MnO_4^- 最後讀數	25.40	20.65
MnO_4^- 起始讀數	2.00	1.20
	23.40	19.45
MnO_4^- 淨用體積數	23.40	19.45
$\log MnO_4^- ml$	1.3692	1.2890
$\log MnO_4^-$ 規定濃度 *	1.2558	1.2558
$\log Fe_2O_3/2000$ *	2.9020	2.9020
colog 試料重值 *	0.4449	0.5234
log 100	2.0 00	2.0000
	1.9719	1.9702
Fe_2O_3%	93.53%	93.37%
Fe_2O_3%平均值	93.45%	

〔註〕: 1. 加進 $SnCl_2$ 與 $HgCl_2$ 起下列反應:

$$2FeCl_4^- + Sn^{++} \longrightarrow 2Fe^{++} + SnCl_6^{=} + 2Cl^-$$
$$Sn^{++} + 2HgCl_2 + 4Cl^- \longrightarrow SnCl_6^{=} + Hg_2Cl_2 \downarrow$$

Hg_2Cl_2 爲一白色細粒沉澱。如果 $SnCl_2$ 加進過量時 Hg_2Cl_2 沉澱又起進一步反應而生成黑色沉澱。

$$Sn^{++} + Hg_2Cl_2 + 4Cl^- \longrightarrow SnCl_6^{=} + 2Hg \downarrow \text{(黑色)}$$

因爲 $KMnO_4$ 與Hg 慢慢起反應而影響整個滴定過程

2. 此步驟所謂處理後的 $MnSO_4$ 溶液是溶解67克 $MnSO_4 \cdot 4H_2O$ 於 138*ml*85 % H_3PO_4，130*ml* 之濃 H_2SO_4，與 500*ml* 冷蒸餾水再稀釋至1升溶液 H_3PO_4 在此溶液中是重要的試劑，它有兩個主要的功用，一則是使溶液中 Fe^{+++} 濃度因形成錯離子 $Fe(PO_4)^{-3}_2$ 而降低，使 $KMnO_4$ 與 Fe^{+++} 電動序位置距離增加使反應更爲完全，二則因 $Fe(PO_4)_2^{-3}$ 爲無色錯離子在當量點時溶液顏色變化易於辨別。

$\log MnO_4^-$ *ml* 數	1.3692	1.2890
$\log MnO_4^-$ 規定濃度	1.2558	1.2558
log Fe/1000	2.7470	2.7470
colog 試料重值	0.4449	0.5234
log100	2.0000	2.0000
	1.8169	1.8152
Fe%	65.60%	65.36%
Fe%之平均值	65.48%	

＊計算方法:

已知 $KMnO_4$ 共用的體積為V，試料重W，$KMnO_4$ 規定濃度N，$KMnO_4$ 之毫克當量數＝鐵之毫克當量數

又因 1 摩爾 $Fe_2O_3 \doteqdot 2$ 摩爾 $Fe^{+++} \doteqdot 2$ 摩爾 Fe^{++}

所以
$$N\times V=\frac{W\cdot X\%}{\dfrac{Fe_2O_3}{2000}}$$

因此
$$\log X\%=\log N+\log V+\log\frac{Fe_2O_3}{2000}+\mathrm{colog}W+\log 100$$

Ⅱ 以鋅汞齊為還原劑

以金屬或合金如 Z_n 等還原劑其優點是不必考慮過剩之還原劑的去除問題，通常藉 *Jones reductors* 裝置法操作。

Johns Reductor 之裝置圖如圖（12-1):

Jones reductor 裝置後以蒸餾水洗滌鋅汞齊，然後先使水充滿管中，並與抽吸器連接，再注入鋅汞齊，使鋅汞齊注入管內。

鋅汞齊裝入管內後隨時以含 H_2SO_4 酸性溶液覆蓋之，旋開滴管活塞且緩慢抽氣使管內酸性溶液流出大約 100*ml* 於燒杯中，以1/10*N* $KMnO_4$ 一滴試其是否含其他雜有的還原性物質，如果 $KMnO_4$ 溶液

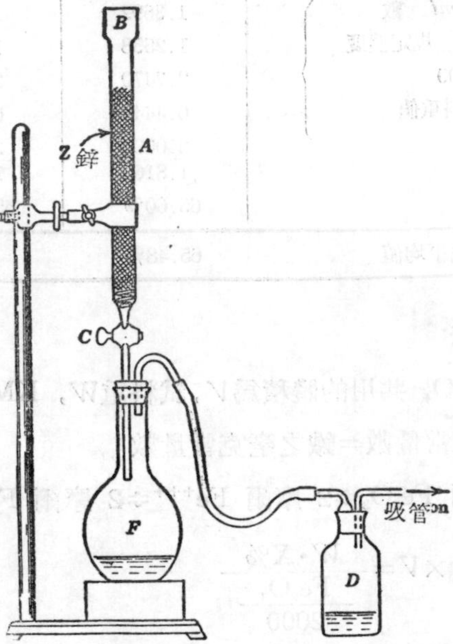

B: 300*mm* 長 18*mm* 直徑寬玻璃管，管的下部爲孔狀瓷板，上面置放玻璃纖維，其上再放一層薄石棉。
鋅汞齊充滿於內。

A: 一般不以純粹*Zn*爲還原劑因爲鋅在酸中易起作用而失去還原效用（電動序位置變動），因此須以汞處理。處理方法以鋅粒與 Hg·Cl_2 混以濃 HNO_3 攪混。

F: 抽氣燒瓶；　*D:* 抽氣安全瓶。

圖 12-1 Jones Reductor 裝置

顏色不褪色。表示管內鋅汞齊製備完成，否則用稀酸溶液繼續通入洗滌，在此過程中 *Jone reductor* 管內須隨刻有稀酸充滿之，以免發生 $O_2+Zn+2H^+ \longrightarrow H_2O_2+Zn^{++}$，反應形成 H_2O_2，對 $KMnO_4$ 滴定有嚴重影響。

Jones reductor 裝配完成後便可開始實驗操作。

依照前實驗操作步驟使鐵礦試料溶解，加進適量 18*N* H_2SO_4 蒸發迄有 SO_3 氣體發生以除去溶液中所含的 HCl，冷却後加進 100*ml*

蒸餾水，然後使其通入鋅汞齊管內，調整流速每分鐘不超過 50*ml*，接著以 175*ml* 微熱之 5 % H_2SO_4 與 75*ml* 蒸餾水通入管內，一併收集於抽吸盛器內；以水洗瓶清洗 *Jones reductor* 管下端；待溶液冷却後以 $KMnO_4$ 滴定，由記錄結果計算含鐵百分比，計算方法與前實驗相同。

§12-6　計算演練（一）

1. (a) 0.3000 克之 $Na_2C_2O_4$ 需 $KMnO_4$ 溶液 40.00*ml* 試問 $KMnO_4$ 濃度爲何？

   (b) 1.000*ml* 之 $KMnO_4$ 相當於 $FeSO_4 \cdot 7H_2O$ 多少克？

   (c) 1.000*ml* 之 $KMnO_4$ 相當於多少克 As_2O_3？

解答: (a) $2MnO_4^- + 5C_2O_4^= + 16H^+ \longrightarrow 2Mn^{++} + 10CO_2 + 8H_2O$

因爲　$C_2O_4^= \rightleftharpoons 2CO_2 + 2e$

所以　$Na_2C_2O_4$ 之毫克當量爲 $\frac{Na_2C_2O_4}{2000} = 0.06700$

0.3000 克之 $Na_2C_2O_4$ 之毫克當量數爲 $\frac{0.3000}{0.06700} = 4.477$

此值需與 $KMnO_4$ 之毫克當量數相等

$4.477 = 40.00 \times N$ 所以 $N = 0.119$

(b) $KMnO_4$ 規定濃度爲 0.1119, 1*ml* 之 $KMnO_4$ 其毫克當量數爲 $0.1119 \times 1.000 = 0.1119$，此值適等於 $FeSO_4 \cdot 7H_2O$ 之毫克當量數，

所以　$0.1119 = \frac{X}{\frac{FeSO_4 \cdot 7H_2O}{1000}}$　$X = 0.0311$ 克

(c) 1*mole* 之 As_2O_3 含 2*mole*As 原子，1*mole*As_2O_3 溶於 NaOH 中生成 2*mole*H_3AsO_3。

H_2AsO_3 與 $KMnO_4$ 作用氧化數由(+3)⟶(+5)，變化數為 2

所以　　$1mole\,As_2O_3$ 與 $KMnO_4$ 作用氧化數變化為 4

因此　　As_2O_3 在此條件下其毫克當量為 $\frac{As_2O_3}{4000}$

$$1.000\times0.1119=\frac{X}{\frac{As_2O_3}{4000}}=As_2O_3\text{ 之毫克當量數}$$

$X=0.005534$ 克。

2. 可被 $30.00ml$, $0.5000N$ 之 NaOH 中和的 $KHC_2O_4\cdot H_2C_2O_4\cdot 2H_2O$（二甲酸氫鉀）需以 $40.00ml$ 之 $KMnO_4$ 使其氧化。

(a) 試求 $KMnO_4$ 之規定濃度

(b) 此 $KMnO_4$ 溶液 $25.00ml$ 可氧化酸為 $0.2500N$ 之 $KHC_2O_4\cdot H_2O$（草酸氫鉀）幾毫升？

解答:

(a) $KHC_2O_4\cdot H_2C_2O_4\cdot 2H_2O$ 以酸中和之克數為 X_1

$$30.00\times0.500=\frac{X_1}{\frac{KHC_2O_4\cdot H_2C_2O_4\cdot 2H_2O}{3000}}$$

（因為 $1mole$ 之 $KHC_2O_4\cdot H_2C_2O_4\cdot 2H_2O$ 有 $3mole$ 可被中和的氫原子）

$$X_1=30.00\times0.500\times\frac{KHC_2O_4\cdot H_2C_2O_4\cdot 2H_2O}{3000}$$

$KHC_2O_4\cdot H_2C_2O_4\cdot 2H_2O$ 以 $KMnO_4$ 氧化時之克數為 X_2

$$40.00\times N^{(KMnO_4)}=\frac{X_2}{\frac{KHC_2O_4\cdot H_2C_2O_4\cdot 2H_2O}{4000}}$$

（因為 $1mole$ 之 $KHC_2O_4\cdot H_2C_2O_4\cdot 2H_2O$ 當還原劑時，氧化數由 $-3\rightarrow+4$，但 $1mole$ 此分子含 4 個碳原子，因此 $1mole$ 此分子有 4 個電子之轉移）

因爲 $X_1=X_2$(同量試料)

所以　$$30.00\times0.5000\times\frac{KHC_2O_4\cdot H_2C_2O_4\cdot 2H_2O}{3000}=40.00$$

$$\times N_{(KMnO_4)}\times\frac{KHC_2O_4\cdot H_2C_2O_4\cdot 2H_2O}{4000}$$

$$N_{(KMnO_4)}=0.5000\,N$$

(b) $KHC_2O_4\cdot H_2O$ 當做酸時，其濃度已知爲 $0.2500\,N$，以上述方式可推知被當作還原劑時，其濃度應爲 $0.5000\,N$

因此　$$25.00\times0.500=ml_x\times0.5000$$

$$ml_x=25.00ml$$

3. 有一褐鐵礦爲 0.5000 克重，溶於酸後並使其完全還原，須以 25.50ml $KMnO_4$ 溶液（1ml $KMnO_4$≑0.0126 克 $H_2C_2O_4\cdot 2H_2O$）氧化之。

(a) 試問此鐵礦中含 Fe 與 Fe_2O_3 之百分比爲何？

(b) 倘若此 $KMnO_4$ 溶液，用來氧化10.0克之 3.00%（重量比）H_2O_2 溶液時，需幾毫升？

$$(5H_2O_2+2MnO_4^-+6H^+\longrightarrow 2Mn^{++}+5O_2+8H_2O)$$

解答: 先求 $KMnO_4$ 之規定濃度:

(a)　$$N=\frac{0.0126}{\frac{H_2C_2O_4\cdot 2H_2O}{2000}\times1.000}=0.2000(N)$$

$$Fe\%, NV_{(KMnO_4)}=0.2000\times25.50=\frac{W\times X\%}{\frac{Fe}{1000}}$$

所以　$$X\%=Fe\%=\frac{25.50\times0.2000\times\frac{Fe}{1000}}{0.5000}=56.97\%$$

$$Fe_2O_3\%,\quad 0.2000\times25.50=\frac{W\times Y\%}{\frac{Fe_2O_3}{2000}}$$

所以 $$Y\%=Fe_2O_3\%=\frac{0.2000\times25.50\times\frac{Fe_2O_3}{2000}\times100}{0.5000}=81.45\%$$

(b) 當 H_2O_2 被氧化成 O_2 時，每一個氧原子變化一單位之氧化數($-1\longrightarrow0$)，1*mole* H_2O_2 其氧化數變化爲 2 。

因此 H_2O_2 在此條件下其毫克當量爲$\frac{H_2O_2}{2000}$

故氧化 10.0 克 3.00%（重量比）溶液所需 $KMnO_4$ 溶液體積爲

$$0.2000\times V=\frac{10.0\times3.00\%}{\frac{H_2O}{2000}\times100}\quad V=88.2ml$$

4. 有一 $KMnO_4$ 溶液其 "*iron value*"（含鐵值）爲 0.005585，（即是，1.000 *ml* 之此溶液能氧化 0.005585 克之鐵，由 $Fe^{++}\longrightarrow Fe^{+++}$）。試問需要多少量不純的 KNO_2 才能使以 $KMnO_4$ 滴定需要體積數爲 N_2O_3 百分比之兩倍？(KNO_2 以 N_2O_3 %表示)

先求 $KMnO_4$ 之規定濃度$=\dfrac{0.005585}{1.000\times\frac{Fe}{1000}}=0.1000\,N$

$NO_2^-\longrightarrow NO_3^-$ 其氧化數由 $+3\longrightarrow+5$ 改變數爲 2，

1 *mole* 之 N_2O_3 其氧化數共變化 4，

所以 N_2O_3 之在此條件下之毫克當量爲$\frac{N_2O_3}{4000}$

假設以 2*ml* 之 $KMnO_4$ 溶液而 N_2O_3 %爲 1 %

因此 $$2\times0.1000=\frac{X\cdot1\%}{\frac{N_2O_3}{4000}\times100}$$

$X=0.3801$克。

§12-7　軟錳礦 (*Pyrolusite*) 中 MnO_2 之定量——實驗 19

軟錳礦 (*pyrolusite*) 除含主要成分之 MnO_2 外，尚含錳之低級氧化物，以 MnO_2 之含量百分比來評價其氧化力之大小。軟錳礦不僅是金屬錳的來源，而且是工業上一良好的氧化劑，例如工業上製造氯氣就需用它。

雖然分析此礦中含 MnO_2 之量方法很多，其要點乃是用一定量之標準還原劑，使其與之發生反應，待反應完全後再以 $KMnO_4$ 之標準液滴定過剩的還原劑，如此 MnO_2 之量即可間接求之，這種方法爲 $KMnO_4$ 之間接滴定法。

所使用的還原劑有 As_2O_3, $FeSO_4$，或 $Na_2C_2O_4$ 等

$$\underline{MnO_2}+As^{+3}+2H_2O\longrightarrow Mn^{++}+H_3AsO_4+H^+$$

$$\underline{MnO_2}+C_2O_4^{=}+4H^+\longrightarrow Mn^{++}+2CO_2+2H_2O$$

$$\underline{MnO_2}+2Fe^{++}+4H^+\longrightarrow Mn^{++}+2Fe^{+3}+2H_2O$$

使用 $FeSO_4$ 爲還原劑，因 Fe^{++} 亦被空氣氧化成 Fe^{+++} 而失其效，故較不理想，通常是使用 $Na_2C_2O_4$ 或 $H_2C_2O_4$，有時亦使用 As_2O_3，本實驗仍以 $Na_2C_2O_4$ 爲還原劑較實際。

A. 操作方法（以 $Na_2C_2O_4$ 爲標準還原劑）

在未實驗前必先將分析之軟錳礦研磨粉碎且均勻，於烘箱中以 110—120° 溫度烘乾。

由秤量瓶秤取精密重量的試料大約 0.5 克（至有效數字四位）於 400 *ml* 之燒杯中，再秤取大約 1 克重之純淨乾燥後的草酸鈉（至 0.1 毫克單位）於裝有試料中之同一燒杯內，倒入 100*ml* 4*N* H_2SO_4 於燒杯，在水濁上加熱15分鐘直至 CO_2 氣體不再發生爲止，避免因氣體產生而使試料溢出。趁溶液熱時以 0.1*N* $KMnO_4$ 標準液滴定之，記錄

$KMnO_4$ 需用體積數。

若加熱後仍留有白色或淡灰色之固體細粒，通常爲矽的化合物不計之。

B. 計算方法

由實驗記錄可得 $W = Na_2C_2O_4$ 之重量

$V = KMnO_4$ 之需用體積數

$N = KMnO_4$ 之規定濃度

$w =$ 試料重

試料中 MnO_2 之毫克當量數 $= Na_2C_2O_4$ 之總毫克當量數 $-KMnO_4$ 之毫克當量數

$$Na_2C_2O_4 \text{ 之毫克當量數} = \frac{W}{\frac{Na_2C_2O_4}{2000}}$$

$$KMnO_4 \text{ 之毫克當量數} = NV$$

$$\text{試料中 } MnO_2 \text{ 之毫克當量數} = \frac{w \times (MnO_2\%)}{\frac{MnO_2}{2000}}$$

$(MnO_2 \longrightarrow Mn^{++})$

所以
$$\frac{w \times (MnO_2\%)}{\frac{MnO_2}{2000}} = \frac{W}{\frac{Na_2C_2O_4}{2000}} - NV$$

$$MnO_2\% = \left(\frac{W}{\frac{Na_2C_2O_4}{2000}} - NV\right) \times \frac{MnO_2}{2000} \times \frac{1}{w} \times 100$$

可由此求出 MnO_2 之百分率

此法在過程中應注意加熱不可過久，因爲加熱過久導致 $Na_2C_2O_4$ 被 H_2SO_4 分解掉，同時礦石必很細否則其中之 MnO_2 不能完全起作用。如果採用 As_2O_3 爲還原劑需添加 KIO_3 爲催化劑。

§12-8 鈣之定量——實驗 20

以草酸鹽使石灰石或大理石中 Ca^{++}以CaC_2O_4 沉澱

$$Ca^{++}+C_2O_4^{=}\longrightarrow \underline{CaC_2O_4}$$

過濾，洗滌後以稀硫酸使之分解成 $H_2C_2O_4$，

$$CaC_2O_4+H_2SO_4\longrightarrow CaSO_4+H_2C_2O_4$$

以 $KMnO_4$ 標準溶液來滴定生成之 $H_2C_2O_4$，藉以求出含 Ca 或 CaO 之百分率。

A. 操作法

由秤量瓶精確秤取 0.3～0.4 克（有效數字四位）於 400*ml* 燒杯中，加水 20*ml* 並慢慢加入濃鹽酸 5*ml*，爲避免因 CO_2 發生而濺出試料故以表玻璃蓋其上，緩緩加溫，俟試料完全溶解，再以水洗瓶沖洗表玻璃面而使之流入燒杯內。加水稀釋至 200*ml*，加進 2～3 滴甲基橙指示劑後滴入 6*N* NH_4OH 直至剛恰中和爲止（溶液呈黃色），再加熱近於煮沸，加進草酸銨溶液 25*ml*，靜置溶液（含沉澱）一小時以上，再加一滴草酸銨溶液以試沉澱之完全與否，若沉澱已完全則放置隔夜，使草酸鈣沉澱結晶漸次長大。

若鈣離子以 $CaC_2O_4\cdot H_2O$ 沉澱，將之過濾，再以 20*ml*（混合有 1*ml* 6*N* NH_4OH)洗滌幾次，捨棄濾液，然後配製 25*ml* 6*N* H_2SO_4；加溫至 70°，將此溫熱的稀酸溶液加於有草酸鈣沉澱之濾紙上，反覆冲洗數次，則所有草酸鈣可以完全被分解。

將此含 $H_2C_2O_4$ 之溶液加熱至近沸騰卽以 $KMnO_4$ 標準溶液滴定，直至溶液呈現淺紫色爲止，記錄 $KMnO_4$ 用量。

B. 計算方法

由實驗結果與記錄：*w*爲試料重

N為 $KMnO_4$ 之規定濃度

V為 $KMnO_4$ 之需用體積

因為一分子 Ca^{++} 與一分子之 $H_2C_2O_4$ 相當，因此鈣之毫克當量為$\frac{Ca}{2000}$或$\frac{CaO}{2000}$，

故
$$NV=\frac{w\times Ca\%}{\frac{Ca}{2000}}$$

$$\therefore\quad Ca\%=\frac{N\times V\times\frac{Ca}{2000}}{w}。$$

若礦石中含 SiO_2 時對本實驗無影響。

§12-9 $KMnO_4$ 滴定法其他應用

$KMnO_4$ 滴定法除上述各節應用於定量各礦石中含某物質外其他之應用亦很廣，有些應用應屬於較專門性的分析，在此不再多予詳述。

(1) 磷之定量：

在 HNO_3 溶液中，磷酸鹽可加入過量之鉬酸根離子（*molybdate*）而使其生成磷鉬酸銨 $(NH_4)_3\cdot PO_4\cdot 12MoO_3$，此沉澱經溶解後並以 *Jones reductor* 還原成 Mo^{+3} 後，用 $KMnO_4$ 標準液滴定成 H_2MoO_4，鉬之氧化數由 $+3\longrightarrow+6$，而且12個鉬原子相當於一個磷酸根，因此磷之含量就可求出。

$$N_{(KMnO_4)}\times V_{(KMnO_4)}=\frac{w(\text{試料重})\cdot(P\%)}{\frac{P}{3000\times 12}}=\frac{w\times(P\%)}{\frac{P}{36,000}}$$

故
$$P\%=\frac{N\times V\times\frac{P}{36,000}}{w}$$

(2) $Pb_2O_3(=PbO_2 \cdot PbO)$ 或 $Pb_3O_4(=PbO_2 \cdot 2PbO)$ 定量。

(3) 過氧化鋇中 BaO_2 之定量。

(4) 鋼中錳之定量。

(5) 鋼中磷之定量。

(6) 錳礦中錳之定量。

§12-10　計算演練（二）

1. 若軟錳礦（*pyrolusite ore*）試料重為 0.4000 克以 0.6000 克之純 $H_2C_2O_4 \cdot 2H_2O$ 及 H_2SO_4 處理而經發生還原後（$\underline{MnO_2}+H_2C_2O_4+2H^+ \longrightarrow Mn^{++}+2CO_2+2H_2O$），過量之草酸需要以 26.26*ml* 之 0.1000*N* $KMnO_4$ 溶液滴定之，則礦物中 MnO_2 之百分比為何？若以 As_2O_3 代替草酸，而其他數據保持不變，間需要多少克之 As_2O_3？

(a) 所用 $H_2C_2O_4 \cdot 2H_2O$ 之毫克當量數 $=\dfrac{0.6000}{\dfrac{H_2C_2O_4 \cdot 2H_2O}{2000}}=9.526$

所用 $KMnO_4$ 之毫克當量數 $=26.26\times 0.1000=2.626$

淨用的 $H_2C_2O_4 \cdot 2H_2O$ 毫克當量數 $=9.526-2.626=6.900$

$$6.900=\frac{0.4000\times(MnO_2\%)}{\dfrac{MnO_2}{2000}}$$

所以　$MnO_2\%=74.99\%$。

(b) 改用 As_2O_3 時，所需之 As_2O_3 毫克當量數 $=9.526$

所以
$$9.526=\frac{X}{\dfrac{As_2O_3}{4000}}$$

$X=0.4711$ 克。

2. 不純之鉛丹（Pb_3O_4）試料 3.500 克，加入一定量之硫酸亞鐵銨溶液及足量的稀硫酸。俟作用後，剩餘的亞鐵鹽需用 3.05*ml* 0.2000*N* $KMnO_4$ 滴定，而同量之硫酸亞銨溶液以此 $KMnO_4$ 溶液滴定則需 48.05*ml*。試計算此溶液中含 Pb_3O_4 含量之百分率。

試料中含有之 Pb_3O_4 毫克當量數必等於(48.05−3.05)×0.2000 =9.000 而 Pb_3O_4 中之 PbO_2 被還原為 Pb^{++}，再被氧化成 PbO_2 因此其氧化數由 +4⟶+2⟶+2，而且 1*mole* Pb_3O_4 中僅含 1 *mole* PbO_2。($Pb_3O_4 = PbO_2 \cdot 2PbO$)

所以
$$Pb_3O_4\% = \frac{9.000 \times \frac{Pb_3O_4}{2000}}{3.500} \times 100 = 88.15\%。$$

習　題

1. 假定一 $KMnO_4$ 溶液其 1.000*ml*≑1.000*ml* KHC_2O_4 溶液≑=1.000*ml* NaOH≑0.1000 毫摩爾 $MHC_8H_4O_4$ (酸性苯二甲酸鉀)。

   (a) 1.000*ml* 之此溶液相當於若干克之 Fe_2O_3？

   (b) 每 *ml* 中存有多少毫摩爾之 Mn？

2. 每升含 $KMnO_4$25.00 克之溶液多少體積能與 3.402 克之 $FeSO_4$ 在稀酸溶液中作用？

3. 應取若干重量之菱鐵礦 (*spathic iron ore*, 不純之 $FeCO_3$) 予以分析以使用於滴定之 $KMnO_4$(1.000*ml*≑0.3000*ml* 當酸時為 0.2500*N* 之二草酸三氫鉀) 之 *ml* 數成為礦中 FeO　百分數之二倍？

4. 若使 0.9000 克之草酸，$H_2C_2O_4 \cdot 2H_2O$ 與 0.5000 克之軟錳礦作用而其過量之草酸以 $KMnO_4$ 滴定則

   (a) 從相當於所用草酸0.9000克之 $KMnO_4$ 體積 *A* 減去滴管讀數可得 MnO_2 百分數之二分之一之 $KMnO_4$ 規定濃度為何？

   (b) *A* 值為何。

5. 一僅含 Fe 及 Fe_2O_3 之混合物，經取 0.2250*gr* 溶解後，並用還原劑還原為 Fe^{++}，利用 0.091*N* $KMnO_4$ 溶液滴定結果需用 37.50*ml*，求該試料中

Fe 及 Fe_2O_3 之百分組成。

6. 鈣可以成 $CaC_2O_4 \cdot H_2O$ 沉澱而過濾沉澱，洗滌，又溶解於稀 H_2SO_4 中然後所產生的 $H_2C_2O_4$ 以 $KMnO_4$ 滴定之。若所用爲 0.1000 N $KMnO_4$ 溶液，求計其 1.000*ml* 以

(a) Ca

(b) CaO_2

(c) $CaCO_3$ 之克表示之值

7. (a) 以 $KMnO_4$ 滴定 1.000 克之 H_2O_2 試樣時，要使滴定管讀數直接表示 H_2O_2 之百分數則 $KMnO_4$ 之規定濃度應爲何？

(b) 在滴定中每 *ml* 之 $KMnO_4$ 應產生若干毫升之 O_2 氣體？

8. 一 $KMnO_4$ 溶液之濃度爲 20.00*ml*≎0.2192 克 $KHC_2O_4 \cdot H_2O$

試問其規定濃度爲多少？1*ml* 該溶液相當於多少克 Fe？每 *ml* 中含有多少克錳？

第十三章　重鉻酸鉀滴定法

§13-1　重鉻酸鉀的用法

重鉻酸鉀猶如高錳酸鉀是一强的氧化劑，在電動勢表上其位置居於高錳酸鉀之下，故其氧化力較之爲弱。

$$MnO_4^- + 8H^+ + 5e^- \rightleftharpoons Mn^{++} + 4H_2O \quad E^0 = 1.51$$

$$Cl_2 + 2e \rightleftharpoons 2Cl^- \quad E^0 = 1.36$$

$$Cr_2O_7^{=} + 14H^+ + 6e^- \rightleftharpoons 2Cr^{+++} + 7H_2O \quad E^0 = 1.33$$

$$Fe^{+++} + e^- \rightleftharpoons Fe^{++} \quad E^0 = 0.771$$

重鉻酸鉀在分析用途上有下列幾項優點:

(1) $K_2Cr_2O_7$ 爲一容易精製且純度高的試劑。

(2) 在高溫下亦不分解，爲一良好的基準試劑。

(3) 溶液配製後，貯於密閉瓶中則濃度能保持一定。

(4) 在滴定過程中，能與 Fe^{++} 作用完全且不致於先氧化氯離子，因此在$KMnO_4$滴定法中均使用硫酸酸性不採用鹽酸酸性而在 $K_2Cr_2O_7$ 滴定法中並無此限制，因爲 $Cl_2 + 2e \rightleftharpoons 2Cl^-$ 之 E^0 較之 $K_2Cr_2O_7$ 爲高。

$$6FeCl_2 + K_2Cr_2O_7 + 14HCl \longrightarrow 6FeCl_3 + 2KCl + 2CrCl_3 + 7H_2O$$

一反應式中並無 Cl_2（氯氣發生）

然而使用 $K_2Cr_2O_7$ 滴定法惟一不便之處仍是 $K_2Cr_2O_7$ 本身不能像 $KMnO_4$ 可以當作指示劑不需藉用任何媒介，因此 $K_2Cr_2O_7$ 滴定法在一般基礎實驗並不常使用，若在無需指示劑的電位差滴定法中頗爲重要。關於 $K_2Cr_2O_7$ 滴定法指示劑的選擇在下節申述。

$K_2Cr_2O_7$ 滴定法中最常用於酸液中亞鐵離子之滴定，因為此法可以直接分析鐵礦中鐵的含量，鉻鐵礦中鉻的定量，其主要反應為：

$$Cr_2O_7^{=}+14H^{+}+6Fe^{++}\longrightarrow 2Cr^{+3}+6Fe^{+3}+7H_2O$$

鉻的氧化數由 +6 變為 +3，而每 1*mole*之$K_2Cr_2O_7$ 中含有兩個鉻原子，因而在此條件下 $K_2Cr_2O_7$ 之克當量$=\dfrac{K_2Cr_2O_7}{2\times 3}=\dfrac{K_2Cr_2O_7}{6}=49.03$(克)。若每升溶液中含有 49.03 克之 $K_2Cr_2O_7$ 時，其濃度即為 $1N$。

§13-2 氧化還原指示劑（二）

在前章已提過氧化還原指示劑有三類(A)自身指示劑 (B) 內指示劑(C) 外指示劑。第一類指示劑如 $KMnO_4$，在終點到達時多加一滴 $KMnO_4$ 溶液立即使滴定整個溶液呈現紫色，無需藉用他種指示物質；在碘滴定法中，碘液亦具有此性質，惟顏色不甚明顯，仍以澱粉為指示劑（見第14章）。

(B) 內指示劑 (*Internal indicators*)

此類指示劑均為有機化合物，且具有兩個不同顏色的氧化態與還原態；同時電位正適於某氧化劑與還原劑電位之中間，一般最常用的是 *Diphenylamine Sulfonate* （稱 *DPS*）。即是在 Fe^{++} 之鹽酸酸性液中加入 H_3PO_4，H_2SO_4 後，再滴進 *DPS* 數滴為指示劑，以標準的 $K_2Cr_2O_7$ 溶液滴定，至溶液由無色變成暗色或青灰色即表明到達終點。

$$\textit{diphenylamine}\xrightarrow{\text{氧化}}N,N'-\textit{diphenylbenzidine}$$

（二苯胺）

$$(A)\longrightarrow(B)+e$$

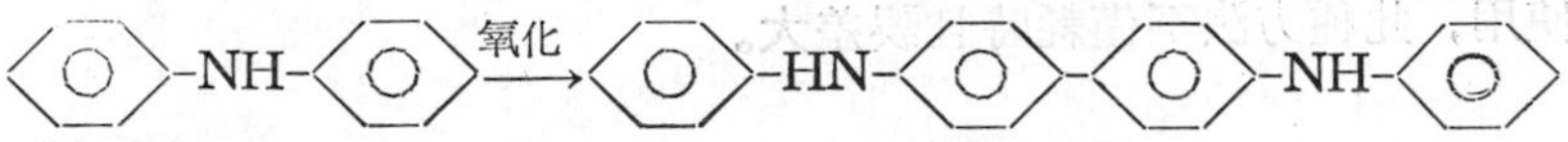

（無色）　　　　　　　　　　　　（青灰色）

使用此劑時需有 $0.1N$—$0.2N$ 之强酸下，而 $K_2Cr_2O_7$ 亦需稍加過量，故須爲之補正。

除了二苯胺外下列各指示劑亦有人使用爲 $K_2Cr_2O_7$ 之指示劑

(1) *p-nitrodiphenylamine* 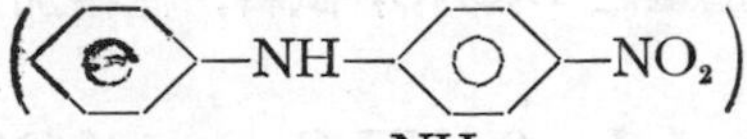

(2) *2,4-diaminodiphenylanune* 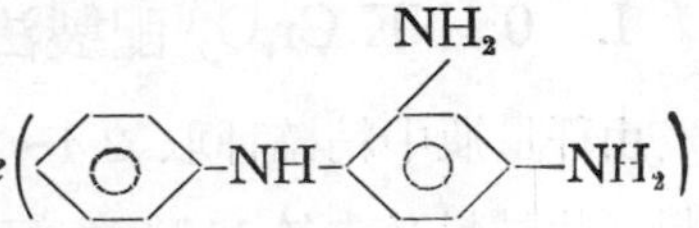

(3) *o-anisidine* 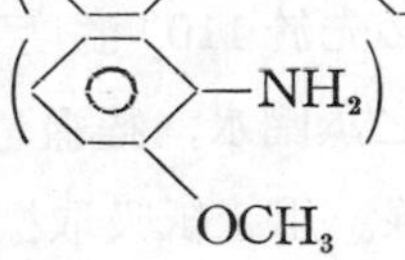

(4) *N-phenyl anthranilic acid* 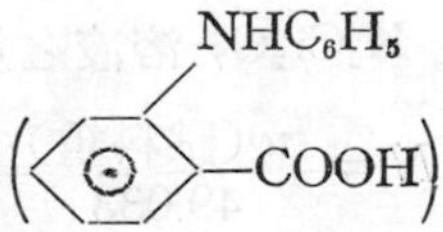

（第(4)種指示劑用以檢查鋼中含釩的量）。

(C) 外指示劑 (*External indicator*)

所謂外指示劑是此指示劑不可加入滴定液中，若加入時則與反應物質之一，生成穩定性之有色化合物而妨礙反應之定量變化，而須在液外實驗終點是否到達。

例如在以 $K_2Cr_2O_7$ 標準液滴定 Fe^{++} 時，$K_3Fe(CN)_6$（赤血鹽）常用作外指示劑，在滴定中不時取溶液一小滴與之相觸，觀察是否藍色沉澱消失。

$$3Fe^{++}+2Fe(CN)_6^{-3}\longrightarrow \underline{Fe_3[Fe(CN)_6]_2}\text{（藍色沉澱）}$$

若滴定到達終點時，以一小滴之溶液在外與之混合必無藍色沉澱生成，即表示 Fe^{++} 已完全被氧化成 Fe^{+++}，在沉澱法與錯鹽法中亦常使用，此種方法不僅耗時且誤差大。

§13-3 標準溶液的配製——實驗 21

$K_2Cr_2O_7$ 不含結晶水且純度極高，因此可以直接法配製秤取精確重量之 $K_2Cr_2O_7$ 試料，直接加水稀釋卽得。

I. $0.1NK_2Cr_2O_7$ 配製法

由秤量瓶中精確秤取 2.4～2.5 克（至有效數字四位）之 $K_2Cr_2O_7$ 試料（此試料必先於 110° 溫度下乾燥兩小時。）於 500*ml* 之量瓶中，先加 200*ml* 之蒸餾水，搖盪量瓶使 $K_2Cr_2O_7$ 完全溶解後，小心加水至量瓶之刻線。用濾紙吸取標線以上的水滴，緊蓋瓶塞並用力振盪之。此法配製 $K_2Cr_2O_7$ 溶液之規定濃度爲

$$N=\frac{w(\text{試料重})}{49.033}\times\frac{1000}{500}$$

Ⅱ 0.1N $FeSO_4$ 溶液配製法

如果須用 Fe^{++} 溶液作爲逆滴定時則須配製一定濃度之此液，秤取 $(FeSO_4\cdot 7H_2O)$14克或 $(FeSO_4\cdot(NH_4)_2\cdot SO_4\cdot 6H_2O)$20克，加 15*ml* 6N 之 H_2SO_4 溶液，稀釋至 500*ml* 溶液卽得。

§13-4 $K_2Cr_2O_7$ 溶液與 $FeSO_4.7H_2O$ 溶液濃渡比值——實驗 22

A. 操作法:

由滴定管流取 30*ml* 之 Fe^{++} 溶液於 250*ml* 之燒杯或燒瓶內,

加進 15*ml*, $6N$ HCl 與 100*ml* 蒸餾水，7*ml* 85%之 H_3PO_4, 5 滴 *DPS* 指示劑。然後以 $K_2Cr_2O_7$ 溶液滴定，直至溶液呈暗青色或紫色（若怕終點已過，可以用 Fe^{++} 溶液反滴，最後再折算回來卽可）。由所得的數據，計算兩液濃度比值，以每升 $K_2Cr_2O_7$ 相當於多少 *ml* 之 Fe^{++} 溶液表示之。

若 $K_2Cr_2O_7$ 溶液是由秤取精確量的試料配製而成，不必求此比值，可以直接滴定 Fe^{++} 溶液，直接計算出 Fe^{++} 之規定濃度。（本實驗可略去）

B. 記錄整理與表列

一切記錄與表列如同 $KMnO_4$ 滴定法；不再此重複說明。

§13-5 $K_2Cr_2O_7$ 溶液之標定——實驗 23

若 $K_2Cr_2O_7$ 溶液是由秤取精確重量 $K_2Cr_2O_7$ 試料加水稀釋配製成，則其規定濃度無需標定可以直接算出。（本實驗略去）

若 $K_2Cr_2O_7$ 不純時，或秤重祇取大略值，則必須加以標定。通常用以作基準試劑有 $FeSO_4 \cdot 7H_2O$ 或 $FeSO_4 \cdot (NH_4)_2SO_4 \cdot 6H_2O$ 與純鐵絲。用亞鐵鹽爲之在操作上較簡便，但是惟一缺點就是純度有問題或結晶水的不定量，所以在作標定前對亞鐵鹽的來源需加以確定。

I. 以亞鐵塩標定 $0.1N$ $K_2Cr_2O_7$ 溶液:

由秤量瓶秤取兩份大略0.8克之純淨的 $FeSO_4 \cdot 7H_2O$ 或大略 1.2 克純淨的 $FeSO_4 \cdot (NH_4)_2SO_4 \cdot 6H_2O$（致 0.1 毫克單位）於 250*ml* 之燒杯或燒瓶內，以 15*ml*, $6N$ H_2SO_4 及 100*ml* 蒸餾水溶解之。加入 7*ml*, 85% H_3PO_4, 5 滴 *DPS* 指示劑，並以 $K_2Cr_2O_7$ 溶液滴定，直至溶液呈暗青色或紫色爲止。

從 $K_2Cr_2O_7$ 所需用的體積數與基準試劑之精確重量計算 $K_2Cr_2O_7$ 之標定濃度。

II 表列與計算：

表列的作法如前章所述 $KMnO_4$ 滴定法完全相同，不再複述。

$$N_{(K_2Cr_2O_7)} \times V_{(K_2CrO_7)} = \frac{w(\text{基準試劑重})}{\frac{FeSO_4(NH_4)_2SO_4 \cdot 6H_2O}{1000}}$$

$$\therefore \quad N = \frac{w}{\text{基準試劑之毫克當量數}} \times V$$

§13-6 鐵礦中鐵的定量——實驗 24

本實驗是以重鉻酸鉀法來定量鐵礦中鐵之含量百分比，其原理與高錳酸鉀完全相同，惟操作過程或步驟稍有差異而已。其主要處理過程是先將鐵礦製成硫酸或鹽酸溶液，其中 Fe^{+++} 再以還原劑還原成 Fe^{++}，除去有妨礙之還原性物質後，在適當的酸度下以 $K_2Cr_2O_7$ 之標準溶液滴定之。

因滴定時所用之指示劑不同，可分爲二法：

(1) 用 $K_3Fe(CN)_6$ 爲外指示劑法

(2) 以 DPS 爲內指示劑法

A. 操作法

由秤量瓶秤取極細粉末之試料兩份各大約 0.3 克（至有效數字四位）於燒杯中，在未以 $K_2Cr_2O_7$ 標準液滴定前，仍須經過溶解與還原兩過程，此兩過程之操作步驟與 12-5 一節所述以 $KMnO_4$ 滴定法分析鐵礦中鐵之含量完全相同，仍就以濃鹽酸溶解，以氯化亞錫爲還原劑，以氯化汞處理過剩的還原劑，經兩過程處理後的溶液可以標準重鉻酸鉀滴定。

(A) 以硫酸二苯胺 (DPS) 爲內指示劑法:

將經上述處理後的溶液稀釋至 200*ml*，加入 7*ml* 85% H_3PO_4 及 5滴 DPS 指示劑 (0.1%)，即以 $K_2Cr_2O_7$ 標準液滴至溶液呈現暗青或紫色爲止。由所得數據，計算鐵礦中含鐵量，以 Fe_2O_3%或 Fe%表示之。

(B) 以鐵氰化鉀爲外指示劑法。

將經上述處理後的溶液稀釋至 200*ml*，再以 $K_2Cr_2O_7$ 標準液滴定，不斷地攪拌，不時以細玻璃棒沾取溶液一滴與白瓷板上之 $Fe(CN)_6^{-3}$ 溶液相混，檢查是否不再有藍色沉澱產生，表示溶液不有Fe^{++} 存在亦即是反應完成。

惟應注意$Fe(CN)_6^{-3}$不可放置過久，因爲放置過久，$Fe(CN)_6^{-3}$ 會被空氣氧化而成 $Fe(CN)_6^{-4}$(黃血鹽)，而 $Fe(CN)_6^{-4}$ 與 Fe^{+3} 亦生成同樣青色的沉澱因而將有錯誤的判斷；再者應注意的是已與指示劑接觸過的玻璃棒切不可再插入滴定液中；此法不僅手續繁雜而且又不準確，需有相當熟練技巧才能爲之，初學者仍以內指示劑法爲佳。

B. 表列與計算:

完全與 $KMnO_4$ 滴定法相同，參考 12-5 節。

§13-7　鉻鐵礦中鉻的定量——實驗25

鉻鐵礦 (*chromite*) 爲最常見之鉻礦，它是由 $Fe(CrO_2)_2$ 組成，若將此礦與熔劑 Na_2O_2 混合熔解，則鉻被氧化成鉻酸鹽:

$$2Fe(CrO_2)_2+7\underline{Na_2O_2}\longrightarrow 2\underline{NaFeO_2}+4\underline{Na_2CrO_4}+2\underline{Na_2O}$$

將此熔塊固體以水處理，溶出 Na_2CrO_4，同時 $NaFeO_2$ 則水解而生不溶性之 $Fe(OH)_3$。

$$NaFeO_2+2H_2O \longrightarrow \underline{Fe(OH)_3}+NaOH$$

$$Na_2O+H_2O \longrightarrow 2NaOH$$

再將此鹼性液煮沸，以分解過量之過氧化物，加進H_2SO_4使 $Fe(OH)_3$ 溶解，同時使 $CrO_4^=$ 轉成 $Cr_2O_7^=$:

$$\underline{Fe(OH)_3}+3H^+ \longrightarrow Fe^{+3}+3H_2O$$

$$2CrO_4^= +2H^+ \longrightarrow Cr_2O_7^= +H_2O$$

滴入一定量標準 Fe^{++} 溶液（此溶液濃度必已標定過），使 $Cr_2O_7^=$ 還原成 Cr^{+++}:

$$Cr_2O_7^= +14H^+ +6Fe^{++} \longrightarrow 2Cr^{+3}+6Fe^{+3}+7H_2O$$

而過量的 Fe^{++} 溶液再以標準 K_2CrO_7 溶液逆滴定，間接求出試料中含鉻之百分比。

B. 操作法

由秤量瓶秤取精確量約 0.5 克（至0.1毫克單位）的鉻鐵礦細粉末於鐵坩堝中，再秤取大約 4 克乾燥之 Na_2O_2 粉末與之混合，以玻璃棒攪拌使之混合均匀，另外秤取約 1 克重之 Na_2O_2 粉末置於乾燥之小燒杯內，以剛才攪拌過的玻璃棒插在此 1 克的 Na_2O_2 粉末，左右攪拌數次使留在玻璃棒之混合物能完全掉入此 1 克的 Na_2O_2 粉末中，再將此 1 克 Na_2O_2 粉末舖在鐵坩堝均匀混合物上，加蓋且加熱至熔解，經 5-6 分鐘後，將之冷却。將置冷的坩堝置於一 400*ml* 之燒杯中，加進蒸餾水將其整個淹蓋，（大約 150*ml*），再將燒杯加熱煮沸，同時以表玻璃蓋在燒杯上以防濺失試液，待熔塊分碎部分溶解後，取出坩堝，以水充分洗滌數次且使洗液流入燒杯中，然後再加約 0.5克之 Na_2O_2 緩慢煮沸，以防氧化不足。

經上述處理後之溶液，以 6*N* H_2SO_4 中和並多加約 10*ml* 量，將所有沉澱物完全溶解，若留下有不溶性物質時以過濾方法將之去除，再將溶液稀釋至 200*ml*，由滴定管滴進一定量之 $FeSO_4$ 標準溶液，

再加 *7ml* 85% H_3PO_4 及 5 滴 DPS 指示劑，待還原反應進行後，再以標準 $K_2Cr_2O_7$ 溶液滴定過剩之亞鐵離子溶液，由 $K_2Cr_2O_7$ 共用體積數與 Fe^{++} 溶液共用量可以間接求出礦石中含 Cr 或 Cr_2O_3 之百分比。

B. 計算與表列:

由實驗結果的數據: N_1 爲 Fe^{++} 標準溶液之規定濃度

V_1 爲 Fe^{++} 標準溶液共用之體積

N_2 爲 $K_2Cr_2O_7$ 標準滴定液之規定濃度

V_2 爲 $K_2Cr_2O_7$ 標準滴定液共用的體積

w 爲試料重

1 *mole* 之 $Fe(CrO_2)_2$ 中含有兩分子的 Cr 原子，而在以 $K_2Cr_2O_7$ 滴定時是由 $Cr^{+3} \longrightarrow Cr_2O_7^{=}$ 其氧化數由 $+3 \longrightarrow +6$，所以 $Fe(CrO_2)_2$ 之毫克當量爲 $\frac{Fe(CrO_2)_2}{2\times3000}=\frac{Fe(CrO_2)_2}{6000}$

若以 Cr_2O_3 %來表示時其毫克當量數爲 $\frac{Cr_2O_3}{6000}$

$$N_1V_1-N_2V_2=\frac{w\times(Cr_2O_3\%)}{\frac{Cr_2O_3}{6000}\times100}$$

$$\therefore\quad Cr_2O_3\%=\frac{(N_1V_1-N_2V_2)\times\frac{Cr_2O_3}{6000}}{w}\times100$$

§13-8 計算演練

1. 有一鉻鐵礦爲 0.5000 克經過一般處理後以 50.00*ml* 0.1200*N* 亞鐵銨鹽還原，過剩之 Fe^{++} 溶液仍需以 15.05*ml*，$K_2Cr_2O_7$ (1.000 *ml*≑0.00600克 Fe)，試以 Cr%與 Cr_2O_3%表示此礦試料含鉻之量。

先求出 $K_2Cr_2O_7$ 之規定濃度，因為 $1.0000ml \doteqdot 0.00600Fe$

所以　$1.000ml$ 之 $K_2Cr_2O_7$ 為準可得下列式子成立:

$$1.000\times N=\frac{0.006000}{\frac{Fe}{1000}};\ N=0.1074$$

Fe^{++} 之總毫克當量數$=50.00\times0.1200=6.000$

$Cr_2O_7^{=}$ 之毫克當量數$=15.05\times0.1074=1.616$

Fe^{++} 之淨用毫克當量數$=6.000-1.616=4.384$

因此
$$Cr\%=\frac{4.384\times\frac{Cr}{3000}}{0.5000}\times100=15.20\%$$

$$Cr_2O_3\%=\frac{4.384\times\frac{Cr_2O_3}{6000}}{0.5000}\times100=22.21\%$$

習　題

1. 以 Na_2O_2 熔融氧化 0.2000 克亞鉻酸鹽礦試料成鉻酸鹽。加入一 50—ml滴管之硫酸亞鐵在酸性溶液中還原成鉻離子($Cr_2O_7^{=}+6Fe^{++}+14H^{+}\longrightarrow 2Cr^{+3}+6Fe^{+3}+7H_2O$)，而過量之亞鐵離子以 $7.59ml$ 之 $0.1000N$ $K_2Cr_2O_7$ 滴定之。每滿一滴管之亞鐵溶液相當於 $47.09ml$ 之標準 $K_2Cr_2O_7$ 滴定液。試樣中含 Cr 之百分率為何？應取用若干重量之亞鉻酸鹽試樣以使相當於所加入亞鐵鹽之 $1.000N$ 標準 $K_2Cr_2O_7$ 之毫升數，減去用於滴定之 $K_2Cr_2O_7$ 之毫升數，等於試樣中 Cr_2O_3 之百分率？
2. 若一亞鉻酸鹽礦與 Na_2O_2 共熔分解，以 H_2SO_4 酸化，且以 $3.000mole$ 之 $KHC_2O_4\cdot H_2C_2O_4\cdot 2H_2O$ 處理，過量之草酸鹽需 $20.00ml$ 之 $M/50KMnO_4$ 時，該礦中存有多少克之 $Cr_2O_3\%$
3. 某一亞鉻酸鹽礦含 24.80% Cr。一試料重 0.2580 克與 Na_2O_2 共熔，加入，並酸化之。所產生之重鉻酸鹽溶液以一量之 $FeSO_4\cdot 7H_2O$ 處理，此量正超過還原重鉻酸鹽所需量之 50%。過量之亞鐵鹽以每 ml 含 $0.02000mole$

$K_2Cr_2O_7$ 之重鉻酸鹽滴定之。所需之體積爲何。

4. 某 *Chromite* 試料，含 30.00% Cr_2O_3，經取 0.200 克與 Na_2O_2 熔解及用酸溶解後，問需添加 $FeSO_4 \cdot (NH_4)_2SO_4 \cdot 6H_2O$ 多少克，使多餘之 Fe^{++} 須用 0.2M $K_2Cr_2O_7$ 試液 15.00*ml* 來滴定。

第十四章　碘滴定法

§ 14-1　碘滴定法概說

碘是一弱氧化劑，$I_2+2e \rightleftharpoons 2I^-$ 之 $E^0=0.5355$，但在定量分析上仍有其應用價值，碘可用以定量某還原劑與氧化劑之量，關於此法稱之爲碘量法。

碘量法中雖都是直接由滴定液的體積而求出分析物之量，但有兩種不同操作方法可使用（此兩種方法均爲直接法），分別申述：

A. 以標準碘溶液爲滴定液：

某種還原性物質，可直接以標準碘溶液滴定，最常使用的是亞硫酸、硫代硫酸鈉以碘液滴定：

$$I_2+2Na_2S_2O_3 \longrightarrow 2NaI+Na_2S_4O_6$$

半反應式　$I_2+2e \rightleftharpoons 2I^-$　　$E_1^0=0.5355 \cdots\cdots (1)$

$S_4O_6^{=}+2e \rightleftharpoons 2S_2O_3^{=}$　　$E_2^0=0.17 \cdots\cdots (2)$

(1)－(2)　$I_2+2S_2O_3^{=} \longrightarrow 2I^-+S_4O_6^{=}$　　$E^0=0.3655$

由此可知在此條件下，碘之氧化數變化爲 1（由 $0 \longrightarrow -1$），I_2 之克當量爲 $\frac{I_2}{2}=126.92$ 克，硫原子氧化數變化爲 $\frac{1}{2}\left(由 +2 \longrightarrow +2\frac{1}{2}\right)$，所以 $Na_2S_2O_3 \cdot 5H_2O$ 之克當量爲 $\frac{Na_2S_2O_3}{2\times\frac{1}{2}}=\frac{Na_2S_2O_3}{1}=248.2$ 克。

$H_2SO_3+I_2+H_2O \longrightarrow H_2SO_4+2HI$ 亦是相同地考察。

其他具有還原性物質如 H_2S, H_3AsO_3 等均可使用此法分析。

B. 以標準硫代硫酸鈉溶液爲滴定液:

此法在碘量法中最爲重要，因碘爲一弱氧化劑，故其鹽類如碘化鉀易受他種較强氧化劑之氧化而析出碘，例如以 KI 與 $KMnO_4$，或 $K_2Cr_2O_7$ 作用時:

$$2MnO_4^- + 10I^- + 16H^+ \longrightarrow 5I_2 + 2Mn^{++} + 8H_2O$$

$$Cr_2O_7^= + 6I^- + 14H^+ \longrightarrow 3I_2 + 2Cr^{+3} + 7H_2O$$

生成的 I_2 之克當量數與分析物（氧化劑）之克當量數相等，再以 $Na_2S_2O_3$ 標準液滴定生成的 I_2，即是由 $Na_2S_2O_3$ 之用量可推算試料的含量。此法應用甚廣，除 $KMnO_4$, $K_2Cr_2O_7$ 之分析外，諸如:

Cl_2，Br_2，IO_3^-，IO_4^-，BrO_3^-，ClO^-，ClO_3^-

$S_2O_8^=$，H_2O_2，NO_2^-，AsO_3^-，$Fe(CN)_6^{-3}$，MnO_2，

PbO_2，Fe^{+++}，Cu^{++}，Sb^{+5}（均當作氧化劑）

皆可用此法定量。

碘量法常以澱粉作爲指示劑，其稀薄溶液遇到適量的 I_2 即呈藍色，此藍色物加熱會褪色，冷却時又呈現，其原因雖未清楚但有人主張乃是 I_2 被吸附於澱粉的分子內所致。澱粉指示劑，因其溶液容易腐敗，故臨時配製爲佳，欲制止指示劑腐壞可用多數防腐劑，至於澱粉指示劑之配製與使用上應注意的事項在下節再詳述。

§ 14-2　pH 值與電位的關係

在碘量法中對某物質之反應有一定最佳的 pH 範圍，超出此區域則反應不完全，爲探討此問題必先了解 pH 值對電位影響；舉例說明:

$$I_2 + H_3AsO_3 + H_2O \rightleftharpoons H_3AsO_4 + 2I^- + 2H^+ \cdots\cdots\cdots\cdots\cdots (1)$$

$$H_3AsO_4 + 2H^+ + 2e \rightleftharpoons H_3AsO_3 + H_2O \quad E_1^0 = 0.559 \cdots\cdots (2)$$

$$I_2+2e \rightleftharpoons 2I^- \quad E_2^0=0.535 \cdots\cdots\cdots\cdots\cdots\cdots\cdots\cdots\cdots\cdots (3)$$

由 (3)—(2) 得 (1) $E_2^0-E_1^0=0.535-0.559=-0.020$

而
$$E_1=E_1^0+\frac{0.0591}{2}\log\frac{[H_3AsO_4][H^+]^2}{[H_3AsO_3]}$$

$$E_2=E_2^0+\frac{0.0591}{2}\log\frac{[I_2]}{[I^-]^2}$$

$$E=E_2-E_1=-0.020+\frac{0.0591}{2}\log\frac{[H_3AsO_3][I_2]}{[H_3AsO_4][I^-]^2[H^+]^2}$$

$$=-0.020-\frac{0.0591}{2}\log\frac{[H_3AsO_4][I^-]^2[H^+]^2}{[H_3AsO_3][I_2]}\cdots\cdots (4)$$

由 (4) 式可知 E 值與 $[H^+]$ 有密切關係，假設 $[I_2]$, $[I^-]$ 均保持一定，而當 $[H^+]$ 愈高時，則 E 值愈負值，因爲每當1*mole* 之 H_3AsO_3 起反應時就可生成 2*mole* $[H^+]$，所以反應愈久則 $[H^+]$ 愈高，$[H^+]$ 愈高則 E 值愈負，此卽表示，I_2 與 H_3AsO_3 反應漸漸緩慢，漸爲失效，因此必設法將酸度保持中性附近，用碘液直接滴定 $Fe(CN)_6^{-4}$ 及 Sb^{+3} 等亦然。

一般碘量法，常在中性或微酸性液中進行的原因卽是在此，除外，在鹼性溶液中碘與 OH^- 作用生成 IO^-，後者因不穩定又轉變成 IO_3^-:

$$I_2+2OH^- \longrightarrow IO^-+I^-+H_2O$$
$$3IO^- \longrightarrow IO_3^-+2I^-$$

但此反應在 pH＝9 以下卽不顯著。

爲了保持一定範圍的酸度，加入各種緩衝溶液，如

$NaHCO_3+H_2CO_3$； $Na_2B_4O_7+H_3BO_3$； $NaHPO_4+NaH_2PO_4$ 等等，在上述 I_2 與 H_3AsO_3 反應中，爲避免酸性太强而使 As^{+3} 不易氧化，又須避免酸性太弱而使 I_2 變爲 IO_3^-，此時應加入 $NaHCO_3+H_2CO_3$ 緩衝劑來維持溶液 pH 值在 7 附近才能使反應達到理想。

§ 14-3　標準溶液的配製——實驗 26

$0.1N, I_2$ 與 $0.1N, Na_2S_2O_3$ 標準溶液

碘是一種紫色結晶塊狀固體，有很高蒸氣壓，易予揮發，且難溶於水，在配製碘液時，加入碘化鉀共同混合磨碎便可溶於水中，其反應迅速完全達到平衡狀況:

$$I_2 + I^- \rightleftharpoons I_3^-$$

碘溶液中必維持上述反應之平衡，通常在方程式寫法以 I_2 代表碘液，但我們應明瞭 I_2 與 I_3^- 必會保持一定平衡狀況。

I_2 因揮發性高，且在日光下與 H_2O 作用生成 HI，因此碘液必須裝盛在棕色瓶內且遠離強烈的日光使碘液濃度穩定。

I　$0.1N\ I_2$ 溶液配製法

在粗略的天平上秤取碘固體 6.35 克 (1)，倒入研磨 (*Porcelain Motar*) 中，再秤取 19.5 克之碘化鉀分三次滲入碘中，再加點蒸餾水一起研磨 (2)，倒碘液於棕色瓶內加水稀釋到 500*cc* 左右，蓋緊後放在陰暗處 (3)，依此所配製之碘液濃度大略 0.1*N*。

$$\frac{6.35\text{克}\ (I_2)}{\frac{I_2}{2}} = \frac{6.35}{126.92}(\text{克當量數})$$

$$\therefore N = \frac{6.35}{126.92} \times \frac{1000}{500} = 0.1(N)$$

〔註〕(1) 碘有揮發性絕對禁止在精細天平上秤重，因爲碘揮發後附在天平桿或天平底盤上而損壞天平。

(2) 碘與碘化鉀混水研磨稱爲 *Trituration*。

(3) 碘液對橡皮塞有侵蝕性故不可以用橡皮塞蓋緊試瓶。

Ⅱ. 0.1N $Na_2S_2O_3$ 溶液配製法

預先將 600*cc* 蒸餾水煮沸靜置冷却並以表玻璃蓋上，再將 500*cc* 試劑瓶以蒸餾水滌洗清潔再用 100*cc* 處理後蒸餾水分兩次清洗內壁。

秤取 12.5 克 $Na_2S_2O_3 \cdot 5H_2O$ 結晶倒入 500*cc* 處理後之蒸餾水中，攪拌使之溶解，再以石蕊試紙（藍色）試其酸度，若溶液酸性微高（石蕊試紙變紅）則加微量 Na_2CO_3 直至藍色石蕊試紙不再變紅爲止，不可加過量 Na_2CO_3 以致使 $Na_2S_2O_3$ 分解，因爲在過鹼性的溶液中會加速 $Na_2S_2O_3$ 與空氣中氧發生作用。

在此加入微量 Na_2CO_3 目的是在抑制蒸餾水中細菌的繁殖，在 pH= 8.4~9.0 之間微生物不易得到繁殖的條件，否則溶液中有微生物存在促進 $Na_2S_2O_3$ 分解。

$$Na_2S_2O_3 \xrightarrow[H_3O^+]{\text{微生物}} Na_2SO_3 + S\downarrow$$

$$S_2O_3^{=} + 2OH^- + 2O_2 \longrightarrow 2SO_4^{=} + H_2O$$

若發生上述情形配製溶液呈現白乳色，則需重新配製。

標準硫代硫酸鈉溶液，易受空氣，日光及細菌等之作用而降低其濃度，故在使用之前應作標定工作。

§ 14-4 澱粉指示劑的配製——實驗27

以澱粉溶液爲指示劑必須是新鮮不可過於久留（1），秤取 0.5 克澱粉加進微量蒸餾水使之成爲糊狀，然後倒至含 100 *ml* 煮沸後的蒸餾水燒杯中，再加熱 1 分鐘，冷却後傾倒於有瓶蓋之三角瓶中保存，每次滴定過程中祇需加入 3*ml* 便可。

在滴定液中若含有其他有機溶劑如酒精、乙醚等均可使澱粉失效，若澱粉溶液在酸性過高之情況下也易分解，若加進防腐劑時，須對於指示劑本身及碘等均不起作用，通常採用 NaF 爲之，卽加入 4% 之 NaF。

當利用 $Na_2S_2O_3$ 爲滴定液滴定由某氧化劑析出之 I_2 量時，須在滴定反應卽完成之前才能加入澱粉指示劑，否則當過多的藍色的碘澱粉生成後會使 $Na_2S_2O_3$ 與 I_2 之反應速率降低。

除了使用澱粉爲指示劑外，有時亦用四氯化碳代替之。

〔註〕 1. 澱粉作爲指示劑不可久留的原因是澱粉久留會漸漸分解，在酸性溶液亦會分解，如果欲配製一較穩定的澱粉液，可取 0.5 毫克之 HgI_2 或 2 克之硼酸 (H_3BO_3) 加入 100 *ml* 澱粉液中卽可。

§ 14-5 I_2 溶液與 $Na_2S_2O_3$ 溶液濃度比値——實驗28

如同前幾章實驗求標準液相對比值在於對某一者濃度校正後另一者可利用比値數而求其正確濃度。

對 I_2 溶液可以純 As_2O_3 粉末來校正，對 $Na_2S_2O_3$ 溶液可以純銅校正。

A. 操作法:

將兩根滴定管充滿兩種試液，流取 30 *ml* 之 $Na_2S_2O_3$ 溶液於燒瓶內，加入 150 *ml* 蒸餾水與 5*ml* 澱粉溶液，然後以 I_2 液滴定直至溶液顏色呈現藍色表明當量點到達。

依上述同樣操作方法重新實驗一次，核定兩次結果，記錄之並求其平均值。

B. 記錄整理與表列

(假定某生實驗的數據如下:)

表 14-1 I_2 與 $Na_2S_2O_3$ 濃度比值

	試料號碼	
	I	II
$Na_2S_2O_3$ 最後讀數	30.14	27.90
$Na_2S_2O_3$ 起始讀數	0.10	0.20
	30.04	27.70
I_2 最後讀數	32.60	30.20
I_2 起始讀數	0.00	0.06
	32.60	30.14
log I_2 *ml*	1.5132	1.4792
log $Na_2S_2O_3$ *ml*	1.4777	1.4425
log *ratio*	0.0355	0.0367
1 *ml* $Na_2S_2O_3$ ≎	1.085 *ml*	1.088 *ml*
Colog *ratio*	$\bar{1}$.9645	$\bar{1}$.9633
1*ml* I_2 ≎	0.9215 *ml*	0.9189 *ml*

平均值: 1 *ml* $Na_2S_2O_3$ ≎ 1.0865 I_2

1 *ml* I_2 ≎ 0.9202 $Na_2S_2O_3$

§ 14-6 $Na_2S_2O_3$溶液之標定——實驗29

商業用碘的純度不高且揮發性大不宜用作校正 $Na_2S_2O_3$ 溶液之基準劑，但如 KIO_3, $KBrO_3$，或 $KH(IO_3)_2$, $K_2Cr_2O_7$, 純銅，皆可作基準試劑，利用其與 KI 所析出之 I_2 再以 $Na_2S_2O_3$ 溶液滴定，即可求得 $Na_2S_2O_3$ 溶液濃度。

A. 以 KIO_3 或 $K_2Cr_2O_7$ 爲基準試劑之操作法:

精確秤取乾燥基準劑 KIO_3，$KBrO_3$ 或 $K_2Cr_2O_7$(1)0.10－0.11克

兩份至 300*ml* 燒瓶中，秤量時讀至 0.1*mg*（毫克）也就是秤至小數後面第四位。用 50*ml* 蒸餾水溶解之，並加入含 3 克 KI 10 *ml* 溶液（2），再加進 20*ml* 6NH_2SO_4 後避免強光照射下靜置 3 分鐘，再稀釋至 150*ml*（3），用 $Na_2S_2O_3$ 爲滴定液滴定由 KI 析出之 I_2 直至 I_2 與滴定液將達當量點之前（4），加進5*ml* 澱粉指示劑，繼續滴定直至深藍色溶液褪色，記錄所得結果計算 $Na_2S_2O_3$ 濃度。

〔註〕 1. 若以 $K_2Cr_2O_7$ 作爲校正基準劑應注意到在反應完成後由於生成深綠色的 $CrO_4^{=}$（*Chromic ion*）不容易辨認澱粉指示劑明顯的褪色。

2. 若 KI 不純時往往含有 KIO_3 存在，而 IO_3^- 與 I^- 起反應，$IO_3^- + 5I^- + 6H^+ \longrightarrow 3I_2 + 3H_2O$ 而析出 I_2，因此使 $Na_2S_2O_3$ 比所需實際量要多，$Na_2S_2O_3$ 濃度會比正確值要低，所以 KI 必不能含有 KIO_3，要知道 KI 是否純粹必須作空白試驗，取 3 克 KI 用水溶解後，加入 H_2SO_4 與澱粉，以 $Na_2S_2O_3$ 滴定深藍色溶液至褪色，計算 $Na_2S_2O_3$ 使用容積，再由標定濃度時所需體積扣去空白試驗所耗的體積。

3. 在强光照射下亦促使 I^- 在空氣中氧化，

$4I^- + 4H^+ + O_2 \longrightarrow 2I_2 + 2H_2O$

因而影響滴定液所需的體積量

B. 表列與計算：

將實驗所得的數據依照以往表列形式以 log 值計算，求出 $Na_2S_2O_3$ 溶液之標定濃度。

$$KIO_3 + 5KI + 6HCl \longrightarrow 3I_2 + 3H_2O + 6KCl$$

$$I_2 + 2Na_2S_2O_3 \longrightarrow 3NaI + Na_2S_4O_6$$

因此 $Na_2S_2O_3$ 毫克當量數 $= I_2$ 毫克當量數 $= KIO_3$ 毫克當量數

$$\therefore \quad NV = \frac{w(\text{試料重})}{\frac{KIO_3}{6000}} \left(\begin{array}{l} 1\ mole\ KIO_3 \longrightarrow 3\ mole\ I_2 \\ 1\ mole\ I_2\ \text{氧化數變化爲 } 2 \end{array} \right)$$

化成 log 值 $\log N = \log w + \text{colog}\ V + \text{colog}\left(\frac{KIO_3}{6000}\right)$

§ 14-7　I_2 溶液之標定——實驗30

碘液濃度之校正以 As_2O_3 溶於 NaOH 生成 H_3AsO_3（亞砷酸）後與 I_2 作用。

$$H_3AsO_3 + I_2 + H_2O \rightleftharpoons H_3AsO_4 + 2I^- + 2H^+$$

從半反應之氧化電位高低可以看出上述方程式並不是向右自動反應而是向左進行，因此祇在中性或微鹼性溶液才能使 H_3AsO_3 與 I_2 作用達到完成，所以此實驗過程中須加入 $NaHCO_3$ 作爲緩衝溶液保持一定 pH 範圍。

若 pH 過高則 I_2 起其他反應（$I_2 + 2OH^- \longrightarrow IO^- + I^- + H_2O$）而損失。

A. 操作法

由秤量瓶秤取純 As_2O_3 兩份大略 0.175～0.200克 於 300*ml* 燒瓶中（As_2O_3 粉末在實驗前必先烘乾 2 小時溫度保持 105° *C*），各加添 2*ml* 6*N*NaOH 溶液且稀釋至 15 *ml*，微熱使 As_2O_3 溶解，(1)，滴入 1 滴甲基紅指示劑，一滴滴加入 6*N* HCl 直至溶液呈微酸性或直至溶液呈淺紅色，此時 pH 值大略於 6 適合反應 pH 值範圍內；冷却後，小心加入 75 *ml* 水溶液其中含 2 克 $NaHCO_3$，用表玻璃蓋住瓶口，不使 CO_2 氣體發生而濺出溶液，加進 3*ml* 澱粉液爲指示劑，慢慢以碘溶液滴定之直至溶液漸呈深藍色，滴定時注意觀察顏色改變避免錯過當量點。由兩次實驗結果記錄於表格內且計算 I_2 濃度。

B. 計算與表列:

將實驗所得數據依照以往表列形以 log 值計算，求出 I_2 溶液的規定濃度。

$$As_2O_3 \xrightarrow{NaOH} 2H_3AsO_3 \xrightarrow{2I_2} 2H_3AsO_4$$

由上式可知 1 *mole* 之 As_2O_3 需要 2 *mole* 碘分子，所以 I_2 之毫克當量數，NV 等於 As_2O_3 之毫克當量數，$\dfrac{w(\text{試料重})}{\dfrac{As_2O_3}{4000}}$

$$\therefore \quad N=\frac{w}{\dfrac{As_2O_3}{4000}}\times\frac{1}{V}$$

以 log 表示 $\log N=\log w+\text{co}\log V+\text{co}\log\dfrac{As_2O_3}{4000}$。

〔註〕 1. As_2O_3較易溶解於 NaOH，但過量 NaOH 不能進行碘滴定法，所以用 HCl 中和之後，再以 $NaHCO_3$ 作爲控制 pH 值之緩衝劑。

§ 14-8 黃銅礦中銅成分的定量——實驗31

銅礦的組成成份除了含較高比例的純銅外仍包括一些金屬與非金屬元素如矽、鉛、鐵、銀、硫、砷、銻等，不論何種銅礦皆可發現不溶酸之矽化合物存在，在作爲此實驗的銅試料應選定含銅量較高爲宜。

以碘滴定法決定銅含量百分比其基本原則是利用碘離子 (I^-) 與銅離子生成 CuI 沉澱同時游離出 I_2 再以 $Na_2S_2O_2$ 標準滴定之以求出含銅量之百分比。

$$2Cu^{++}+4I^-\longrightarrow 2CuI\downarrow+I_2$$

若有過剩碘離子與當銅離子以兩價單離子形態存在而不是以銅錯離子存在時則上述反應在微酸性溶液中進行快速。

在大部份銅礦中必含有少量的鐵元素 (Fe)，當銅礦溶解時鐵亦會溶解而與 Fe^{+++} 形態存於溶液中，不幸的是 Fe^{+++} 也會將碘離子 (I^-) 氧化析出 I_2($2Fe^{+++}+2I^-\longrightarrow 2Fe^{++}+I_2$)，若是如此則需較實際爲多的 $Na_2S_2O_3$ 容積來滴定，因而有很大誤差產生，在此介紹三種方法使 Fe^{+++} 不至於與 I^- 發生氧化還原作用，減少實驗誤差。

第一種方法是利用沉澱法，若溶液以過量氨水 (*ammonia*) 處理使 Fe^{+++} 發生 $Fe(OH)_3$ 褐色沉澱然而 Cu^{++} 形成錯離子 $Cu(NH_3)_4^{++}$ 留於溶液中，此種方法並不是完善處理法祇適用於銅礦中含鐵量極小時，因爲 $Cu(NH)_4^{++}$ 會因 $Fe(OH)_3$ 沉澱而被吸附，因此產生極大誤差。

第二種方法是氧化還原法，若在酸性溶液中加入一片鋁泊，則由氧化電位高低可以推斷 $Cu^{++}+2e$ —— $Cu\downarrow$，銅離子被還原而析出銅附於鋁泊表面，$Fe^{+++}+e$ ——Fe^{++}，$^{-}Fe^{+++}$ 祇被還原成 Fe^{++} 存留在溶液中，再把附有銅粒的鋁泊以 HNO_3 處理即可溶於溶液中。

第三種方法是錯離子法，若以 NH_4HF_2 處理之則 Fe^{+++} 立即轉成錯離子 FeF_6^{-3} 不與 I^- 作用。此種方法極爲方便但應特別强調的是此方法之有利條件必須控制 pH 值使 pH 範圍在 3.3～4.0 之間，所幸 NH_4HF_2 除了供給 F^- 離子之外仍有緩衝溶液的功效。
本實驗採用錯離子方法處理爲宜。

砷、銻雖亦存在於銅礦中但若調節 pH 值於一定範圍內，對反應並無影響。

A. 操作步驟與計算：

由秤量瓶秤取 0.5 克左右的銅試料兩份於 300-*ml* 燒瓶或燒杯中，秤量時讀至 0.1 毫克 (0.1*mg*) 單位且避免試料因傳遞而損失。加進 10*ml* 16*N* HNO_3 緩和加熱直至銅全部溶解，若仍有細粒白色固體就是矽的化合物，此化合物不影響反應。假若銅礦中銅祇部份溶解時依下列方法* 再處理，若全部溶解時則省略之。

* 如果溶液中仍有黑色顆粒狀銅礦時，將之蒸發至 5 *ml* 左右，以 25*ml* 蒸餾水稀釋，再加熱至沸騰且趕除氮的氧化物。若單以 HNO_3

無法使之溶解時，除以再加 5*ml* 16N HNO_3 外混合 5*ml* 12*N* HCl，冷却後再加入 5*ml* 36*N* H_2SO_4，小心地加熱直至白煙 SO_3 不再發生，待冷却後，再加進 25*ml* 蒸餾水，微熱使硫酸鹽溶解*。

溶液冷却後加入 10*ml* 溴水（Br_2）待數分鐘後將溶液加熱趕除過剩 Br_2。

將溶液以濾紙過濾，以熱的 0.6*N* HNO_3 冲洗沉澱後將沉澱丟棄。

以 6*N* NH_4OH 一滴滴入澄清液直至 $Fe(OH)_3$ 沉澱完全（假定 NH_4OH 過量時加熱趕除 NH_3），加進 2.0 克 NH_4HF_2（*ammonium bifluoride*）攪拌使褐色沉澱溶解($Fe(OH)_3+3NH_4HF_2 \longrightarrow H_3FeF_6+3NH_4OH$)。

待沉澱完全後，加入 3 克碘化鉀（KI），立卽以 $Na_2S_2O_3$ 標準液滴定反應後析出的 I_2，當 I_2 卽將反應完成時加進 3 *ml* 澱粉指示劑，繼續滴定直至深藍色溶液卽將褪色時再加進 2 克的 KCNS 或 NH_4CNS，溶液又由白色轉爲藍色，繼續滴定微量 $Na_2S_2O_3$ 溶液至溶液呈白色爲止，此時爲當量點到達。記錄所用 $Na_2S_2O_3$ 之容積，計算 Cu%。

關於本實驗記錄計算:

$$Cu \xrightarrow[HCl]{HNO_3} Cu^{++} \xrightarrow{KI} \underset{(CuI\downarrow)}{I_2} \xrightarrow{Na_2S_2O_3} 2I^-$$

銅之毫克當量數＝碘分子毫克當量數＝硫代硫酸鈉毫克當量數

$$N_{(Na_2S_2O_3\ 標準濃度)} \times V_{(Na_2S_2O_3\ 滴定所需體積)}$$

$$= \frac{w(試料重) \times Cu\%}{\frac{Cu}{1000}}$$

$$Cu\% = \frac{N \times V \times \frac{Cu}{1000} \times 100}{w}；亦可取\ \log\ 值計算。$$

$\log Cu\% = \log N + \log V + \log\frac{Cu}{1000} + \mathrm{colog}\,w + \log 100$。依照以往實驗表列填寫之。

B. 在實驗過程中所加進幾種試劑主要用途說明

1. 加進 Br_2（溴水）的目的:

當溶液以 H_2SO_4 濃縮蒸發時，因部份硫或硫化氫離子等的生成會使砷，銻還原成低價氧化數，低價砷或銻均可與 I_2 作用，因而由 Cu^{++}與 KI 作用生成的 I_2 隨卽又與 H_3AsO_3 或 H_3SbO_3 作用而損失，實驗誤差大。

若加進 Br_2 之後，作爲氧化劑使低價砷、銻氧化爲高價後不與 I_2 發生作用，但要注意的是 Br_2 過量時亦會將 KI 氧化成I_2 而生誤差。

2. 加進 NH_4HF_2 之目的:

在前面已提過 NH_4HF_2 有兩種主要用途

(a) 形成 FeF_6^{-3} 錯離子

(b) 作爲緩衝溶液

因爲 NH_4HF_2 可使 pH 值保持 4.0 左右，正適合此反應所需，由於 $HF-F^-$ 所構成的緩衝溶液效果並非 $NH_4^+-NH_3$ 構成者。

NH_4HF_2 使用時要小心勿觸及手或皮膚，也不可將之放置於玻璃表面，NH_4HF_2 對上述兩情況有侵蝕性。

3. 加進 KCNS 或 NH_4CNS 的目的:

當到達當量點時 CuI 沉澱卽將完成，加進 KCNS 或 NH_4CNS 使 CuI 沉澱轉變成更難溶性的 $Cu(CNS)_2$ 沉澱，此一目的深怕I_2被吸附在 CuI 之內，$Cu(CNS)_2$之 K_{sp} 較小較不易吸附 I_2，因而使當量點顏色變化更爲顯明。

§ 14-9 輝銻礦中銻成分之定量——實驗32

輝銻礦 (*stibnite*) 是一種有金屬光澤帶黑灰色的礦石，它的主要成分是 Sb_2S_3，（沉澱得到的 Sb_2S_3 爲紅色）。若能得到較純的試料可用碘量法求得含銻之量。

銻，猶如砷一樣可被 I_2 氧化由 +3 到 +5 的氧化數，而且其反應式亦很相似:

$$H_3SbO_3+I_2+H_2O \rightleftharpoons H_3AsO_4+2I^-+2H^+$$

由於氫離子的產生，在滴定時溶液 pH 值的變化是一極重要的因素，同時銻鹽（+3）很容易發生水解生成 SbOCl 沉澱，更使溶液中酸度之控制成爲操作過程中不得不隨處列入考慮。通常是在有過量之 $NaHCO_3$ 存在下之微鹼性或中性液中進行。

本實驗誤差的兩大來源是:

(1) 在以濃鹽酸溶解礦石時，形成之 $SbCl_3$ 易隨水汽而揮發。

(2) 當在水解時 Sb^{+3} 立刻生成白色 SbOCl 沉澱，若 SbOCl 不處理掉，本實驗則失敗。

對於上述兩大因素，應作如何補救；在操作法的過程中再加以闡述。

A. 操作法:

由秤量瓶秤取礦石的粉末大約 0.35 克— 0.4 克（秤量時至 0.1 毫克單位）於 250*ml* 乾燥潔淨的燒杯中，加入約 0.3 克 KCl，以表玻璃蓋在杯口上，避免試液的濺失，往入 5*ml*, 12 *N*HCl，在水渦上加熱，迨黑色礦石消失後，僅有白色固體殘留，再加入 2 克酒石酸粉末，繼續在水渦上加熱 10 分鐘，每次以 5*ml* 蒸餾水冲淡，直到沒有紅色沉澱 (Sb_2S_3) 發生爲止，則加水至溶液稀釋到 125*ml*，更煮沸一分鐘。冷却之，此時溶液應爲無色透明（如原來有白色不溶性的固體，至此乃留著，是為矽酸鹽類，對分析無妨礙）。如生白色沉澱（SbOCl），或呈白色混濁，則是鹽酸或酒石酸調配不當，可補加酒石酸，如仍不變澄清則丟棄整個溶液，重新開始。以上所得之溶液，以 6*N*, NaOH 中和，滴進 2 滴甲基紅為指示劑，直到溶液成為微鹼性。同時在另一500*ml* 燒杯中以 200*ml* 蒸餾水溶解 3 克之 $NaHCO_3$，將含銻溶液徐徐注入其中（因有二氧化碳發生，加入宜徐緩，以免溶液濺失）。如此所得的溶液，加進澱粉指示劑 5*ml*，即以標準碘液滴定之，由 I_2 之用量計算銻的含量。

B. 討論:

在本實驗過程中，曾加進很多的試劑與各種處理方式，下列將其原因與目的依依申述之。

1. 加入 0.3 克的 KCl 之目的:

加入 KCl 之目的使 Sb_2S_3 轉變成 $SbCl_4^-$，不使其生成 $SbCl_3$，因為 $SbCl_3$ 易隨著水汽揮發，故溶液非甚稀薄不可煮沸。$SbCl_4^-$ 可減少揮發性。

$$Sb_2S_3 + 6H^+ + 8Cl^- \longrightarrow 2SbCl_4^- + 3H_2S$$

2. 加入 2 克酒石酸之目的:

因 $SbCl_4^-$ 在水溶液中易起水解生成不溶液的 SbOCl，加入酒石酸促使 SbOCl 不沉澱。

$$\begin{array}{lcl} & COO^- & & & COO^- \\ & | & & & | \\ SbOCl + & CHOH & \rightleftharpoons & Cl^- + & CHOH \\ & | & & & | \\ & CHOH & & & CHOH \\ & | & & & | \\ & COO^- & & & COO(SbO) \end{array}$$

3. 為什麼以 5*ml* 蒸餾水冲淡有紅色 Sb_2S_3 產生？為什麼煮沸後沉澱會消失？

因，$Sb_2S_3 + 6H^+ + 8Cl^- \longrightarrow 2SbCl_4^- + 3H_2S$，產生 H_2S、若 H_2S

留在溶液中，以水冲淡 $SbCl_4^-$ 溶液時，〔H^+〕濃度降低促使〔$S^=$〕增加，因此 $2SbCl_4^- + 3S^= \longrightarrow \underline{Sb_2S_3} + 8Cl^-$，少量之 Sb_2S_3 因加熱又能溶解在鹽酸中，加熱煮沸爲了趕除 H_2S，如此再加水則無沉澱發生，如此反覆加熱，加水，處理直至溶液中含〔$S^=$〕量減到極小。

4. 加入 NaOH 中和後再加 $NaHCO_3$ 之目的

加入 NaOH 中和爲了使 $NaHCO_3$ 爾後用量減少，以 $NaHCO_3$ 來控制溶液有效之 pH 值，如此才能使反應完成。

$H(SbO)C_4H_4O_6 + I_2 + 2HCO_3^- \longrightarrow H(SbO_2)\,C_4H_4O_6 + 2I^- + 2CO_2 + H_2O$ 總之，必使溶液控制在微鹼性。

總括以上所述，本實驗幾個重要反應列在下面:

$$Sb_2S_3 + 6H^+ + 8Cl^- \longrightarrow 2SbCl_4 + 3H_2S$$

$$SbCl_4^- + H_2C_4H_4O_6 + H_2O \longrightarrow H(SbO)C_4H_4O_6 + 4Cl^- + 3H^+$$

$$H(SbO)C_4H_4O_6 + I_2 + 2HCO_3^- \longrightarrow H(SbO_2)C_4H_4O_6 + 2I^- + 2CO_2 + H_2O$$

假如銻礦中含多量的 Fe^{+3}, Cu^{++}, As^{+3} 時，就可能有誤差產生，所以在初級課程上，此實驗之試料必需較純淨爲佳。

§ 14-10 漂白粉中有效氯之定量——實驗33

漂白粉主要成分爲 Ca(OCl)Cl，其因有漂白作用仍是 OCl^- 是一氧化力強的酸根，它可以使 KI 被氧化成I_2，再以 $Na_2S_2O_3$ 標準液滴定 I_2，便可求得漂白粉中氧化力之强弱。因爲 $Ca(OCl)\,Cl + 2HCl \longrightarrow CaCl_2 + Cl_2 + H_2O$，所以用 Cl_2 之含量百分比來表示漂白粉漂白力，雖漂白粉中常含有其他氯化物，但此氯化物遇酸未能生成 Cl_2，仍屬無效，故漂白粉應該檢定其中含有效氯 (*Available Chlorine*) 之含量。

A. 操作法:

由秤量瓶精密秤取漂白粉約 5 克於研磨中，加水研磨使之成爲均勻的漿狀物，移於 500 *ml* 之量瓶中，加水至標線齊，用力搖盪，使溶液均勻，然後由量管吸取 50*ml* 溶液於 250*ml* 燒杯中，以水稀釋至 100*ml*，再加進 KI 2 克，及冰醋酸或鹽酸，而以標準 $Na_2S_2O_3$ 溶液直接滴定所析出的 I_2

$$OCl^- + 2I^- + 2H^+ \longrightarrow I_2 + Cl^- + 2H_2O$$

由 $Na_2S_2O_3$ 所共量直接推算 $Cl_2\%$ 含量

B. 計算:

因 1 *mole*(OCl^-) 可產生 1 *mole* I_2，而 1 *mole* I_2 與 $Na_2S_2O_3$ 作用其氧化數變化爲 2，$(0\rightarrow -1)$ 之兩倍。同時在此應注意的是以定量的試料配成 500 *ml* 之均勻溶液，可是祇取其 50*ml* 來分析，因此分析之試料重等於 w（試料重）$\times\frac{50}{500}=w\times\frac{1}{10}$

所以 $NV = Na_2S_2O_3$ 之毫克當量數 $=\dfrac{\left(w\times\frac{1}{10}\right)\times x_{cl_2}}{\frac{Cl_2}{2000}}$

= 有效氯之毫克當量數

$$NV=\frac{\left(\frac{w}{10}\right)\times(x_{cl_2})}{\frac{Cl_2}{2000}}$$

$$Cl_2\%=\frac{NV\times\frac{Cl_2}{2000}}{w}\times 10\times 100$$

§ 14-11 碘量法之其他應用

碘量法應用很廣，除了上幾節幾種典型應用外，仍有下列各種利

用:

(1) 軟錳礦含錳量之分析:

$\underline{MnO_2}+2Cl^-+4H^+\longrightarrow Mn^{++}+Cl_2+2H_2O$

$Cl_2+2I^-\longrightarrow I_2+2Cl^-$

I_2 以 $Na_2S_2O_3$ 標準液滴定。

(2) 硫化鈉中硫之定量:

$$Na_2S+I_2\longrightarrow 2NaI+S\downarrow$$

此處加進一定量過剩之 I_2 標準液，待反應後，過剩之 I_2 溶液再以標準 $Na_2S_2O_3$ 滴定液滴定，間接算硫之含量。

(3) 若干鉛氧化物如 PbO_2, Pb_2O_3，與 Pb_3O_4 之定量

(4) H_2O_2, O_3 之定量:

$$O_3+2I^-+2H^+\longrightarrow I_2+O_2+H_2O$$

$$H_2O_2+2I^-+2H^+\longrightarrow I_2+2H_2O$$

(5) 鉻鐵礦中鉻之定量。

(6) 亞硝酸之分析。

(7) 錫礦中錫的定量。

(8) 氯酸鉀、碘酸鉀、過碘酸鉀之定量。

等等: 以上各舉例的定量，不外乎是碘量法之直接滴定或間接滴定，學者若能明瞭碘量法之原理自當能舉一反三。

§ 14-12 計算演練

1. 有一碘溶液 (1.000*ml*≑0.004946 克 As_2O_3) 及 $Na_2S_2O_3$ 溶液 (20.00*ml*≑0.08351 $KBrO_3$)。試問 (*a*) 各溶液之規定濃度爲若干？(*b*)1*ml* 之 $Na_2S_2O_3$ 溶液之銅值爲若干？

(*c*) 由幾毫升 0.1000*N* 之 $KMnO_4$ 溶液與過量 KI 作用，其

生成的碘才足夠被 $40ml\ Na_2S_2O_3$ 溶液還原？

(*a*) I_2 之規定濃度 $=\dfrac{0.004946}{1.000\times\dfrac{As_2O_3}{4000}}=0.1000N$

$$Na_2S_2O_3\ \text{規定濃度}=\frac{0.08351}{20.00\times\dfrac{KBrO_3}{6000}}=0.1500N$$

(*b*) $1\ ml\ Na_2S_2O_3=1\times0.1500\times\dfrac{Cu}{1000}$

$=0.009535$ 克之 Cu 值。

(*c*) $x\cdot0.1000=40.00\times0.1500\quad x=60.00\ ml$

2．有一 0.1000 克輝銻礦含銻量以 84.93% 表示之，需用 $20.00ml$ 的碘液滴定，試求 $1.000\ ml$ 之碘液相當於多少克的硫

(*a*) 在 $H_2S+I_2\longrightarrow S+2I^-+2H^+$ 之條件下？(*b*) 在 $SO_3^=+I_2+H_2O\longrightarrow SO_4^=+2I^-+2H^+$ 條件下？(*c*) 在 $2S_2O_3^=+I_2\longrightarrow S_4O_6^=+2I^-$ 之條件下？

先求 I_2 液之規定濃度

$$20.00\times N=\frac{0.1000\times84.93\%}{\dfrac{Sb_2S_3}{4000}}$$

$N=0.05000(I_2)$

(*a*) 硫之氧化數變化為 $2\,(-2\rightarrow0)$

$$1.000\times0.05000=\frac{x}{\dfrac{S}{2000}}\quad x=0.0008016\ \text{克}$$

(*b*) 硫之氧化數變化為 $2(+4\rightarrow+6)$

$$1.000\times0.05000=\frac{x}{\dfrac{S}{2000}}\quad x=0.0008016\ \text{克}$$

(c) 硫之氧化數變化為 $\left(+2\rightarrow2\dfrac{1}{2}\right)$。

$$1.000\times 0.05000=\frac{x}{\frac{S}{500}} \quad x=0.003206 \text{ 克}$$

3. 有 0.500 克之軟錳礦以 30*ml*, 6*N* H_2SO_4 溶解後加進4.000 克毫 *mole* 之 $Na_2C_2O_4$，過剩的草酸鹽以 0.06667*N*, 45.00*ml* 之 $KMnO_4$ 滴定，試求礦石含 Mn O_2 之百分率。

$$\underline{MnO_2}+2Cl^-+H^+\longrightarrow Mn^{++}+Cl_2+H_2O$$

$$Cl_2+2I^-\longrightarrow I_2+2Cl^-$$

再以 $Na_2S_2O_3$ 標準液滴定 I_2

所以 1 *mole* Mn O_2 可生成 1 *mole* Cl_2 而 1 *mole* Cl_2 可氧化出 1 *mole* I_2，因此 MnO_2 之毫克當量數$\frac{MnO_2}{2000}$($Cl_2\to Cl^-$，氧化數變為 $2\times 1=2$)

4.000 克 *millimole* 之 $Na_2C_2O_4=8.000$ 毫克當量數 $Na_2C_2O_4$

45.00*ml*, 0.06667*N* 之 $KMnO_4$ 毫克當量數＝3.000

因此 MnO_2 之毫克當量數為 $8.000-3.000=5.000$,

故 MnO_2 之含量為:

$$5.000=\frac{0.500\times x}{\frac{MnO_2}{2000}}$$

$$x\%=43.74$$

習　題

1. 滴定 0.2500 克之輝銻礦需用 20.83*ml*I_2，而每 *ml* 之 I_2 相當於 0.004495 克之 As。試求 Sb 之百分率。
2. 含 $BaCl_2\cdot 2H_2O$ 試料 0.661*gr* 溶解於水後，用 CrO_4^{--} 與 Ba^{++} 沉澱析出 $BaCrO_4$，經完全洗淨，溶解此沉澱於酸中，加入過量 KI 使與 $Cr_2O_7^{--}$ 作用其游離之 I_2，須用 37.5*ml* 0.121*N*$Na_2S_2O_3$ 溶液滴定之，試求試料中含 $BaCl_2\cdot 2H_2O$ 之百分組成。

3. 加一過量之 KI 於 $K_2Cr_2O_7$ 之溶液中，而析出之 I_2 以 48.80*ml*，0.1000*N* 之 $Na_2S_2O_3$ 標準液滴定，該 $K_2Cr_2O_7$ 溶液中含多少克純淨之 $K_2Cr_2O_7$？

4. 4.00 克鋼鐵中之硫以 H_2S 放出而以 1.60*ml* 之 0.05000*N* 碘溶液滴定之。鋼鐵中 S 之百分數爲何？1.000*ml* 之碘以 As_2O_3 之克數表示之值爲何？多少毫升之碘將被 40.00*ml* 之 $Na_2S_2O_3$ 溶液（1.000*ml* ≑ 0.006354 克 Cu）？需要每升含 10.0*millimole*KIO_3 及 50.0 克 KI 之碘酸鹽-碘化物溶液多少體積以滴定得自 5.00 克上述鋼鐵之H_2S？所涉及之方程式如下

$$H_2S+I_2\longrightarrow S+2I^-+2H^+$$

$$AsO_3^{-3}+2HCO_3^-+I_2\longrightarrow AsO_4^{-3}+2I^-+2CO_2+H_2O$$

$$2Cu^{++}+4I^-\longrightarrow \underline{2CuI}+I_2$$

$$IO_3^-+6I^-+6H^+\longrightarrow 3I_2+I^-+3H_2O$$

第十五章　沉澱滴定法基本理論

沉澱滴定法是利用分析液與滴定液在某條件下形成難溶性沉澱或錯化合物生成，此時分析物的濃度突然變化，猶如在酸、鹼滴定法，在接近終點時 pH 值驟然變化，而告知我們當量點在此附近；因此容量沉澱法可分成兩大類：

(1) 沉澱生成

(2) 錯化合物生成。

在未開始討論沉澱滴定法之前，必需對沉澱在溶液中平衡狀況，錯化合物的生成有所認識。

§15-1　溶解度積

當一難溶性物質（如 AgCl 沉澱）在水溶液中成一飽和溶液，即是 AgCl 固體與 Ag^+, Cl^- 離子成平衡狀況：

$$AgCl\,(\text{固體}) \rightleftharpoons Ag^+ + Cl^-$$

平衡常數K，$K=\dfrac{[Ag^+][Cl^-]}{[AgCl]}$（以濃度代替活性單位）

因固體 AgCl 之濃度視爲不變，把它歸於常數項而得

$$[Ag^+][Cl^-]=K[AgCl]=K_{sp}$$

定 K_{sp} 爲溶解度積，即是在一飽和溶液中，某難溶性物質的正負離子其濃度乘積必爲一定常數，由溶解度積可判斷沉澱的生成，當溶液中 $[Ag^+][Cl^-]$ 之乘積達到 K_{sp} 值立刻有沉澱發生，同時與沉澱維持平衡狀態。

在 25°C 時，Q_{AgCl} 爲 1.0×10^{-10}，在任何條件下若 $[Ag^+][Cl^-]=Q$ 時，

(1) $Q<K_{sp}$ 溶液無沉澱發生，Ag^+, Cl^- 存於溶液中。

(2) $Q\geqslant K_{sp}$ 有沉澱產生，固體 AgCl 成平衡。

實際上 K_{sp} 應該以各成分離子之活性表示:

$$K_{sp}=a_{Ag}+a_{Cl^-}$$

$$f_{Ag^+}[Ag^+]\times f_{Cl^-}[Cl^-]$$

在稀薄之溶液中，f_{Ag^+}, f_{Cl^-}（活性係數）略等於 1，則上式可寫成

$$K_{sp}=[Ag^+][Cl^-]$$

其一般式寫法，A_mB_n 爲一電解質

$$A_mB_n \rightleftharpoons mA^{+n}+nB^{-m}$$

$$K_{sp}=[A^{+n}]^m\cdot[B^{-m}]^n。$$

如 $Al(OH)_3$，$K_{sp}=[Al^{+3}][OH^-]^3$

$$=4.6\times10^{-33}\ (at\ 25°C)$$

§15-2 共同離子效應對溶解度的影響

當加一與沉澱物有相同離子的電解質時，將會使沉澱的溶解度降低。(溶解度積仍保持一定常數)，例如一難溶性之沉澱 AB，在溶液中成 $AB\rightleftharpoons A^++B^-$

$$K_{sp}=[A^+][B^-]$$

沉澱的溶解度 S，應等於 $[A^+]$ 或 $[B^-]$，因爲 $[A^+]=[B^-]=\sqrt{K_{sp}}$，若加進過量之 $[A^+]$ 時，爲維持 K_{sp} 之一定值 $[B^-]$ 勢必降低，因此在此條件下，沉澱之溶解度不能以 $[A^+]$ 代表，因爲 $[A^+]$ 已有外加的離子濃度，所以 $S=[B^-]$，而此時 $[B^-]$ 比無加入 $[A^+]$ 離子時要小，故沉澱之溶解度降低，舉例說明之。

如 $BaSO_4$ 白色沉澱，其 K_{sp} 值爲 1.0×10^{-10}

$$BaSO_4 \rightleftharpoons Ba^{+}+SO_4^{=}$$

$$K_{sp}=[Ba^{+}][SO_4^{=}]=1.0\times10^{-10}$$

當溶液無外加共同離子時，沉澱之溶解度，$S=[Ba^{++}]=[SO_4^{=}]$

$$S=[Ba^{++}]=\sqrt{K_{sp}}=1.0\times10^{-5}$$

卽是沉澱此時之溶解度爲 1.0×10^{-5}。

若加進 $0.1\,M$ 之 $[SO_4^{=}]$ 時，溶液 $[SO_4^{=}]=0.1$，沉澱之溶解度以 $[Ba^{++}]$ 表示，$S=[Ba^{++}]$，而 $[Ba^{++}]=\dfrac{K_{sp}}{[SO_4^{=}]}=\dfrac{1.0\times10^{-10}}{0.1}=1.0\times10^{-9}$

$\therefore\qquad S=1.0\times10^{-9}$，

由上可知有共同離子存在時促使沉澱物之溶解度降低。

有時候沉澱的溶解度在共同離子存在下雖降低，但降低值並不如所計算來的小，這是因爲有錯合離子產生，此錯合離子祇在較高濃度之共同離子存在下才能穩定，例如 $Ag^{+}+Cl^{-}$（過剩）$\longrightarrow AgCl_2^{-}$，基於此因，沉澱劑加入溶液時不可超過 10 %的量。

以上所論乃是理論上與一般情況是成立，但在某些場合，並不一定共同離子效應一定使沉澱的溶解度降低，反而使溶解度增高，例如 AgCl 沉澱在濃 $NaCl_2$ 溶液中，其溶解度亦反增大，關於某些例外情形，自當需以其他理論解釋之。

§15-3　非共同離子效應對溶解度的影響

從實驗的結果告訴我們某難溶性的物質在存有非共同離子電解質時的溶解度比存有共同離子電解質或在純水溶液時之溶解度要大。$BaSO_4$ 在水溶液中溶解度爲 2.3 毫克/升，但在 $0.010\,M$ 之 KCl 下，則增為 3.9 毫克/升，此種現象似乎不能以溶解度積來解釋，在第一節已提過，溶解度積並不能以摩爾濃度代替活性 (*activity*)，然而活性雖可由 *Debye-Hückel* 近似公式求出，但活性係數，f，不僅與離子間之作用力有關，且與離子之電荷，濃度均有關係，因此若將此些因素列入考慮，溶解度受各種離子之影響並不是很簡單，計算活性係數與離子間的作用力不是本書所引論的範圍，但需將事實記住，即是沉澱之溶解度在非共同離子之電解質存在時比在水溶液要大，溶解度增大的程度隨電解質的種類，濃度，離子所帶電荷的大小，其他如溫度亦有影響，所以在沉澱時儘可能減少非共同離子之電解質存在。

§15-4 酸度對溶解度的影響

強酸根形成鹽的沉澱，遇強酸不一定能溶解，然弱酸形成鹽之沉澱，遇較強酸，則易為強酸分解而生可溶性物質。例如 $BaCO_3$ 白色沉澱遇 HCl, HNO_3，及醋酸等較 H_2CO_3 為強的酸時，則發生 CO_2 及 $BaCl_2$ 成可溶之鹽類。

$$BaCO_3 \rightleftharpoons Ba^{++} + CO_3^{=}$$

$$2HNO_3 \rightleftharpoons 2NO_3^{-} + 2H^{+}$$

$$\qquad\qquad\quad \downarrow\uparrow \qquad\quad \downarrow\uparrow$$

$$\qquad\qquad Ba(NO_3)_2 \quad H_2CO_3 \rightleftharpoons H_2O + CO_2$$

從溶解度積理論解釋，$BaCO_3$ 在一定溫度，$[Ba^{++}][CO_3^{=}] = K_{sp}$ 一定值，因強酸使溶液中 $[H^+]$ 增加，而與 $CO_3^{=}$ 形成解離度較小的 H_2CO_3 弱酸，或生成 CO_2 而散失，因此 $[CO_3^{=}]$ 大大降低，促使 $[Ba^{++}]$ 心需由 $BaCO_3$ 沉澱再溶解來補充，使維持一定 K_{sp} 值，所以沉澱漸漸溶解，若 $[H^+]$ 一直增加，則 $BaCO_3$ 將全部溶解。Al $(OH)_3$, Fe $(OH)_3$ 等沉澱在 $[H^+]$ 大量存在時，H^+ 與 OH^- 形成 H_2O 而破壞其 K_{sp} 平衡式，遂使之溶解。

某些元素具有兩性性質，如 Al, Cr 等，其沉澱不僅可溶在酸中，在鹼中亦可溶解，部份因形成穩定錯離子而使原來離子濃度大量降低，沉澱漸溶解，關於錯離子的形成在下節申述。

§15-5　錯離子形成對溶解度的影響

在沉澱的溶液中，若有錯離子形成，會增加沉澱的溶解度，例如，AgCl 沉澱中，加入 NH_3 會促使 AgCl 溶解度增加，因爲溶液中 Ag^+ 形成錯離子 $Ag(NH_3)_2^+$，而使〔Ag^+〕降低，AgCl 必再溶解補其不足。又如在 Ag^+ 液中滴加氰化物，初生白色 AgCN 沉澱，繼續滴加 KCN 則沉澱溶解生成 $Ag(CN)_2^-$ 錯離子。

$$AgCN + CN^- \longrightarrow Ag(CN)_2^-$$

$$Ag(CN)_2^- \longrightarrow Ag^+ + 2CN^-$$

平衡常數 $K=\dfrac{[Ag^+][CN^-]^2}{[Ag(CN)_2^-]}=1\times10^{-21}$，在此稱此平衡常數爲錯離子之解離常數 (*dissociation constant*) 或不穩定常數 (*instability constant*)。下列舉一例說明錯離子生成對沉澱溶解度的影響。

若有 AgCl 沉澱在 0.010 M 之 NH_4OH 溶液中，其溶解度之變化，若在水溶液中 AgCl 沉澱之溶解度應爲 $\sqrt{K_{sp}}=10^{-5}$。

$$K_{sp}=1.0\times10^{-10}=[Ag^+][Cl^-]$$

但現在因有 NH_4OH 存在，則 Ag^+ 與 NH_3 形成錯離子 $Ag(NH_3)_2^+$

$$AgCl \rightleftharpoons Cl^- + Ag^+ \quad \cdots\cdots 由 K_{sp} 值推算$$

$$+$$

$$2\,NH_3$$

$$\upharpoonleft\downharpoonright$$

$$Ag(NH_3)_2^+ \cdots \quad 由其解離常數 K_{diss} 推算$$

$$K_{diss}=\frac{[Ag^+][NH_3]^2}{[Ag(NH_3)_2^+]}=7.0\times10^{-8}$$

觀察溶液各離子濃度關係：

$$[Cl^-]=[Ag^+]+[Ag(NH_3)_2^+]$$

$$K_{sp}=[Ag^+]\{[Ag^+]+[Ag(NH_3)_2^+]\}$$

$$=[Ag^+]\{[Ag^+]+[Ag^+][NH_3]^2/K_{diss}\}$$

$$=[Ag^+]\{[Ag^+]+[Ag^+](0.010)^2/7.0\times10^{-8}\}$$

$$=[Ag^+]^2+(1.0\times10^{-4}/7.0\times10^{-8})[Ag^+]^2$$

$$=1.0\times10^{-10}$$

整理之　$7.0\times10^{-8}[Ag^+]^2+10^{-4}[Ag^+]^2=7.0\times10^{-18}$

$$[Ag^+]^2=7.0\times10^{-18}/10^{-4}=7.0\times10^{-14}$$

$$[Ag^+]=2.6\times10^{-7}$$

AgCl 之溶解度，$S=[Cl^-]$

$$S=[Cl^-]=\frac{K_{sp}}{[Ag^+]}=\frac{1.0\times10^{-10}}{2.6\times10^{-7}}=3.8\times10^{-}$$

$$S=3.8\times10^{-4}$$

由上計算可比較在純水溶液中，AgCl 溶解度爲 1.0×10^{-5} 在 NH_4OH 中則增大爲 3.8×10^{-4}，後者爲前者之 38 倍。

沉澱溶解度對前幾節各因素有影響外，對溫度亦有很大影響，一般溫度增高溶解度增大，當然亦有相反情形。這些將牽涉到反應熱的問題，不在此處申論。

§15-6　沉澱平衡

沉澱平衡的研究可藉沉澱 K_{sp} 值而求得在滴定各階段中，離子濃度變化，一般以滴定液（沉澱劑）爲體積爲橫標，以離子濃度負 log 值，記爲 p(ION)，爲縱標，研究滴定曲線圖。今以一例說明之。

有一 50 ml, 0.10 N 之 NaI 溶液，以 0.10N $AgNO_3$ 爲滴定液(沉澱劑)，以溶液中在滴定各階段〔I^-〕濃度之負 log 值，記爲 pI 與滴定液體積用量作圖。

1. 開始滴定之 pI 值。

〔NaI〕= 0.10 N = 0.10 M。

〔I〕= 0.10 M（NaI 完全解離）

pI = 1.0

2. 加進 10.0 ml $AgNO_3$ 後：pI 之值。

50×0.10 = 5.0	（毫克當量數）	I^- 開始之總毫克當量數
10×0.10 = 1.0	（毫克當量數）	$AgNO_3$ 滴進的毫克當量數
4.0	（毫克當量數）	過剩 I^- 之毫克當量數
60 ml		溶液整體積

4.0÷60 = 0.067(N) = 0.067(M)　〔I^-〕

PI = 1.2　PI 值

溶液中有 AgI 沉澱必然有部份解離，事實上〔I^-〕應較 0.067 爲大，

$$AgI \rightleftharpoons Ag^+ + I^-$$

$$S \qquad S \qquad 0.067+S$$

$$K_{sp} = [Ag^+][I^-] = S(0.067+S) = 1.0\times10^{-16}$$

由此算出之 $S = 1.5\times10^{-16}$，溶解度太低，

$$[I^-] = 0.067 + 1.5\times10^{-16} \fallingdotseq 0.067$$

故將由 AgI 解離的〔I^-〕忽略不計。

3. 加進 50.0 ml $AgNO_3$（當量點）後 pI 之值：

I^- = 5.0（毫克當量數）

Ag^+ = 5.0（毫克當量數）

溶液中〔I^-〕已漸次降低，到了當量點時，〔I^-〕完全看 AgI 平衡時

溶液 I^- 之濃度

$$\begin{matrix} AgI & \rightleftharpoons & Ag^+ & + & I^- \\ S & & S & & S \end{matrix}$$

$$K_{sp}=[Ag^+][I^-]=1.0\times10^{-16}$$

$$S^2=1.0\times10^{-16}$$

$$S=\sqrt{1.0\times10^{-16}}=1.0\times10^{-8}=[I^-]$$

$$pI=8.0$$

4. 加進 60.0 *ml* 之 $AgNO_3$ 後 pI 之值。

Ag^+ 加進量	$60\times0.10=6.0$ 毫克當量數
I^-量	$50\times0.10=5.0$ 毫克當量數
過剩 Ag^+	$=1.0$ 毫克當量數
溶液整體積	$=110$ *ml*

所以 $[Ag^+]=\dfrac{1.0}{110}=0.0091\,N=0.0091\,M$，再加上 AgI 解離部份，此微小部份可以略去。

$$[Ag^+]=9.1\times10^{-3} \qquad pAg=2.0$$

$$pI=pK_{sp}-pAg=16-2.0=14$$

$$(pK_{sp}=-\log(1.0\times10^{-16})=16)$$

根據計算數據列表與作圖。

$AgNO_3$ 加進體積	$[I^-]$	I^- 沉澱百分率(%)	pI
0.00	0.10	0.00	1.0
10.00	0.067	20.00	1.2
40.00	0.011	80.0	2.0
49.00	0.0010	98.0	3.0
49.90	0.00010	99.8	4.0
49.95	0.000050	99.9	4.3
50.00	0.000000010	100.	8.0
50.10	0.00000000000010	100.	12.0
60.00	0.000000000000011	100.	14.0

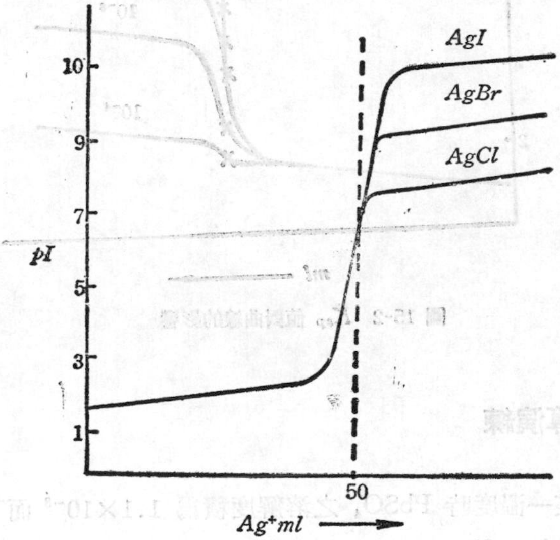

圖 15-1　Ag^+-I^- 滴定圖

曲線陡直部份隨著 K_{sp} 之大小而改變，K_{sp} 值愈小，愈陡直，如圖15-2 可看出 K_{sp} 值與 pION 之變化。

一般 $K_{sp}>10^7$，曲線陡直處已不顯明，所以利用沉澱滴定法之前，應先查對所生成沉澱之 K_{sp} 值大小爲何。

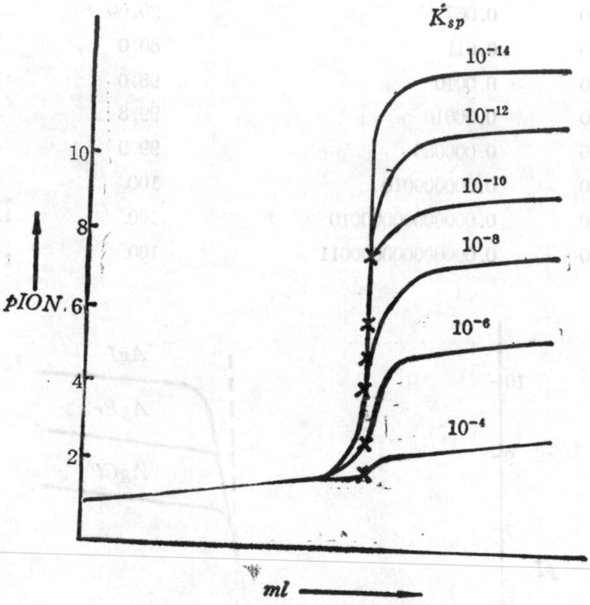

圖 15-2 K_{sp} 值對曲線的影響

§15-7 計算演練

1. 在某一溫度時 $PbSO_4$ 之溶解度積爲 1.1×10^{-8} 而下列三反應之平衡常數如下所示:

$$PbSO_4(s)+2I^- \rightleftharpoons pI_2(s)+SO_4^{=}(K_1=4.6\times10^{-1})$$

$$PbI_2(s)+CrO_4^{=} \rightleftharpoons PbCrO_4(s)+2I^-(K_2=4.3\times10^{12})$$

$$PbS(s)+CrO_4^{=} \rightleftharpoons PbCrO_4(s)+S^{=}(K_3=7.5\times10^{-8})$$

由此等數據求計 Pb*S* 之溶解度積。

上述平衡之各常數，依序爲

$$[Pb^{++}][SO_4^{=}]=1.1\times10^{-8}\cdots\cdots\cdots\cdots(1)$$

$$\frac{[SO_4^{=}]}{[I^-]^2}=4.6\times10^{-1}\cdots\cdots\cdots\cdots\cdots\cdots\cdots\cdots(2)$$

$$\frac{[I^-]^2}{[CrO_4^{=}]}=4.3\times10^{12}\cdots\cdots\cdots\cdots\cdots\cdots\cdots(3)$$

$$\frac{[S^{=}]}{[CrO_4^{=}]}=7.5\times10^{-8}\cdots\cdots\cdots\cdots\cdots\cdots\cdots\cdots(4)$$

聯合此等方程式，(1)÷(2)÷(3)×(4) 得

$$[Pb^{++}][S^{=}]=4.2\times10^{-28}$$

2. 計算多少克的 $PbCl_2$ ($K_{sp}=2.0\times10^{-4}$) 能溶解在 200 *ml* 的水中。

$$PbCl_2\rightleftharpoons Pb^{++}+2Cl^-$$

令　$[Pb^{++}]=S$，且 $[Cl^-]=2[Pb^{++}]=2S$

所以　$K_{sp}=[Pb^{++}][Cl^-]^2=S\cdot(2S)^2=4S^3=2.0\times10^{-4}$

$4S^3=2.0\times10^{-4}$；$S=3.68\times10^{-2}(M)$

需 $PbCl_2$ 之克數$=3.68\times10^{-2}(mole/l)$

$$\times278\text{ 克}\left(\frac{1}{mole}\right)\times\frac{200}{1000}(l/200\ ml)$$

$$=2.1\text{ (克}/200\ ml)$$

3. 在過剩的 Sr^{++} 溶液中，計算 SrF_2 之溶解度。(設 Sr^{++} 爲 0.10 *M*)，若過剩的 F^- 溶液中 ($F^-=0.10\,M$) 又如何？

$$SrF_2\rightleftharpoons Sr^{++}+2F^-$$

令 *S* 爲 SrF_2 之溶解度

$[Sr^{++}]=0.10+S$ (由 SrF_2 解離而得)

$[F^-]=2S$

所以　$K_{sp}=[Sr^{++}][F^-]^2=(0.10+S)(2S)^2=3.0\times10^{-9}$

因爲 $S \ll 0.10+S$ 故令 $0.10+S \fallingdotseq 0.10$

得 $0.4S^2=3.0\times10^{-9}$

$S=8.7\times10^{-5}$

又在過剩 $F^-=0.10\,M$ 條件下，SrF_2 之溶解度，S，等於 $[Sr^{++}]$

$[Sr^{++}]=S$

$[F^-]=0.10+2S$

$K_{sp}=[Sr^{++}][F^-]^2=S(0.10+2S)^2 \fallingdotseq S(0.10)^2$

所以 $K_{sp}=S(0.10)^2=3.0\times10^{-9}$

$S=3.0\times10^{-7}$

在 $0.10\,M$ F^- 之共同離子效應較在 $0.10\,M$ Sr^{++} 下影響大。

4. 若 0.020 式量之 AgCl 溶液，於過量 NH_4OH 中得總氨濃度 $2.0\,M$ 而總體積 1 升，其銀離子濃度僅爲 0.000037 *mg/liter*，則 $Ag(NH_3)_2^+$ 之解離常數爲何？

$$\frac{[Ag^+][NH_3]^2}{[Ag(NH_3)_2^+]}=K$$

$$[Ag^+]=\frac{0.000037\times10^{-3}}{108}=3.4\times10^{-10}\,mole/liter$$

$[NH_3]=2.0$

$[Ag(NH_3)_2^+]=0.020$（近似值）

$$K=\frac{(3.4\times10^{-10})\times(2.0)^2}{0.020}=6.8\times10^{-8}$$

習　題

1. 在 $0.10\,M$ 之 $K_2Hg(CN)_4$ 溶液中之汞離子及氰離子之 *mole* 濃度（M）各爲何？
2. 若硫酸鹽 Ag_2SO_4（式量＝312）之溶解度爲 $5.7\times10^{-3}\,g/ml$，則其溶解度積及 pK_{sp} 值各爲何？

3. (a) 若 $CaSO_4$ 及 CaF_2 之溶解度各爲 1.1 及 0.016 *mg/ml*，則其溶解度積各爲何？(b) 在 0.50 *M*, F^- 離子溶液 100 *ml* 中能留存多少 *mg* 之 Ca^{++}？
4. 加入足量之 $AgNO_3$ 於 Br^- 及 Cl^- 之溶液中發生兩者沉澱之溶液中二離子濃度之比爲何？
5. 多少克之 $FeCl_3$ 能存於 pH 值 3.0 之酸溶液 200 *ml* 而不發生 $Fe(OH)_3$ 沉澱？
6. 若有一 50 *ml*, 0.10 *N* 之 NaI 溶液，以 0.20 *N* $AgNO_3$ 溶液滴定，試計算並繪出滴定圖。
7. $BaSO_4$ 之 $K_{sp}=1.1\times10^{-10}$。反應 $BaSO_4(s)+CrO_4^{=} \rightleftharpoons BaCrO_4(s)+SO_4^{=}$ 之平衡常數 K 爲 0.37；反應 $BaCrO_4(s)+2F^- \rightleftharpoons BaF_2(s)+CrO_4^{=}$ 之 K 值爲 1.8×10^{-4}。由此數據計算 BaF_2 之溶解度積。

第十六章　沉澱滴定法

§16-1　銀量法 (*argentometry*)

沉澱法中最爲有用的方法是利用硝酸銀標準液爲各沉澱分析的滴定液，稱爲銀量法；銀量法大致可分爲四類操作程序。

A. *Gay Lussac's methode* (相同混濁度法)：

以 $AgNO_3$ 標準液滴定含氯離子的稀薄溶液時，如達到當量點溶液中 Ag^+ 濃度等於 Cl^- 濃度，$[Ag^+]=[Cl^-]=\sqrt{K_{sp}}$，此時，如再滴加少量 $AgNO_3$ 溶液，由於共同離子效應，使 $[Ag^+]$ 增大促使 AgCl 溶解度再降低，因此仍會有少量沉澱產生。因此在滴定時，欲知道當點的位置可取少量上層澄清液分兩部份置於黑色瓷板上，各加一滴 Ag^+ 與 Cl^- 離子，如兩者之混濁度相等，是爲當量點。此法雖可得正確結果，但需操作小心。

B. *Volhard* 法（柏哈法）

C. *Mohr* 法（摩耳法）

D. 吸附法

此三種方法暫不在此節申述，在介紹過沉澱法指示劑之應用後，再對它們詳細闡述。

§16-2　指示劑與各沉澱滴定法

在沉澱法中，指示劑終點判斷的原理與溶解度積，錯離子生成及吸附作用等有密切關係。下列將沉澱法所使用的指示劑分成四大類型討論。

A. 生成異色沉澱（*Mohr* 法）

當標準硝酸銀溶液滴入一氯化物溶液中時，以鉻酸鉀爲指示劑，因爲 $CrO_4^{=}$ 遇到過剩之 Ag^+ 立即發生紅色 Ag_2CrO_4 沉澱，此指示劑係預先加入欲分析液中，必至氯離子完全爲銀離子沉澱後，始生耐久紅色沉澱。

$$[Ag^+][Cl^-]=1.0\times10^{-10}\cdots\cdots\cdots\cdots\cdots(1)$$

在當量點時 $[Ag^+]=\sqrt{1.0\times10^{-10}}=1.0\times10^{-5}$,

$$[Ag^+]^2[CrO_4^{=}]=1.7\times10^{-12}\cdots\cdots\cdots\cdots(2)$$

$$[CrO_4^{=}]=\frac{1.7\times10^{-12}}{(1.0\times10^{-5})^2}=1.7\times10^{-2}=0.017(M)\cdots\cdots(3)$$

又將 $(1)^2\div(2)$ 得 $\dfrac{[Cl^-]^2}{[CrO_4^{=}]}=\dfrac{(1.0\times10^{-10})^2}{1.7\times10^{-12}}=5.8\times10^{-9}\cdots(4)$

由 (3) 式可知欲有 Ag_2CrO_4 沉澱發生時，$CrO_4^{=}$ 離子濃度不小於0.017*M*，但此種濃度的 $CrO_4^{=}$ 溶液，具有濃厚的黃色，影響終點的辨認，一般使用 0.0017*M* 爲多。

由 (4) 式可知若 $[CrO_4^{=}]=1$ 時 $[Cl^-]=\sqrt{5.8\times10^{-9}}=7.6\times10^{-5}$ 即是 $[Cl^-]\ll[CrO_4^{=}]$；換言之，紅色 Ag_2CrO_4 沉澱在有 Cl^- 離子存在時必完全被分解，必得在 $[Cl^-]\ll[CrO_4^{=}]$ 條件下才能顯色，因此可利用此原理作爲沉澱滴定之指示劑。

$$\underline{Ag_2CrO_4}+Cl^-\rightleftharpoons\underline{2AgCl}+CrO_4^{=}$$

除外，*Mohr* 法，須在中性或靠近中性的溶液進行，因爲在酸性液中(pH<6)，$CrO_4^{=}$ 離子轉爲 $Cr_2O_7^{=}$；($2CrO_4^{=}+2H^+\rightarrow Cr_2O_7^{=}+H_2O$)；在 pH>10 之鹼性液中，$Ag^+$ 離子會生成 Ag_2O 沉澱。

B. 生成異色可溶性物質 (*Volhard* 法)

若以標準 KCNS 或 NH_4CNS 溶液滴定銀離子時，以 Fe^{+3}（鐵礬）爲指示劑，因微量過剩的 CNS^- 與 Fe^{+++} 生成紅褐色錯離子 $Fe(CNS)_6^{-3}$，藉以判斷當量點的到達。

在接近當量點時，應不斷地攪拌，避免 Ag^+ 離子爲 AgCNS 沉澱所吸附，$Ag^++CNS^- \rightleftharpoons \underline{AgCNS}$ $(K_{sp}=1.0\times10^{-12})$，結果未達到終點，過量的 CNS^- 即與 Fe^{++} 生成紅褐色之錯離子。

$$Fe^{+3}+6CNS^- \rightleftharpoons Fe(CNS)_6^{-3}$$

在作鹵素分析時，採用此方法應注意到 AgCl 沉澱與 AgCNS 沉澱彼此間相互影響的關係，因爲 AgCl 之 $K_{sp}=1.0\times10^{-10}$ 而 AgCNS 之 $K_{sp}=1.0\times10^{-12}$，因此 AgCl 沉澱會漸漸轉變成 AgCNS 沉澱而放出 Cl^-；

$$AgCl+CNS^- \longrightarrow AgCNS+Cl^-$$

逐使滴加過量之 CNS^- 溶液才能使溶液呈現 $Fe(CNS)_6^{-3}$ 錯離子，爲了防止此項誤差在操作程序上有二種方法處理之：

(1) 將原先加進一定量 $AgNO_3$ 而生成的 AgCl 沉澱熱過濾，使 AgCl 不與 CNS^- 共同存在溶液中，冷却後再以 KCNS 滴定。

(2) 加入少量的硝基苯( $-NO_2$)於 AgCl 沉澱中，充分攪拌後以 KCNS 滴定，因爲硝基苯會形成一薄膜能附在 AgCl 沉澱上避免與 AgCNS 作用。

有時稱 (1) 爲過濾法，(2) 非過濾法，對 AgBr, AgI 則無此顧慮因爲 AgBr 之 $K_{sp}=5.0\times10^{-12}$，AgI 之 $K_{sp}=1.0\times10^{-16}$ 均較 AgCNS 之 K_{sp} 爲小，因此分析 Br^- 與 I^- 可以直接以 KCNS 溶液滴定。

C. 沉澱生成爾後溶解或錯合物生成爾後沉澱：

若以標準 KCN 溶液滴定鎳之化合物時，KCN 與 $Ni(NH_3)Cl_2$（在 NH_3 中進行）生成 $K_2Ni(CN)_4$，

$$Ni(NH_3)_4Cl_2+4KCN \rightleftharpoons K_2Ni(CN)_4+4NH_3+2KCl$$

此時黃色 AgI 可作爲指示劑，因爲過量之 KCN 滴進時，立刻使 AgI 不溶性物質溶解，

$$2KCN+AgI \longrightarrow KAg(CN)_2+KI$$

藉此時溶液呈現透明時表示當量點已到達。

若以氯化汞加入碘化鉀溶液中時，最初生成一可溶性之錯合物。

$$4KI+HgCl_2 \rightleftharpoons K_2HgI_4+2KCl$$

若 $HgCl_2$ 之量微有超過時，則又與 K_2HgI_4 作用而生紅色沉澱。

$$HgI_4^{=}+Hg^{++} \longrightarrow \underline{2HgI_2}$$

即在此滴定，生成紅色混濁是達到終點之徵。

D. 吸附指示劑（*Fajans* 法）

自 1921 年 *K. Fajans* 提出吸附理論後，即已利用吸附指示劑於分析上，其原理不外有三：

(1) 膠體沉澱粒子有吸附溶液中正、負離子於其表面。

(2) 被吸附的正負離子常爲沉澱各成分離子，例如 AgCl 膠狀沉澱表面易吸附 Ag^+ 或 Cl^- 離子而形成一離子薄層。

(3) 此離子層又能吸附某種有機物（有機染料），因而令有機物分子構造改變而起顏色上的變化。如在某程度時，離子層消失後則有機物又回復原來的分子結構，顏色又起變化。藉此顏色變化可判斷當量點的到達。

如果以 $AgNO_3$ 來滴定 NaCl，加入 *fluorescein ion* (FI^-)（螢光黃染料）爲指示劑，在滴定階段其變化如下：

(a) 在當量點到達之前：

溶液因含較多 Cl^- 離子存在，

$$Cl^-(過量)+Ag^+ \rightleftharpoons \boxed{AgCl\cdot Cl^- \mid 正電中心}$$

(b) 在當量點時：

$$Cl^-+Ag^+ \rightleftharpoons \underline{AgCl}$$

(c) 在當量點到達之後：

繼續滴定 $AgNO_3$，溶液中 Ag^+ 較多；

$$Cl^-+Ag^+(過量) \rightleftharpoons \boxed{AgCl\cdot Ag^+ \mid 負電中心}$$

此時 *fluorescein* 指示劑：

$$HFI \rightleftharpoons H^+ + FI^-$$

$$FI^- + AgCl\cdot Ag^+ \longrightarrow \boxed{AgCl\cdot Ag^+ \mid FI^-}$$

（黃色）　　　　　　（淡紅色）

如果復加過量的 Cl^- 時，則淡紅色卽消失，離子層消失。

吸附作用是膠體之特性，其詳盡的原理要見膠體化學研究，因此吸附指示劑之使用很受客觀環境的限制，它不僅與有選擇性，且對沉澱粒子的大小，膠體的凝聚，溶液 pH 值，染料本身分子結構均有密切關係。一般常使用的吸附指示劑如下表。

表16-1　指示劑種類

指示劑	滴定形式	條件（pH）
Fluorescein	$Cl^- \longleftarrow Ag^+$	中性
Dichlorofluorescein	$Cl^- \longleftarrow Ag^+$	$pH \geqslant 4$
Eosin	$I^- \longleftarrow Ag^+$	$pH \geqslant 2$
	$Br^- \longleftarrow Ag^+$	$pH \geqslant 2$
	$SCN^- \longleftarrow Ag^+$	$pH \geqslant 2$
Methyl violet	$Ag^+ \longleftarrow Cl^-$	酸性
Bromphenol blue	$Hg^+ \longleftarrow Cl^-$	酸性

§16-3 $0.1N\ AgNO_3$ 與 $0.1N$ KCNS 標準液配製——實驗34

配製 $0.1N\ AgNO_3$ 有兩種方法一是秤取精確 $AgNO_3$ 量溶在精確體積中便可得正確濃度；二是依一般配製方法祇需求其大略值再以基準劑來校正配製溶液。初學者不宜使用第一種方法，在此仍以第二方法作實驗的依據。

Ⅰ. $0.1N\ AgNO_3$ 溶液

將預先在 105°*C* 溫度下烘乾兩小時後的 $AgNO_3$ 白色結晶固體，秤取 8.2 克後移於 500-*ml* 棕色試劑瓶中，加蒸餾水稀釋至 500*cc* 蓋住瓶蓋用力搖幌使溶液均勻。

在此應特別注意蒸餾水是否純淨尤其不得含有氯離子，學者可先以兩滴 $AgNO_3$ 試以蒸餾水有無白色 AgCl 沉澱，若有之，棄而不用；再者 $AgNO_3$ 固體或溶液應避免有機物接觸及光線照射否則 Ag^+ 被還原爲 Ag^0 而析出：

Ⅱ. $0.1N$ KCNS 溶液

秤取大約 5 克 KCNS 結晶溶於 500*ml* 蒸餾水中，攪拌均勻後倒入白色試劑瓶內。

§16-4 KCNS 與 $AgNO_3$ 溶液濃度之比值——實驗35

KCNS 或 NH_4CNS 很難達到高純度，一般以基準劑來校正 $AgNO_3$ 溶液再利用二者比值關係相對求得 KCNS 之標準濃度。

操作法：

依照正確滴管使用法將兩根滴定管分別充滿 $AgNO_3$ 與 KCNS 溶液。流取 30*ml* Ag NO_3 溶液於 250-*ml* 燒杯中，加進 20*ml* 蒸餾水與 5*ml* 6*N* HNO_3（先加熱趕除氮的氧化物後再取用。）加進 5*ml* 鐵明礬指示劑 (*Ferric Alum*)，以 KCNS 爲滴定液。

在滴定過程中需用攪拌棒不停攪拌，迄溶液呈紅棕色且保持15秒鐘以上，以相同實驗方法再作一次爾後求兩次結果平均值。

§16-5 0.1*N* $AgNO_3$ 標準液之標定——實驗36

Ag NO_3 溶液以純 NaCl 校正，以間接柏哈法 (*Indirect Volhard Method*) 處理之。

A. 操作法:

由秤量瓶秤取兩份精確重量 0.15 克—0.20 克純淨乾燥的 NaCl 倒至 250*ml* 之燒杯中，秤量時讀數讀到 0.1 毫克單位以 50*ml* 蒸餾水溶解之；加進 5*ml* 經煮沸後 6*N* HNO_3，由試料 NaCl 重計算使試料中含氯離子量，再計算使氯離子完全沉澱所需 0.1*N* $AgNO_3$ 的容積，用滴定管流入比估計量多10%之 $AgNO_3$ 標準液於燒杯中，準確記錄其容積，保持溫熱，避免光線直射，迄 AgCl 沉澱凝固，溶液成爲澄清液後，以濾紙過濾 AgCl，收集濾液於 500*ml* 燒杯中，以 20*ml* 含 HNO_3 熱的水溶液洗滌原先發生沉澱的燒杯與沉澱，把洗液收集於含濾液燒杯中，加進 5*ml* 鐵明礬爲指示劑，用 0.1*N* KCNS 標準液滴定溶液中 Ag^+ 直至溶液呈現紅棕色，由上結果計算試料中氯之含量。

B. 計算:

爲使學者易於明瞭上述實驗的程序，以下列簡表說明之:

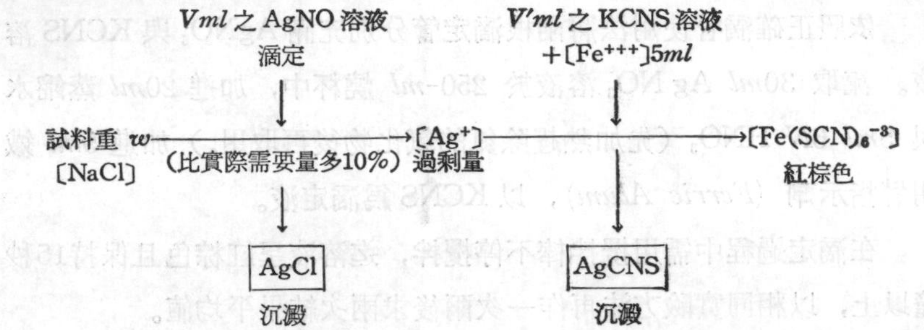

w……NaCl 試料精確重

Vml……$AgNO_3$ 需用量

V'ml……KCNS 需用量

假設 NaCl 為100%之純淨時，

$$計算試料中含氯離子之百分比為\frac{Cl}{NaCl}\times100\%=39.31\%$$

$$試料中含\ Cl^-\ 重為\ w\times39.31\%=0.3931w$$

假定 $AgNO_3$ 濃度 N，KCNS 濃度為 N'

由簡表可了解，所加入 $AgNO_3$ 之毫克當量數

＝所加入 KCNS 毫克當量數＋Cl^-毫克當量數。

所以

$$\frac{w\times39.31\%}{\frac{Cl}{1000}}+\underset{(KCNS)}{N'V'}=\underset{(AgNO_3)}{NV}$$

由此得到

$$\underset{(AgNO_3)}{N}=\frac{1}{\underset{(AgNO_3)}{V}}\left(\frac{w\times39.31\%}{\frac{Cl}{1000}}+N'V'\right)$$

更由前實驗得 $AgNO_3$ 與 KCNS 濃度之比值為 $a=\frac{N}{N'}$，代入上式

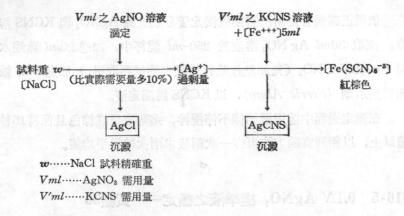

$$\underset{(AgNO_3)}{N}=\left(\frac{w\times39.31\%}{\frac{Cl}{1000}}\right)\div\left(\underset{(AgNO_3)}{V}-\frac{V'_{(KCNS)}}{a}\right)$$

$$N=\left(\frac{w}{\frac{\text{Cl}}{1000}}\right)\div\left(V-\frac{V'}{a}\right)$$

可求得 N 值，亦可求得 N' 值。

§16-6 可溶性氯化物中氯離子的定量——實驗37

求可溶性氯化物中含氯離子之百分比有三種基本實驗方法

(1) 間接柏哈法 (*Indirect Volhard Method*)

此方法又分成過濾法與沉澱覆蓋法

(2) 摩爾法 (*Mohr method*)

(3) 吸附指示劑法 (*Adsorption Indicator Method*)

I．以柏哈法（過濾處理）決定之

A. 操作法:

在校正 $AgNO_3$ 標準濃度時曾使用間接柏哈法，其原理是以過量 $AgNO_3$ 容積加入含氯的試料中使 Cl^- 與 Ag^+ 生成 AgCl 白色沉澱，再以 KCNS 來滴定與 Cl^- 作用後剩餘 Ag^+ 量，加入鐵明礬 Fe^{+++} 溶液，若 CNS^- 與 Ag^+ 發生沉澱完成後也就是達到當量點，若過量 CNS^- 加入立刻與 Fe^{+++} 形成錯離子 $Fe(SCN)^{++}$ 溶液立即顯示紅棕色，由溶液顏色改變可以求出正確當量點進而間接求得 Cl^- 之百分比含量。

$$Ag^{+}+Cl^{-}\longrightarrow \underline{AgCl}$$

$$Ag^{+}+CNS^{-}\longrightarrow \underline{Ag}\,CNS$$

$$Fe^{+++}+6SCN^{-}\longrightarrow Fe(CNS)_6{}^{-3}$$ （紅棕色）

陰離子諸如 Cl^-, Br^-, CN^-, 及 CNS^- 均可利用此法定量，惟在定量 Cl^- 時應將 AgCl 先予於過濾使避免與 AgCNS 混合，因爲 AgCl

在 CNS^- 溶液中會溶解而轉成 AgCNS 。(AgCNS 較 AgCl 難溶),沉澱過濾也可用某些有機物質把 AgCl 覆蓋不與 AgCNS 相混。

B. 處理方法:

由秤量瓶秤取兩份 0.2 克乾燥之試料於 250-*ml* 燒杯中, 秤量讀數至四位有效數字, 以 50*ml* 蒸餾水溶解(不能含有 Cl^- 離子存在)加進 5*ml* 經煮沸後 6*N* HNO_3, 假定試料中含 0.1 克氯離子量, 依照此假定量計算所需 0.1*N* 標準 $AgNO_3$ 溶液所需的容積, 由滴定管流出比估計量多10%之 $AgNO_3$ 容積於燒杯中, 準確記錄所耗費容積, 避免强光直接照射, 迄 AgCl 沉澱逐漸下沉後, 過濾沉澱, 再以 20*ml* 含 HNO_3 溶液洗滌沉澱, 將洗滌液收集於原先澄清液中, 加進 5*ml*Fe^{+++} 鐵明礬指示劑, 用 KCNS 標準液滴定直至溶液呈紅棕色爲止。計算含 Cl^- 之百分比。

C. 計算:

由實驗所得之數據有:

w………試料重

$V ml$………$AgNO_3$ 共用體積數

$V' ml$………KCNS 共用體積數

($AgNO_3$ 濃度爲N, KCNS 濃度爲N′)

設試料中含 Cl^- 之百分比爲 Cl%

$AgNO_3$之毫克當量數$=Cl^-$ 毫克當量數+KCNS 毫克當量數

$$\underset{(AgNO_3)}{NV} = \underset{(KCNS)}{N'V'} + \frac{w \times Cl\%}{\frac{Cl}{1000}}$$

$$Cl\% = \frac{(NV - N'V') \times \frac{Cl}{1000}}{w} \times 100$$

核對兩次所得的結果求其平均值。

如果不將 AgCl 過濾可以加入 2*ml* 之硝基苯使其覆蓋 AgCl 白色沉澱而沉於溶液下層。

Ⅱ. 以摩耳法決定之

摩爾法是利用直接滴定法以 $AgNO_3$ 標準溶液滴定 Cl^- 試料之中性溶液時，先加入少量 K_2CrO_4 溶液為指示劑，則

$$Ag^+ + Cl^- \longrightarrow AgCl\downarrow \text{(白色沉澱)}$$

$$2Ag^+ + \underset{\text{(黃色溶液)}}{CrO_4^=} \longrightarrow Ag_2CrO_4\downarrow \text{(紅色沉澱)}$$

當溶液呈現紅色時則當量點到達。

A. 處理方法:

由秤量瓶秤取兩份 0.2 克試料於 250-*ml* 燒瓶中，秤量讀至 0.1 毫克。以 50*ml* 蒸餾水溶解之。

以石蕊試紙確定溶液是否呈中性(1)，加進 1*ml*5% 之 K_2CrO_4，並以標準 $AgNO_3$ 溶液滴定（最好以黑色為背景），直至黃色溶液呈現紅色為止。計算試料中含 Cl^- 百分比。

B. 計算:

Cl^- 之毫克當量數 = $AgNO_3$ 之毫克當量數

$$\frac{w_{(\text{試料重})} \times X\%}{\frac{Cl}{1000}} = N_{(AgNO3)} \times V_{(AgNO3)}$$

所以

$$X\% = N \times V \times \frac{Cl}{1000} \times \frac{1}{w} \times 100$$

以 log 值表示

$$\log X\% = \log N + \log V + \log \frac{Cl}{1000} + \text{Colog}w + \log 100$$

〔註〕 如果溶液為酸性時，鉻酸根離子濃度過低，$2CrO_4^= + 2H^+ \rightleftharpoons 2HCrO_4^- \rightleftharpoons Cr_2O_7^= + H_2O$ 若溶液過酸可以加入固體 $CaCO_3$ 處理。

Ⅲ. 以吸附指示劑決定之:

此方法是直接滴定法，但溶液需接近中性才有效。以秤量瓶秤取0.2克試料兩份於250-*ml*燒瓶中，秤量讀至0.1毫克，以50*ml*蒸餾水溶解之。

以石蕊試紙試其溶液是否呈中性，若溶液過酸以 $CaCO_3$ 處理之。加入0.1克糊精 $(C_6H_{10}O_5)_x$—(*dextrin*) 與7或8滴之雙氯螢光黃 $(C_{20}H_{10}O_5Cl_2)$—(*dichlorofluorescein*) 爲指示劑(1)，用 0.1*N* $AgNO_3$ 標準液滴定此中性溶液迄顏色由黃白色轉變爲紅色，滴定過程中避免强光直接照射。計算氯離子含量百分比(2)。

〔註〕1. 加入糊精減少 AgCl 沉澱之凝集，使有充分之表面積吸附指示劑變色較明顯。

2. 爲求精確起見，最宜使用乾燥純淨 NaCl 來校正 $AgNO_3$ 溶液，以吸附指示劑法在適宜條件下進行。

§16-7 計算演練

例1：0.1000克之合金中含90.20%銀與9.80%銅，需以19.80*ml*之 KCNS 溶液滴定合金中之銀，試求 KCNS 之標定濃度與1升中含 KCNS 多少克？

$$19.80\times N=\frac{0.1000\times 90.20\%}{\frac{\text{Ag}}{1000}}\begin{pmatrix}\text{KCNS 之毫克當量數}\\=\text{Ag 之毫克當量數}\end{pmatrix}$$

$$N=0.04223=\text{KCNS 濃度}$$

$$0.04223\times\frac{\text{KCNS}}{1}=4.104\text{克}$$

例2：加入1.784克純 Ag NO_3 晶體於0.5000克不純的 $SrCl_2$ 中，待 AgCl 沉澱完全爾後過濾，澄清液需以25.50*ml*

$0.2800N$ KCNS 標準液來滴定剩餘 $AgNO_3$，試問 $SrCl_2$ 所佔百分比多少？

$AgNO_3$ 毫克當量數

$$\frac{1.784}{\frac{AgNO_3}{1000}}=10.50$$

KCNS 毫克當量數＋$SrCl_2$ 毫克當量數＝10.50

所以

$$10.05=25.50\times0.2800+\frac{0.5000\times X}{\frac{SrCl_2}{2000}}$$

$$X\%=(10.05-7.14)\times\frac{SrCl_2}{2000}\times\frac{1}{0.5000}\times100$$

$$X\%=53.27。$$

習　　題

1. 一銀幣中銀之百分率爲90.18%，若 0.2000 克之試樣作分析，需要多少 *ml* 之硫氰酸鈉溶液（每 100*ml*, 0.4103 克之 KCNS）以沉澱所含的銀？
2. 分解一長石（*feldspar*）試樣重 1.500 克，最後得重量 0.1801 克之 KCl 及 NaCl 之混合物。將此等氯化物溶解於水，加入一滿 50-*ml* 滴管之 $0.08333N$ $AgNO_3$，而濾去沉澱。其濾液需 16.47*ml* 之 $0.1000N$ KCNS，指示劑爲 Fe^{+++}(鐵礬)。求計此矽酸鹽中 K_2O 之百分數。
3. 以柏哈法分析含 90.00% Ag 之重 0.5000 克銀幣試樣。KCNS 溶液之最低濃度爲何始可使所需滴定不超過 50.00*ml*？
4. 可溶性碘化物之純度係以過量之標準 $AgNO_3$ 使 I^- 成沉澱而以 KCNS 溶液滴定過量之 Ag^+ 而測定之。$AgNO_3$ 溶液之製法係溶解 2.122 克之 Ag 於 HNO_3，蒸發乾固，溶解於水，稀釋至一升而成。由滴管加 60.00*ml* 之此溶液入 100.0*ml* 之碘化物中，而其超過之量需 1.000*ml* 能使 0.001247 克之 Ag 成 AgCNS 沉澱之 KCNS 溶液 1.03*ml*，求此溶液 100*ml* 份量中成碘化物存在之"I"之重量。

5. 某試液中已知含 KCl 及 KCN，經實驗加入 0.100N $AgNO_3$ 15.50ml 時，溶液有些微白濁發生，再由量管注加 25ml $AgNO_3$ 試液，產生之 AgCl 及 $Ag[Ag(CN)_2]$，經過過濾後，濾液用 0.0500N KSCN 滴定（Fe^{+++} 爲指示劑），迄呈紅棕色需要 12.40ml，試求液中 KCl, KCN 之百分組成。

第十七章　錯塩基本理論與滴定法(一)

§17-1 概　論

在溶液中形成錯離子或錯合物於分析化學中佔極重要的地位，不僅定性分析利用錯鹽的形成來判斷某種離子的存在，在定量分析中更利用它作爲滴定的根據， 此方法稱爲錯鹽滴定法 (*Complexometric-titration*)。

錯鹽滴定法可分成兩大類型:

(*A*) *Monodentate*（單鉗類）

Monodentate 是形成錯合物的個體，*ligand*，祇能與中心原子構成單一的鍵。

$$M^{++} + X^{-} \rightleftharpoons MX^{+}$$

(*B*) *Polydentate*（複鉗類）

Polydentate 是 *ligands*，本身具有與中心原子構成多鍵的能力。(通常指成對的電子而言)

$$M^{++} + \ddot{N}H_2-CH_2-CH_2-\ddot{N}H_2 \rightleftharpoons \begin{array}{l} CH_2-NH_2 \\ | \\ CH_2-NH_2 \end{array} \!\!\!> M^{++}$$

此類型又稱作螯形錯合物 (*Chelate*)。

在定量分析上，屬於*A*型有 *Liebig* 滴定法，屬於*B*型有 *E.D.T.A* 滴定法。

本章先對 *Liebig* 滴定法先說明，在下一章再討論 *E.D.T.A* 滴定法，不過在討論 *Liebig* 滴定法之前， 讓我們先對錯鹽的形成有一般的概念。

§17-2　錯合物的形成

大多數金屬離子（並非全部）能與某些離子與分子形成錯合物。具有與金屬離子形成錯合物的個體通常稱作 *ligand*。此種 *ligand* 大多數具有不共同的成對電子而能與金屬離子形成化合鍵。此化合鍵的形成完全是由 *ligand* 供給的一對電子，因此 *ligand* 是爲電子供給者，而金屬離子爲電子接受者。

$$M^{+z} + :L \rightleftharpoons (M:L)^{+z} \cdots\cdots\cdots\cdots\cdots\cdots\cdots\cdots(1)$$

事實上，上式的反應式應寫成:

$$M(H_2O)_n{}^{+z} + :L \rightleftharpoons [M(H_2O)_{n-1}L]^{+z} + H_2O \cdots(2)$$

因爲在水溶液中，若一金屬離子能接受 *ligand* 一對電子當然也能接受 H_2O 的成對電子，($H_2O \rightarrow$ 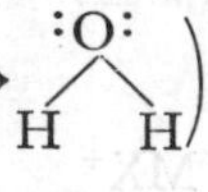)，爲簡單起見通常均簡寫成(1) 式。

最常見的 *ligand* 不外乎是鹵素離子（F^-, Cl^-, Br^-, I^-），含氮原子的鹽基類（NH_3, R-NH_2, 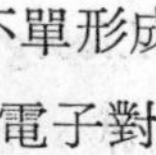 NH 等），OH^-，H_2O，一些有機體如 $-OH$, $-COOH$, $> C{=}O$, $-CN$ 等等，這些 *ligand* 均具有成對的電子，而這些成對電子通常是在硫原子，氧原子，鹵素原子，磷原子，氮原子上。

有些 *ligand* 與金屬離子不單形成一個化合鍵，而是一 *ligand* 個體中具有多處可形成化合鍵的電子對，像此類 *ligand* 稱之爲複鉗形，例如最常見的 *ethylendiamine* $H_2N-CH_2-CH_2-NH_2$，它具有兩處可配位的電子對，即是在兩個氮原子上，稱之爲双鉗形 (*bidentate*)，它與鋅離子可構成下面的錯離子

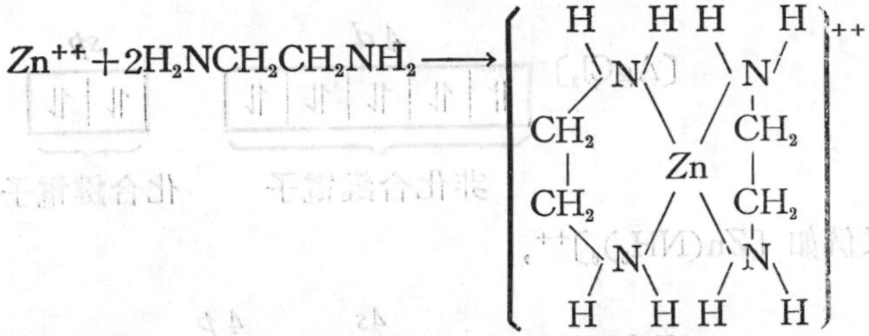

又如 8- *hydroxy quinolate* 與 Zn^{++} 可形成中性的錯合物

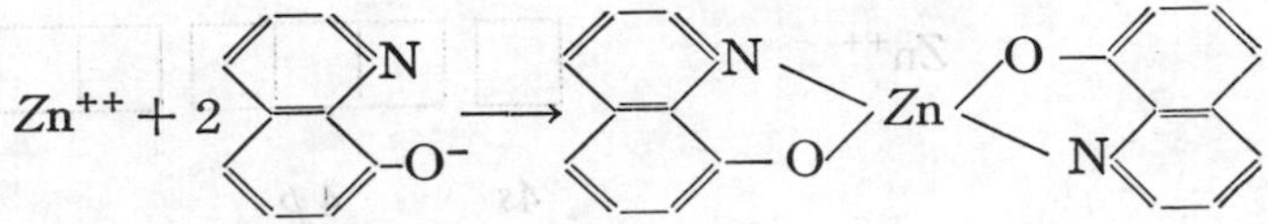

此類複鉗錯合物或離子均稱爲螯形物 (*Chelate*)。

當瞭解錯合物是如何形成後，也許學者會問，一個中心金屬離子到底能接受幾對電子或幾個 *ligand*？它們的形成在電子軌道理論應如何解釋？爲了解此問題下列舉例說明之。

在 20 世紀的初葉，科學家 *Werner* 提出一項理論，他認爲金屬原子能利用某些補助的軌道而形成多配位化合物，其原子軌道可以有混合 (*hybride*) 的現象，而形成多個相同的新軌道，例如 $[AgCl_2]^-$，

Ag^+（氣體）其軌道與電子分佈情形爲:

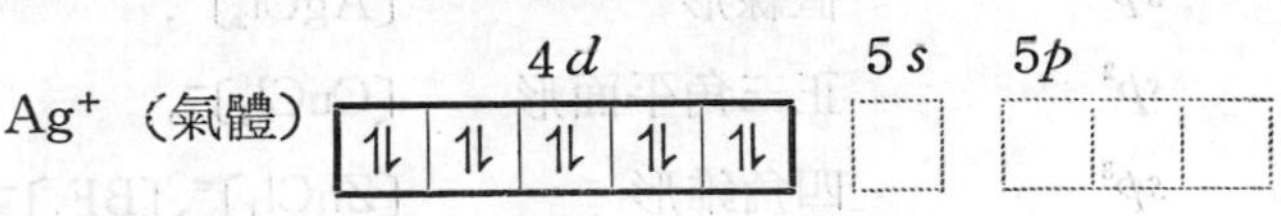

當 Cl^- 靠近時促使能位的變化而有 *sp* 混層產生

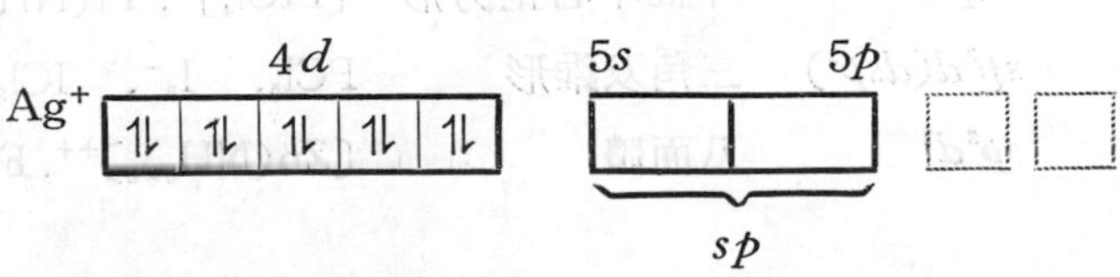

此兩個 *sp* 混層空軌道正好可接納由

Cl^- 供給的一對電子

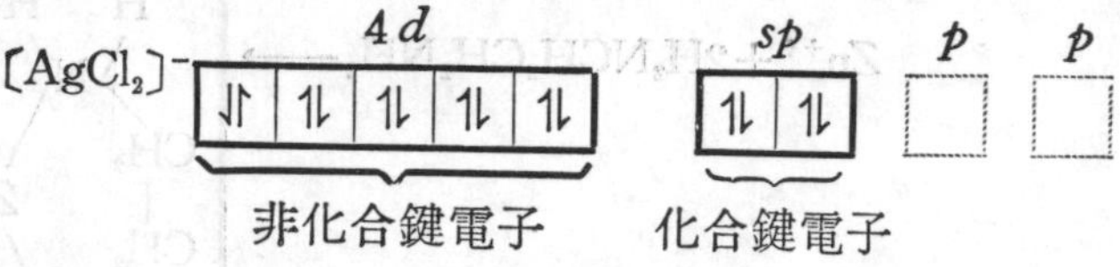

又例如 $[Zn(NH_3)_6]^{++}$,

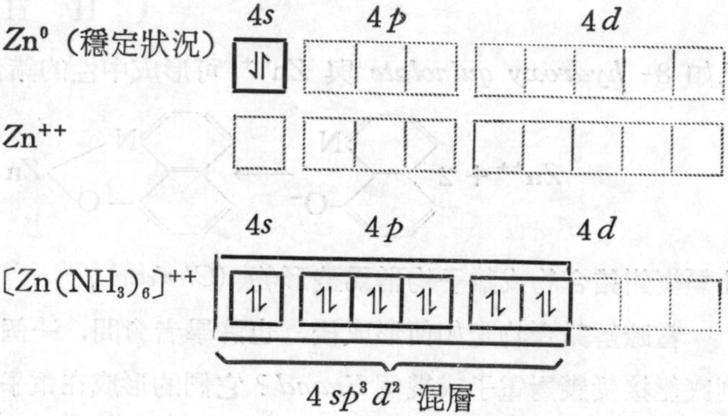

經 sp^3d^2 混層後得到6個完全相同的混層軌道，此6個空軌道正好能夠接受由6個 NH_3 的所供給6對成双的電子而成此錯離子，所以一個金屬離子能接受多少由 *ligand* 供給電子對完全視其爲何種混層軌道的形成而決定，下列擧數個常見的混層軌道之形成式樣:

sp	直線形	$[AgCl_2]^-$,
sp^2	正三角平面形	$[CuCl_3]^-$,
sp^3	四角錐形	$[ZnCl_4]^=$, $[BF_4]^-$,
dsp^2	平面中心正方形	$[PtCl_4]^=$, $Pt(NH_3)_2Cl_2$,
$sp^3d(dsp^3)$	三角双錐形	PCl_5, I_3^-, ICl_3,
sp^3d^2	八面體	$[Zn(NH_3)_6]^{++}$, $Fe(CN)_6^{-3}$,

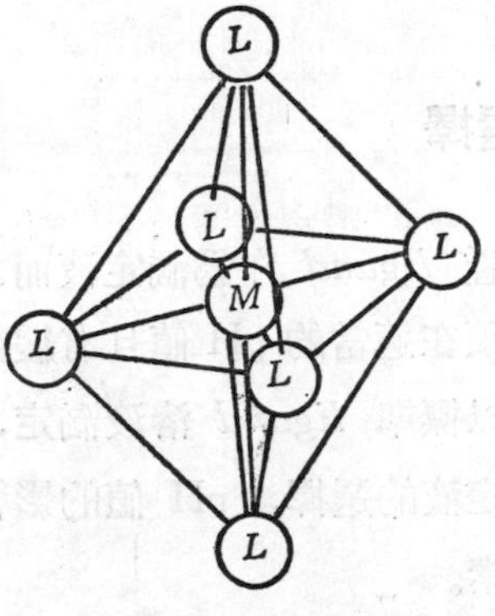

圖 17-1　正八面體圖

最後我們必須了解，一個金屬離子在溶液中會形成一系列的錯離子並非形成單一類型而已，例如 Cu^{++} 在 NH_3 溶液中逐次形成錯離子，其 *ligand* 附上的數目由 1～5，最多爲 5，此完全依靠 NH_3 濃度大小而定，下圖爲 Cu^{++} 形成 $Cu(NH_3)_n^{++}$ 在各種 NH_3 濃度下分佈情形:

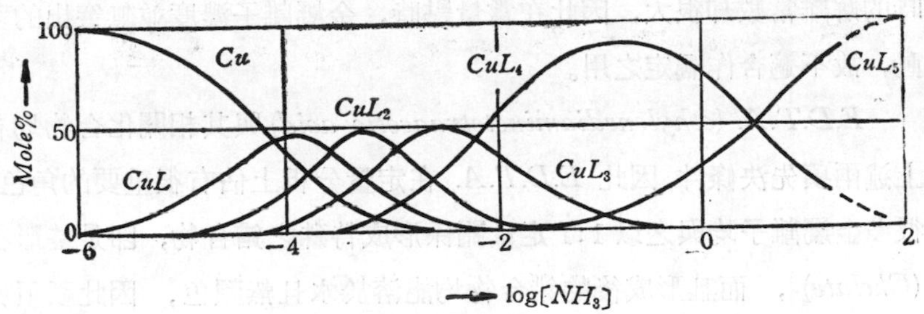

圖 17-2　在 NH_3 各濃度下 CuL_n 之分佈圖

一錯離子在溶液中成平衡狀態，如同前章所述通常以解離常數來考察或計算各離子或分子之濃度。

§17-3 滴定液的選擇

金屬離子可由某種 *ligand* 作爲滴定液而求出其含量，欲分析含某金屬離子的溶液必須在適當的 pH 值且有緩衝溶液的效應在，再加進適合的指示劑爾後以標準 *ligand* 溶液滴定，在終點時溶液顏色有顯著變化，不過對滴定液的選擇，pH 值的影響，指示劑的選擇等都是決定滴定成敗之因素。

滴定液的選擇有幾個先決條件需考慮，第一：形成的錯合物其解離常數要小，即是錯合物本身要穩定，第二：*ligand* 與金屬作用在定量上是 1:1 形式，即是 1 *mole* 之 *ligand* 與 1 *mole* 金屬離子形成 1 *mole* 之錯合物。如此，在當量點時金屬離子濃度才能有明顯的變化，若一種 *ligand* 能與金屬離子（在同一溶液中）形成多種形式的錯合物時，雖然最後的解離常數是很小，但每次形成某一錯合物時的解離常數却很大，因此在當量點時，金屬離子濃度並無突出的變動，故不適合作滴定之用。

E.D.T.A. (*ethylenediaminetetraacetic acid*) 與其相關化合物均有上述兩項先決條件，因此 *E.D.T.A.* 在定量分析上佔有很重要的角色，很多金屬離子均與之以 1:1 定量關係形成特殊之錯合物，即是螯形物 (*Chelate*)，而且形成後的錯合物均能溶於水且無顏色，因此祇須加進適當的指示劑即可顯色。最值得一提的是 *E.D.T.A.* 本身更兼有緩衝溶液的功效。

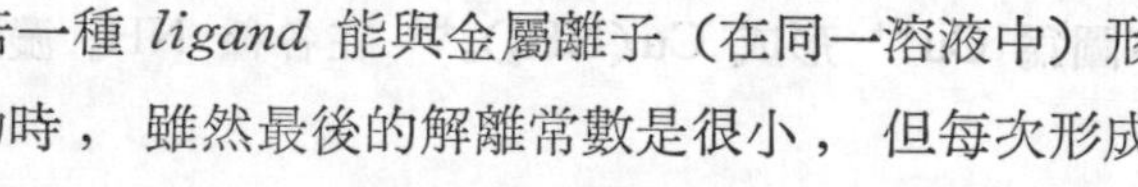

(*E.D.T.A.*)

通常以 H_4Y 來表示此酸式型，Y 代表四個氫以外的分子結構，在滴定法並不使用其酸式型，而是採用其二鈉鹽，即是 Na_2H_2Y，因

Na_2H_2Y 易溶於水中，與金屬離子作用形成：

$$Mg^{++}+H_2Y^{=}\longrightarrow MgY^{=}+2H^{+}$$

$$Al^{+++}+H_2Y^{=}\longrightarrow AlY^{-}+2H^{+}$$

$$Th^{+4}+H_2Y^{=}\longrightarrow ThY+2H^{+}$$

就因爲放出 H^{+}，而使溶液有緩衝效果，關於 *E.D.T.A.* 用法留在下一章再詳細申論。

§17-4　穩定常數與 pH 值對滴定曲線圖的影響

要了解此問題以 *E.D.T.A.* 爲例子說明更能深入淺出，*E.D.T.A.* 形成之金屬錯合物的穩定性隨著金屬離子的種類不同而有差異，爲了理論上的解釋，訂定一常數稱爲穩定常數 (*stability Constant*)，穩定常數事實上是解離常數之倒數而已，例如 *E.D.T.A.*— 金屬離子之錯合物爲：

$$M^{+Z}+Y^{-4}\rightleftharpoons (MY)^{-4+Z}$$

$$\text{穩定常數}\quad K'=\frac{[MY^{-4+Z}]}{[M^{+Z}][Y^{-4}]}$$

$$\text{解離常數}\quad K=\frac{[M^{+Z}][Y^{-4}]}{[MY^{-4+Z}]}$$

下列表中爲各金屬離子與 *E.D.T.A.* 形成錯合物之 K' 比較值。

表 17-1　各金屬離子之 K′ 值

金屬離子	$\log K'_{MY}$	金屬離子	$\log K'_{MY}$	金屬離子	$\log K'_{MY}$
Fe^{+3}	25.1	Pb^{++}	18.0	Mn^{+2}	14.0
Th^{+4}	23.2	Cd^{++}	16.5	Ca^{+2}	10.7
Cr^{+3}	23.0	Zn^{++}	16.5	Mg^{+2}	8.7
Bi^{+3}	22.8	Co^{++}	16.3	Sr^{+2}	8.6
VO^{+2}	18.8	Al^{+3}	16.1	Ba^{++}	7.8
Cu^{++}	18.8	Ce^{+3}	16.0		
Ni^{++}	18.6	La^{+3}	15.4		

如果以滴定程度（%）爲橫標，以 pM（$-\log[M]$）爲縱標作滴定圖。

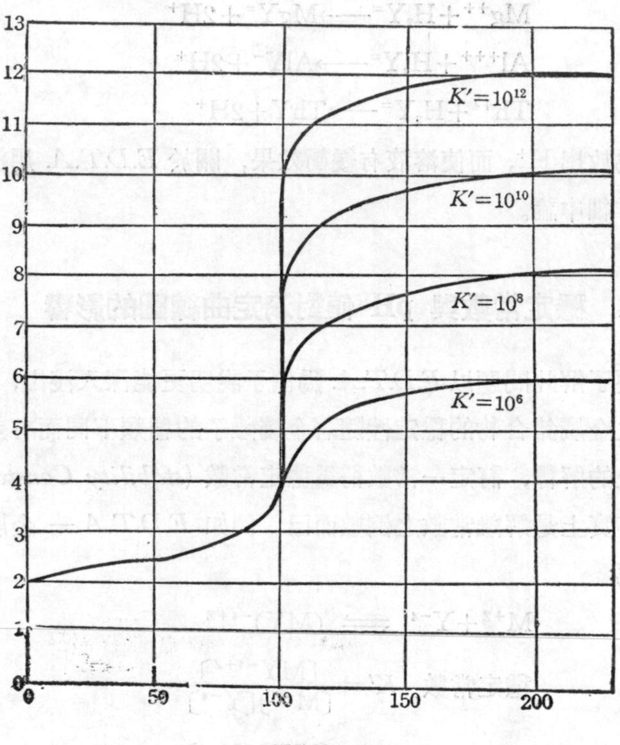

圖 17-3　*K'* 大小與滴定曲線關係圖

由圖上可看知，K'（穩定常數）愈大者，曲線陡直處愈顯著。

滴定的平衡除了受 K' 影響外，對 pH 值的改變亦有影響，因爲

$$H_4Y \rightleftharpoons H^+ + H_3Y^- \qquad pK_1 = 2.0$$

$$H_3Y^- \rightleftharpoons H^+ + H_2Y^= \qquad pK_2 = 2.8$$

$$H_2Y^= \rightleftharpoons H^+ + HY^{-3} \qquad pK_3 = 6.2$$

$$HY^{-3} \rightleftharpoons H^+ + Y^{-4} \qquad pK_4 = 10.3$$

在量的方面，增加酸度使〔MY^{-4+Z}〕濃度降低，其爲 Y^{-4} 接受

H^+ 而成 $H_2Y^=$ 或 HY^{-3} 等等。

$$\begin{array}{l} M^{+z}+Y^{-4} \rightleftharpoons M^{+z}Y^{-4} \\ \quad [H^+] \updownarrow \\ \quad\quad H_2Y^=, H_3Y^-, HY^{-3}, \end{array}$$

令一常數 $$\beta_Y=\frac{[Y^{-4}]}{[H_4Y]+[H_3Y^-]+[H_2Y^=]+[HY^{-3}]+[Y^{-4}]}$$

$$=\frac{[Y^{-4}]}{\sum 2[Yi]} \cdots\cdots\cdots(1)$$

$$\frac{1}{\beta_Y}=\frac{[H^+]^4}{K_1K_2K_3K_4}+\frac{[H^+]^3}{K_2K_3K_4}+\frac{[H^+]^2}{K_3K_4}+\frac{[H^+]}{K_4}+1\cdots(2)$$

（此式之導出，學者自行練習，K_1, K_2, K_3, K_4 為 *E.D.T.A*，分段解離常數）由 $\log\beta_Y$ 與 pH 作圖可得

由 (2) 式或右圖17-4就可求出在那一 pH 範圍內，*E.D.T.A.* 以那種形式離子存在較多，一般而言；

pH	E.D.T.A. 離子的存在形式
<3	H_3Y^-
3-6	$H_2Y^=$
6-10	HY^{-3}
10-14	Y^{-4}

例: 計算在 pH=5.0 時 β_Y 之值。($pK_1=2.07$, $pK_2=2.75$, $pK_3=6.24$, $pK_4=10.34$)

$$\frac{1}{\beta_Y}=\frac{10^{-20.0}}{10^{-21.4}}+\frac{10^{-15.0}}{10^{-19.3}}+\frac{10^{-10.0}}{10^{-16.6}}+\frac{10^{-5.0}}{10^{-10.3}}+1$$

$$\frac{1}{\beta_Y}=10^{1.4}+10^{4.3}+10^{6.6}+10^{5.3}+1$$

$\beta_Y=10^{-6.6}$ $\log\beta_Y=-6.6$。

$\log\beta_Y=6.6$ 時，在圖上正為 pH=5.0，以 $H_2Y^=$ 形式為多。

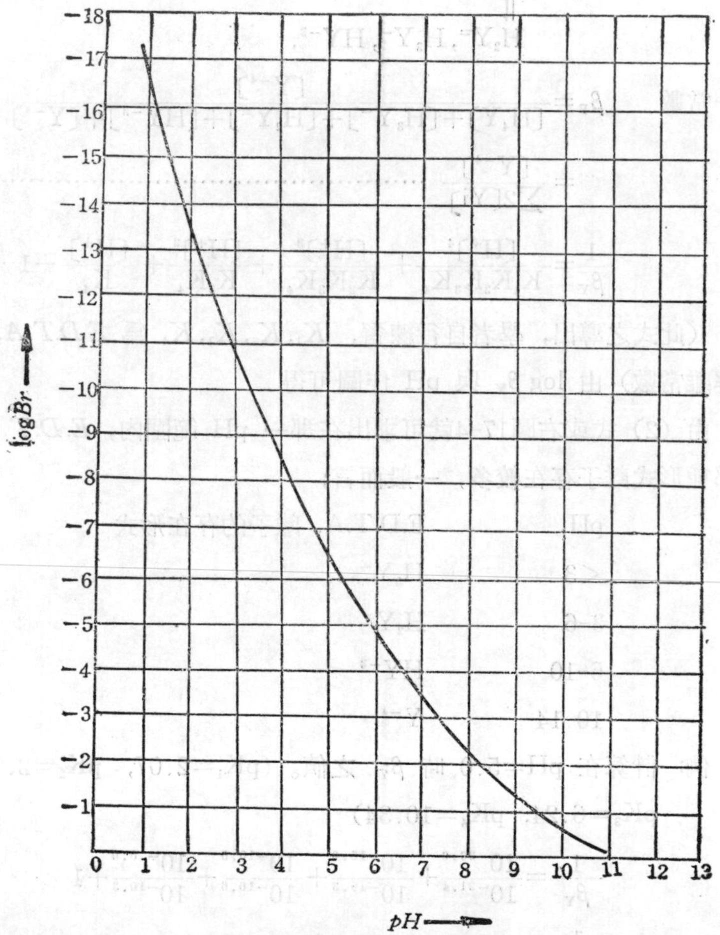

圖 17-4 pH 與 $\log \beta_Y$ 關係

至於 pH 值對滴定曲線影響如圖 17-5 所示

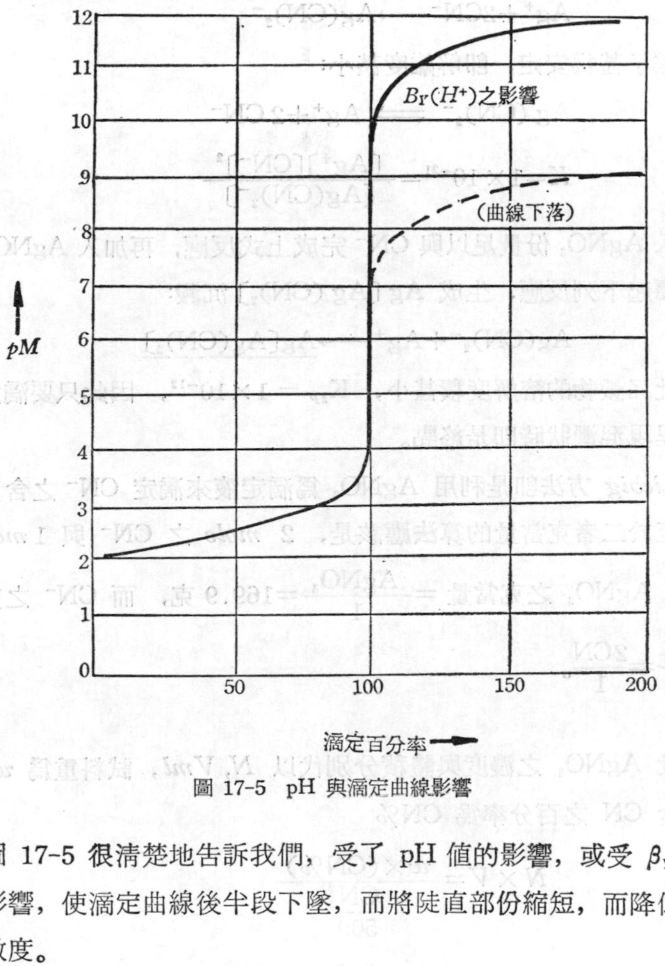

圖 17-5　pH 與滴定曲線影響

圖 17-5 很清楚地告訴我們，受了 pH 值的影響，或受 β_Y 值大小的影響，使滴定曲線後半段下墜，而將陡直部份縮短，而降低滴定的靈敏度。

§17-5　利用 Liebig 滴定法決定氰離子含量

在氰離子溶液中（CN^-），滴入 $AgNO_3$ 標準液，初期 CN^- 與

Ag^+ 生成銀氰錯離子:

$$Ag^+ + 2CN^- \longrightarrow Ag(CN)_2^-$$

此錯離子甚為安定，即解離度甚小:

$$Ag(CN)_2^- \rightleftharpoons Ag^+ + 2CN^-$$

$$K = 1\times10^{-21} = \frac{[Ag^+][CN^-]^2}{[Ag(CN)_2^-]}$$

當加入 $AgNO_3$ 份量足以與 CN^- 完成上式反應，再加入 $AgNO_3$ 時，則因繼起下列反應，生成 $Ag[Ag(CN)_2]$ 沉澱:

$$Ag(CN)_2^- + Ag^+ \longrightarrow \underline{Ag[Ag(CN)_2]}$$

此沉澱物的溶解度積甚小，$K_{sp} = 1\times10^{-12}$，因此只要滴定至溶液剛呈現混濁狀時即是終點。

Liebig 方法即是利用 $AgNO_3$ 為滴定液來滴定 CN^- 之含量。

至於二者克當量的算法應該是，2 *mole* 之 CN^- 與 1 *mole* Ag^+ 作用，$AgNO_3$ 之克當量 $=\frac{AgNO_3}{1}=169.9$ 克，而 CN^- 之克當量 $=\frac{CN}{\frac{1}{2}}=\frac{2CN}{1}$。

設 $AgNO_3$ 之濃度與體積分別代以 $N, V ml$，試料重為 w 而試料中含 CN 之百分率為 CN%

則 $$N\times V = \frac{w\times(CN\%)}{\frac{CN}{500}}$$

所以 $$CN\% = \frac{N\times V\times\frac{CN}{500}}{w}\times100 \cdots\cdots\cdots\cdots\cdots\cdots(1)$$

由於要使氰化物完全變為 $Ag[Ag(CN)_2]$ 沉澱，所需的 $AgNO_3$ 之體積恰為滴定至終點的兩倍，因此

$$(2V)\times N=\frac{w\times(\text{CN}\%)}{\frac{\text{CN}}{1000}}\cdots\cdots\cdots\cdots\cdots\cdots\cdots(2)$$

結果與 (1) 式相同。

§17-6　氰化物與鹵化物混合試料中各成份的定量——實驗38

以 $AgNO_3$ 標準液滴定氰化物與鹵化物之混合試料時， CN^- 先與 Ag^+ 作用生成 $Ag(CN)_2^-$ 錯離子。由滴定至終點由所用 $AgNO_3$ 體積可算出 CN 之含量，這是 *Liebig* 法；然後再繼續滴進 $AgNO_3$ 標準液，至氰化物完全以 $Ag[Ag(CN)_2]$ 沉澱而氯化物亦同時沉澱爲 AgCl。濾去沉澱物後，以柏哈法用 KCNS 標準液滴定過剩的 Ag^+ 離子，由加入的 $AgNO_3$ 標準液兩次滴定的體積可推算出氯化物之含量。

I. 操作法:

由秤量瓶秤取精確重量 0.3~0.5 克 (至 0.1 毫克單位) 之混合試料於 250 *ml* 燒杯中，以 50 *ml* 蒸餾水溶解，用 0.1 *N* $AgNO_3$ 標準液滴定至出現微混濁狀，記錄第一次滴定所用的體積。再加入一定量相同滴定液，使沉澱完全後將之過濾，並以 0.1 *N* KCNS 標準液滴定澄清液，滴定時與哈柏法相似加進 5 *ml* 之 Fe^{+++} 溶液爲指示劑，以及 5 *ml* 6 *N* HNO_3；滴定至溶液呈現淺紅色爲止，記錄所共用的體積，計算混合物中含氰化物與氯化物之各百分率。

II. 計算:

計算方法參考下節計算演練例題 2，其方式完全相同。

§17-7　計算演練

1. 0.2000 克不純 NaCN 試料溶液需用 24.95 *ml* 0.05 M $AgNO_3$ 標準液滴定，才能使溶液達到混濁狀終點，試求 NaCN 之純度。

$$24.95\times0.05=AgNO_3\text{ 毫克當量數}$$

$$=\text{試料中含 NaCN 之毫克當量數}$$

$$=\frac{\frac{0.2000\times(NaCN\%)}{NaCN}}{\frac{1}{2}\times1000}$$

$$=\frac{\frac{0.2000\times(NaCN\%)}{NaCN}}{500}$$

$$NaCN\%=61.15。$$

2. 有一含 KCN 與 KCl 混合物之溶液，滴加 15.50 *ml*, 0.1000 *N* 之 $AgNO_3$ 標準液得到微混濁狀終點，繼續加進 25 *ml* 相同滴定液，並濾去 AgCl 與 $Ag[Ag(CN)_2]$ 沉澱物。濾液仍以 0.0500 *N*, KCNS 標準液滴定，共用去 12.40 *ml* 才使溶液呈紅色 ($Fe(SCN)_6^{-3}$)，試計算此試料中 KCN 與 KCl 各多少克？

如果以 15.00 *ml* 滴定液得到第一次終點，$Ag(CN)_2^-$，則需 2×15.00 (*ml*) 才能使 $Ag[Ag(CN)_2]$ 完全沉澱。
所以 KCN 含量為

$$(2\times15.50)\times0.1000=\frac{X}{\frac{KCN}{1000}}$$

$$X=(2\times15.50)\times0.1000\times\frac{KCN}{1000}=0.2018\text{克。(KCN)}$$

第二次加進 25.00 *ml* 滴定液後，其中 15.50 *ml* 用以使 Ag〔$Ag(CN)_2$〕沉澱，25.00 *ml*－15.50 *ml*＝9.50 *ml* 則用以使 AgCl 沉澱且有剩餘 Ag^+，這些剩餘 Ag^+ 則需以 12.40 *ml* KCNS 標準液滴定因此，

$$9.50\times0.1000=12.40\times0.0500+\frac{y}{\frac{KCl}{1000}}$$

$$\therefore\quad y=(9.50\times0.1000-12.40\times0.0500)\times\frac{KCl}{1000}$$

$$y=0.02460\text{ 克 (KCl)}$$

§17-8 容量鎳滴定法（*Volumetric Nickel*）

若以精確量度過量的氰化物溶液體積用以處理在氨性液中的鎳鹽，卽有下示反應發生：

$$Ni(NH_3)_6^{++}+4CN^-+6H_2O\longrightarrow Ni(CN)_4^{=}+6NH_4OH$$

過剩的氰化物可按照前述方法以 $AgNO_3$ 標準液滴定，但是因爲 Ag〔$Ag(CN)_2$〕會溶於氨性液中，故需加入少量碘化物（KI）做爲指示劑，因 AgI 沉澱不溶於氨性液中，直接滴定使 CN^- 轉爲 $Ag(CN)_2^-$，而終點到達時有混濁的 AgI 出現。

$$2CN^-+Ag^+\longrightarrow Ag(CN)_2^-$$

$$I^-+Ag^+\longrightarrow AgI$$

例，一 Ni^{++} 之氨性溶液，以 49.80 *ml* KCN 標準液滴定，過剩的 KCN 需用 5.91 *ml* $AgNO_3$ 標準液滴定（以 KI 爲指示劑）KCN 溶液每升中含 7.810 克之 KCN，$AgNO_3$ 溶液每毫升含 0.01699 克之 $AgNO_3$。若試料爲 0.1000 克試求其中含 Ni%。

$$KCN\text{之濃度}=\frac{7.810}{\frac{KCN}{1}}=0.1200\ (N)$$

$$\text{AgNO}_3\text{之濃度}=\frac{0.01699}{\frac{\text{AgNO}_3}{1000}}=0.1000\ (N)$$

KCN 溶液毫克當量數 $49.80\times0.1200=\frac{0.1000\times \text{Ni}\%}{\frac{\text{Ni}}{4000}}$ + 與 Ag NO_3 作用之毫克當量數。

與 $AgNO_3$ 作用之毫克當量數 $=5.91\times0.1000\times2$

所以 $$\frac{0.1000\times(\text{Ni}\%)}{\frac{\text{Ni}}{4000}}=(49.80\times0.1200)-(5.91\times0.1000\times2)$$

$$\therefore\qquad \text{Ni}\%=\frac{(49.80\times0.1200)-(5.91\times0.1000\times2)\times\frac{\text{Ni}}{4000}}{0.1000}\times100$$

$$=70.35\%$$

容量鋅滴法，是在酸性液中以標準的 $K_4Fe(CN)_6$ 溶液滴定

$$3Zn^{++}+2Fe(CN)_6^{-4}+2K^+\longrightarrow K_2Zn[Fe(CN)_6]_2\text{。}$$

習　題

1. 滴定一含 10.00 *mole* 之 KCN 溶液至混濁狀時所需 0.1000 *N* $AgNO_3$ 爲多少 *mole*？
2. 一溶液含有 KCl 及 KCN，依 *Liebig* 法需 20.00 *ml* 之 0.100 *N* $AgNO_3$ 溶液以滴定其 KCN，更加入 50.0 *ml* 之 $AgNO_3$ 後過濾，濾液以 16.0 *ml* 之 0.125 *N* KCNS 滴定才使溶液呈現紅色，求原溶液中 KCN 與 KCl 之毫摩爾數各多少。
3. 一試料由 80.00% KCN, 15.00% KCl, 及 5.00% K_2SO_4 所組成。(a) 0.5000 克試料需多少 *ml* 之 0.1000 *M* $AgNO_3$ 滴定以至混濁永久存在？(b) 若多加入 80.00 *ml* 之 $AgNO_3$ 則需多少 *ml* 之 0.2000 *M* KCNS 以完結滴定？

4. 一礦石含有 10.11% Ni，分解一 0.5000 克之試料，而其氨性溶液以 60.00 *ml* 之 0.08333 *M* KCN 溶液處理之。加入一點 KI 為指示劑，而溶液以 0.06667 *M* $AgNO_3$ 滴定至混濁，需若干體積之 $AgNO_3$？

第十八章 錯鹽滴定法（二）—E.D.T.A.法

§ 18-1 概 論

在上一章第三節已大略介紹過 *E. D. T. A.* 的特性，在這一章我們將會了解 *E. D. T. A.* 的利用。

E. D. T. A. (*Ethylenediaminetetraacetic acid*)

Ethylenediaminetetraacetic acid 簡稱爲 *E. D. T. A.* 其分子式爲

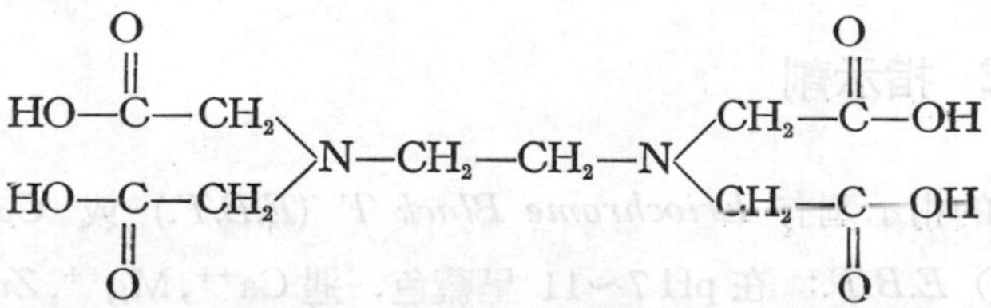

E. D. T. A. 在分析化學上有多方面的用途，它與大部份一價以上金屬離子形成極穩定的錯離子，此類錯離子因金屬離子被夾住其中稱之爲螯形錯離子 (*Chelates*)，*E. D. T. A.* 所形成螯形錯離子均爲可溶性，同時在定量上是 1:1 摩爾數相結合，因此可利用於滴定金屬離子溶液。一般實驗所用 *E. D. T. A.* 爲可溶性之雙鈉鹽也就是 *E. D. T. A.* 分子式中兩個氫爲 Na^+ 取代有時 *E. D. T. A.* 又稱爲 *Versene*。

當 *E. D. T. A.* 標準液滴定金屬離子溶液時，選定適宜的指示劑，此類指示劑都爲有機染料，它與金屬離子生成特殊顏色異於指示劑本身的顏色，其變色原理是加進指示劑後，染料與金屬離子形成第一種錯離子而呈現第一種顏色，當以 *E. D. T. A.* 滴定時，*E. D. T. A.* 與第一種錯離子中之金屬離子形成（*E. D. T. A.*- 金屬離子）的第二種錯離子而將指示劑放出，指示劑放出之後溶液顏色立即改變，觀察溶液顏色變化可以確立當量點是否到達。

由上述原理可瞭解染料-金屬離子之錯離子必須比 *E. D. T. A.*-金屬離子之錯離子更不穩定才能在加進 *E. D. T. A.* 之後將第一種錯離子轉變為後者使溶液顏色有顯著變化。

使用各種染料為指示劑必考慮到溶液 pH 值之改變，pH 值對 *E.D.T.A.* 滴定是主要影響因素之一。

在十七章第四節已論述過 pH 值對 *E.D.T.A.* 滴定的影響，且求出 β_Y 值，學者可翻閱參考之。

§ 18-2 指示劑

常使用的指示劑有 *Eriochrome Black T* (*E.B.T.*) 或 *Calmagite.*

(1) *E.B.T.*：在 pH 7～11 呈藍色，遇 Ca^{++}, Mg^{++}, Zn^{++}, Cd^{++}, Hg^{++}, Pb^{++}, Mn^{++} 等變成紅色，若溶液中有 Co^{++}, Cu^{++} Ni^{++} 及 Fe^{+++} 會妨碍其變色，需加入 KCN 為隱蔽劑 (*masking agent*)

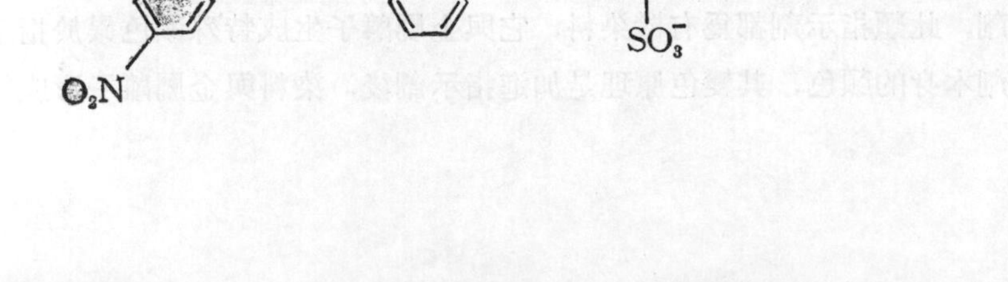

虛線圈內表示此染料之發色環，其變色原理如下:

以 H_3In 表示 *E. B. T.* 分子式，在 pH=10 左右，指示劑以 $HIn^=$ 形式多，

$$\underset{}{H_3In} \xrightleftharpoons{pH=10} 2H^+ + \underset{(藍色)}{HIn^=}$$

此藍色離子團與 Mg^{++} 作用形成紅色錯離子 ($MgIn^-$)

$$Mg^{++} + \underset{(藍色)}{HIn^=} \rightleftharpoons H^+ + \underset{(紅色)}{MgIn^-}$$

以 *E. D. T. A.* 滴定時，Mg^{++} 先與指示劑紅色的錯離子，當 *E. D. T. A.* 加進時，*E.D.T.A.*(HY^{-3}) 離子與溶液中 Mg^{++} 先生成

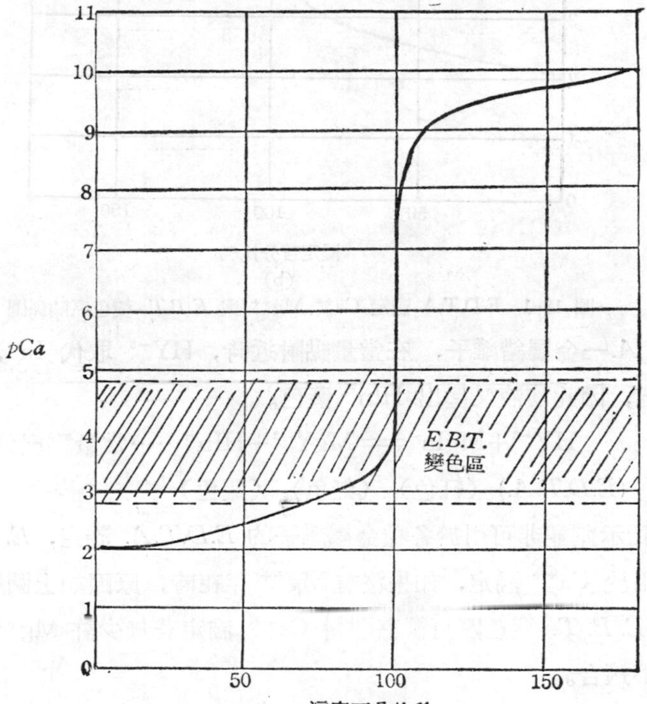

(a)

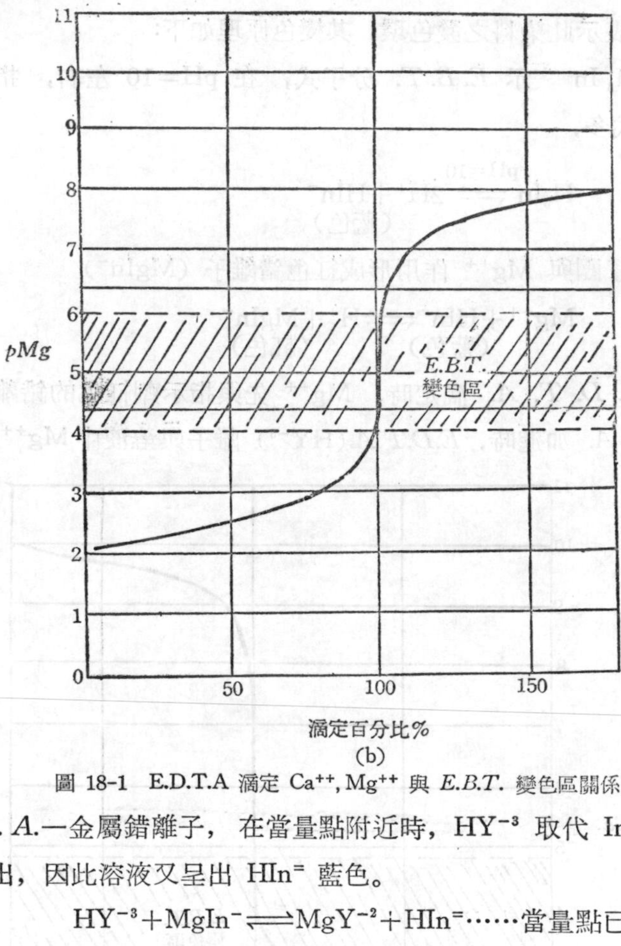

(b)

圖 18-1 E.D.T.A 滴定 Ca^{++}, Mg^{++} 與 *E.B.T.* 變色區關係圖

E. D. T. A.—金屬錯離子， 在當量點附近時，HY^{-3} 取代 In^{-}，而將 In^{-} 放出，因此溶液又呈出 $HIn^{=}$ 藍色。

$$HY^{-3}+MgIn^{-}\rightleftharpoons MgY^{-2}+HIn^{=}$$ ……當量點已到達。

(*E.D.T.A.*)（紅色）（無色）（藍色）

E.B.T. 指示劑並非可用於各種金屬離子的 *E.D.T.A.* 滴定，*E. B. T.* 並不適用於 Ca^{++} 滴定，如果沒有 Mg^{++} 存在時，原因如上圖所示：由圖上 *E. B. T.* 變色區可觀察到對 Ca^{++} 滴定若無少許 Mg^{++} 存在時，並不適合。

除了上兩種指示劑外，仍有 *NAS; Naphtyl Azoxine, Xylenol*

Orange, 各種指示劑均有其有效 pH 範圍值，使用時需注意。

§ 18-3　利用 E.D.T.A. 滴定法決定水的硬度值 (Ca＋Mg)

在日常生活上亦可利用 *E. D. T. A.* 滴定法來決定飲水的硬度問題，水的硬度是表明水中所含各種物質含量最大限度的一種規定，水的硬度是因水中含鈣、鎂鹽類。暫時硬水是水中含碳酸氫鈣或碳酸氫鎂，加熱之後生成 $CaCO_3$ 或 $MgCO_3$ 沉澱後便可去除，$Ca(HCO_3)_2 \xrightarrow{\triangle} CaCO_3\downarrow + CO_2 + H_2O$，此種硬水因加熱後沉澱析出形成鍋垢不直接飲入對人體無影響。永久硬水是水中含有鈣、鎂的硫酸鹽或氯鹽，此種硬水不因加熱而有所影響飲入人體時若含量過高則易得腎結石；因此對飲水硬度的滴定是包含暫時與永久兩種硬度，則是總硬度的檢定。

選定一種藍色染料如 *Eriochrome Black T* 爲指示劑，它與水中鎂離子形成紅色錯離子，以標準 *E.D.T.A.* 溶液滴定之，水中鈣離子先與 *E.D.T.A.* 形成錯離子，當繼續滴定時，*E.D.T.A.* 再與染料-金屬錯離子中鎂離子形成螯形錯離子，而將染料放出而回復其原來的藍色。記錄共用去 *E.D.T.A.* 容積計算水的硬度。

水的硬度以 *p. p. m.-parts per million;* 也就是在一百萬克的水中含有 1 克 $CaCO_3$ 稱爲 1*p. p. m.*。

§ 18-4　試液與 E.D.T.A. 標準液配製——實驗38

（本實驗不宜讓學者自行配製，由指導助教依下列步驟配製。）

(1) 0.100-*M* Ca^{++} 溶液—秤取 20.00 克純淨 $CaCO_3$ 於 2 升的燒瓶內，以最低量 6*N* HCl 溶解之。以不含雜質純淨蒸餾水稀釋至燒瓶 2 升的刻度，搖幌使溶液均勻。

(2) 0.0500-M Mg^{++} 溶液—秤取 4.032 克純淨 MgO 於 2 升的燒瓶內，以最低量 6N HCl 溶液溶解之，以純淨蒸餾水稀釋至 2 升的刻度，混合均勻。

(3) 配製 Ca^{++}—Mg^{++} 混合標準試液—以滴定管量取 20*ml* 0.100M Ca^{++} 溶液與 20*ml* 0.050M Mg^{++} 溶液混合一起稀釋至50*ml*。再取稀釋後混合之溶液 5 *ml*，以蒸餾水稀釋至 250*ml*，此時所得 Ca^{++}—Mg^{++} 混合液其 *p.p.m.* 爲 60，可作爲學者標準試液，學者以滴定此標準試液後再滴定一般飲水之 *p.p.m*。(爲何上述配製所得之 *p.p.m.* 爲 60，學者自行演算。)

(4) 指示劑 *Eriochrome Black T* 之配製—取固體 1.0 克之 *E.B.T.* 溶解於 250 *ml* 之甲醇中卽可使用。

(5) 指示劑 *Calcon* 之配製—取 1.0 克之 *Calcon* 固體以 250*ml* 甲醇溶解卽可使用。

(6) 緩衝溶液之配製—以 68 克 NH_4Cl 與 570*ml* 之濃氨水 NH_4OH 相混後再以蒸餾水稀釋至 1 升。

(7) *E.D.T.A.* 溶液配製—

秤取 3.7 克之 *E.D.T.A.*-(雙鈉鹽) 於 400 *ml* 燒杯中，以少量蒸餾水溶解再移置乾淨的 1 升試劑瓶且稀釋至 1 升；假使溶液稍微混濁可用數滴 0.1N NaOH 使之澄清。

§ 18-5　E.D.T.A. 標準液濃度規定——實驗39

由秤量瓶秤取 3.0~3.2 克 MgO 至 250*ml* 燒杯中，秤量讀至 0.1毫克。MgO 爲絨毛狀易於飛散在秤量移置時須格外小心。以 100*ml* 蒸餾水沾濕 MgO 並移置於 500*ml* 精細的量瓶中，逐滴加進 6N HCl 直至溶液澄清，再以蒸餾水稀釋至 500 *ml* (達到量瓶之刻度)，混合均勻。

以吸管吸取 25.00 *ml* 配製成 MgO 標準液於 250 *ml* 燒杯中，加入 5*ml*NH_4OH—NH_4Cl 緩衝溶液與 5 滴 *E.B.T.* 指示劑，此時溶液 pH 保持在 9.5～10 之間，以 *E.D.T.A.* 標準液滴定，直至溶液顏色由紅色變成藍色爲止。計算 *E.D.T.A.* 標準液的精確濃度。

§ 18-6　飲水硬度 (P.P.M) 之定量——實驗40

以吸管吸取 25 *ml* 兩份欲檢驗的飲水於 250 *ml* 燒杯中，加進 5*ml* 緩衝溶液與 5 滴 *E.B.T.* 以 *E.D.T.A.* 標準液滴定直至溶液顏色由紅色變藍色。計算其 *p.p.m.*

依照上述方法可檢驗各類飲水如井水、泉水等，下列表是水中含各物質 *p.p.m.* 之最高數值:

①氯化物:　29 *p.p.m.* 以下

②鉛:　0.1 *p.p.m.* 以下

③銅:　0.2 *p.p.m.* 以下

④鋅:　5.0 *p.p.m.* 以下

⑤鐵:　0.3 *p.p.m.* 以下

⑥硫酸鹽:　250 *p.p.m.* 以下

⑦氨塩：　250 *p.p.m.* 以下

⑧泥渣:　400 *p.p.m.* 以下

⑨固體總量:　1000 *p.p.m.* 以下

⑩Ca^{++}—Mg^{++}:　150 *p.p.m.* 以下

水中若含砷時飲用後易得烏脚病，飲用須格外注意。

一般從水的顏色與嗅味可判斷水中含何種微生物例如水中含芽胞鐵菌時呈紅色且帶渾濁，含阿米巴等微生物呈藍綠色，水中含矽藻及原蟲呈芳香臭，含綠藻類發出生魚臭，至於如何使水潔淨，污水如何處理並不在討論範圍之內，學者可參考衞生科學方面的書籍。

§ 18-7　計算演練

例 1. 取 0.04*M* 之 $CaCO_3$ 溶液 2.5*ml* 稀釋至 250 *ml* 其 *p.p.m.* 爲何？

解:　0.04*M* 取 2.5 *ml* 再稀釋到 250 *ml* 其濃度爲

$$0.04\times\frac{2.5}{1000}\times\frac{1000}{250}=4\times10^{-4}(M)$$

p.p.m. 爲每一百萬克水中含 $CaCO_3$ 之克數

$$\underset{}{4\times10^{-4}}\times\underset{(CaCO_3\text{之分子量})}{100}\times\underset{(\text{每一}c.c.\text{之水中})}{10^{-3}}\times\underset{(\text{每一百萬}c.c.\text{水中})}{10^{6}}=40\ p.p.m.$$

所以 *p.p.m.* 爲 40。

例 2. 有一飲水試液 50*ml*，須以 4*ml* 0.1*M* *E.D.T.A.* 標準液滴定計算其 *p.p.m.*

$50\times x=4\times0.1$　$x=0.008(M)$……水中含 $CaCO_3$ 之濃度

$0.008\times100\times10^{-3}\times10^{6}=800(p.p.m.)$

水之硬度超過 150*p.p.m.* 時，不宜飲用。

例 3. 以 *E.D.T.A.* 滴定海水中的 Ca 及 Mg 含量時，如使用 *E.B.T.* 爲指示劑所得結果爲 Ca+Mg 的總量；如以 *MX* 爲指示劑則祇能測得 Ca 之含量。今取 10*ml* 海水，以 *E.B.T.* 爲指示劑，需用 64*ml* 0.0101*N* *E.D.T.A.* 標準液滴定方能得終點，另取 10*ml* 海水，以 *MX* 爲指示劑，以同樣 *E.D.T.A.* 標準液滴定，需 10.00*ml*。求此海水 10*ml* 中含 Ca 及 Mg 各幾毫克。

1 ml 0.0101N $E.D.T.A.$ ≎ 0.4048 mg Ca ≎ 0.2456 mg Mg,

Ca = 10.00 × 0.4048 = 4.048(mg)

Mg = (64.00 − 10.00) × 0.2432 = 13.264(mg)

習 題

1. 0.5000 克之 $CaCO_3$ 及 0.3000 克之 $MgCl_2$ 所組成之試液，加入一緩衝劑，並稀釋到 2.000 升，然後以 $E.D.T.A.$ 標準液滴定之，此水之硬度爲何？
2. 上題之溶液 50.00ml 以溶解 3.720 克之 $Na_2H_2Y \cdot 2H_2O$ 於 1.000 升之水配製之 $E.D.T.A.$ 溶液滴定，則需多少 ml？
3. Pb^{++} 離子與 $E.D.T.A.$ 形成錯離子較 Mg^{++} 離子爲强，但該反應所需之 pH 値相當高而通常使沉澱鉛沉澱，於 25.00ml 水溶液試液中加入 50.00ml 之 0.0100M $E.D.T.A.$ 調整其 pH 而過量之 $E.D.T.A.$ 以 $1.000 \times 10^{-2}M$ Mg^{++} 行逆滴定需 14.7ml。求試料中 Pb 之 $mole$ 數。
4. 配製一標準之 $E.D.T.A.$ 溶液，由滴定知其每 ml 與每升含 0.300 克 $MgCl_2$ 之溶液 10.0ml 形成 Mg^{++} 錯合物，一滿 100ml 滴定管之某井水已知需 8.60ml 之此標準 $E.D.T.A.$ 滴定。以 $CaCO_3$ 之 $p.p.m.$ 表示井水硬度爲何？

第三篇 重量分析

第十九章 重量分析基本原理

§19-1 概 論

重量分析法基本操作包含下列五個順序步驟:

(1) 稱取精確試料重。

(2) 溶解試料製成溶液。

(3) 將欲分析物質與其他成份分開，通常加入沉澱劑，使待分析物質儘可能完全沉澱。

(4) 利用過濾法或其他方法將沉澱分離而出。

(5) 乾燥沉澱後稱取其重量，或將之灼燒成另一化合物再秤重。

在未正式闡述重量分析法之前，需將物質分開通常使用的方法作一大略的簡介。物質之分開，乃分析上最重要，最繁重的工作，其方法甚無一定，而分開原理不僅藉各物質化學性質之不同，如溶解度，蒸氣壓等等，且利用物理方法而將其分開，以下各節陸續介紹。

§19-2 揮發法 (*Volatization*) 的應用

揮發法乃是利用物質彼此間不同的揮發性，如果在試料中各成分物質其揮發性大大不同，祇需加熱一段時間便可將較易揮發的物質先行分離，或加入某種試劑使成分物質形成易揮發的氣體，再加熱而將氣體（帶有某成分物質）分離而出。例如，將含有水份的物質置於烘箱中，加熱達 100℃ 以上，便可將 H_2O 趕除；又如要將硫離子趕除，祇需加入鹽酸於含 $S^=$ 的試液中使之形成易揮發的 H_2S 氣體，稍加微熱便可將硫從試料中分開；但是若成分物質彼此間揮發性相差極微，則利用揮發法時對溫度與壓力的控制需特別注意。

揮發法所需的儀器視物質成分不同而定，一般有：

(a) 烘箱 (*Ovens*)：用以將水分或溶劑由固體試料中趕除。

(b) 蒸氣鍋 (*Steam Baths*)：藉熱的水蒸汽間接使溶液加熱，蒸氣鍋通常用以使溶液蒸乾。

(c) 電熱板 (*Hot Plate*)：是一塊用氣體或電加熱的鋼板。

(d) 紅外光燈 (*Infrared Lamps*)：紅外光線加熱

(e) 本生燈 (*Bumers*)：有三種型式常用於重量分析，*Tirill Burner*, *Meker Burner*, *Blast Lamp*。(圖形見2-9—2-11)，三類型用途不同。

(f) 高熱電爐 (*Electric Furnaces*)：可加熱到 1200℃，通常有溫度控制與熱電隅，可直接置坩堝於耐火磚爐內。

(g) 蒸餾器 (*Still*)：若要將試液中兩種揮發性極相近成分物質分開，利用蒸餾器蒸餾是最有效的方法，其原理乃利用成分物質的蒸氣壓不同在某溫度下蒸餾出一定百分率的某物質，若蒸餾階段分得愈細愈能得到含較高百分率的某物質。例如有一試液含 A, B 兩物質利用蒸餾方法可得 98.8% 含量的 A 物質，如圖 19-1 所示。

其儀器裝置如圖 19-2 所示。

揮發法在分析上應用很廣，在 19-1 表列出常使用此方法分開的一些物質

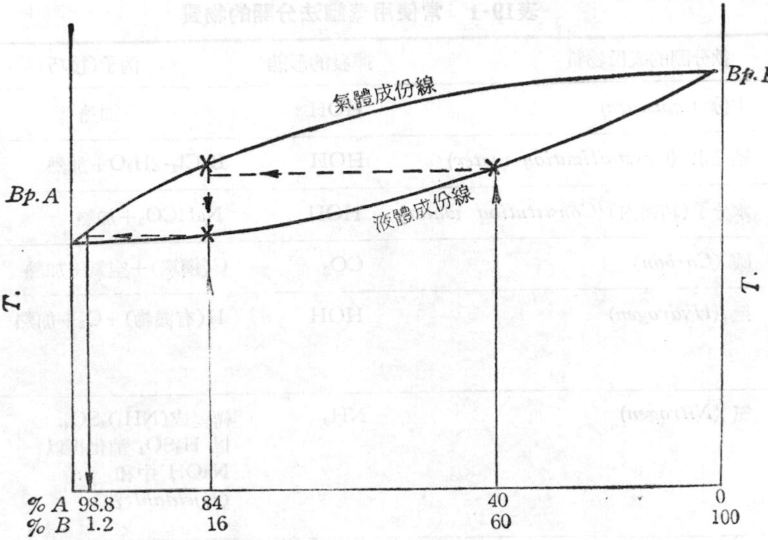

圖19-1　蒸餾法

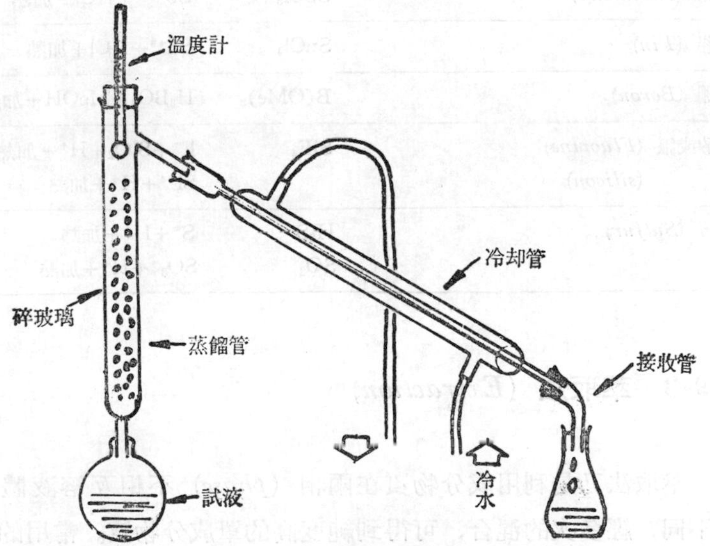

圖19-2　分段蒸餾法

表19-1　常使用蒸餾法分開的物質

欲分開的成份物質	揮發的形態	例子(技巧)
水份 (*moisture*)	HOH	加熱
結晶水 (*Crystallization water*)	HOH	$BaCl_2 \cdot 2H_2O$＋加熱
水分子(結構內)(*Constitution water*)	HOH	$NaHCO_3$＋加熱
碳 (*Carbon*)	CO_2	C(鋼鐵)＋空氣＋加熱
氫 (*Hydrogen*)	HOH	H(有機物)＋O_2＋加熱
氮 (*Nitrogen*)	NH_3	轉變成$(NH_4)_2SO_4$, 以 H_2SO_4 消化再以 NaOH 中和 (*Kjeldahl* 法)
砷 (*Arsenic*)	$AsCl_3$	As^{+++}＋HCl＋加熱
銻 (*Antimony*)	$SbCl_3$	Sb^{+++}＋HCl＋加熱
錫 (*Tin*)	$SnCl_4$	Sn^{+4}＋HCl＋加熱
硼 (*Boron*)	$B(OMe)_3$	H_3BO_3＋MeOH＋加熱
矽或氟 (*Fluorine*) (*silicon*)	SiF_4	F^-＋SiO_2＋H^+＋加熱 Si^{+4}＋H^+＋加熱
硫 (*Sulfur*)	H_2S SO_2	$S^=$＋H^+＋加熱 $SO_3^=$＋H^+＋加熱

§19-3　萃取法 (*Extraction*)

萃取法乃是利用成分物質在兩相 (*phase*) 不相互溶液體的溶解度不同，經多次的混合，可得到純度高的單成分物質。常用的萃取溶劑有乙醚，石油醚，四氯化碳等萃取某成分物質。某種成分物質 (溶

質）其分佈在兩相不互溶液體的分配率以D代表之，

$$D=\frac{\text{某溶質在第一相液體的濃度}}{\text{某溶質在第二相液體的濃度}}\cdots\cdots(1)$$

D，稱爲分配係數（*distribution coefficient*）

通常萃取時一相爲有機溶劑，另一相則爲水溶液所以(1)式常改寫成：

$$D=\frac{\text{某溶質在有機層的濃度}}{\text{某溶質在水層的濃度}}\cdots\cdots\cdots\cdots(2)$$

在實驗上所要知道的乃是萃取的程度，以$\%E$代表之，

$$\%E=100\times\left[\frac{D}{D+(V_W/V_0)}\right]\cdots\cdots\cdots\cdots(3)$$

V_W：是水層體積，V_0：有機層體積。

假定 $V_W=V_0$ 時則 (3) 式爲

$$\%E=100\left(\frac{D}{D+1}\right)\cdots\cdots\cdots\cdots\cdots\cdots\cdots\cdots(4)$$

$$\%(\text{沒有被萃取})=\frac{100}{D+1}\cdots\cdots\cdots\cdots\cdots(5)$$

實際操作時可知祇有一次的萃取所能得到某成分物質量是很有限因此必須以第一次萃取得到的溶液再加萃取試劑作第二次萃取，如此重覆多次可得較純（量多）的某成分物質。

如此將 (4) 式修改成：

$$\%E=100-\frac{100}{(D+1)^n}\cdots\cdots\cdots\cdots\cdots\cdots\cdots(6)$$

n 表示萃取次數。

例：如果每一次以新鮮有機層加入萃取，每一次萃取爲90%的分配率（$D=9$），萃取 3 次，結果可得到多高的萃取程度。

$$\%E=100-\frac{100}{(9+1)^3}=100-\frac{100}{10^3}=99.9$$

可得到99.9%之萃取率。

萃取常用於某種金屬離子之分離，以金屬離子與有機溶劑形成錯離子，

從原來水溶液中萃取到有機層。例如，Fe^{+++} 以 *Cupferron* 萃取，Al^{+++} 以 *oxine* 萃取。

溶液萃取通常在附有刻度之萃取管或分液漏斗中進行，若是固體試料則常使用 *Soxhlet* 的裝置，如圖 19-3 所示，試料外包有一層圓筒狀的多孔套筒，用鋁剛砂 (*Alundum*) 製成。

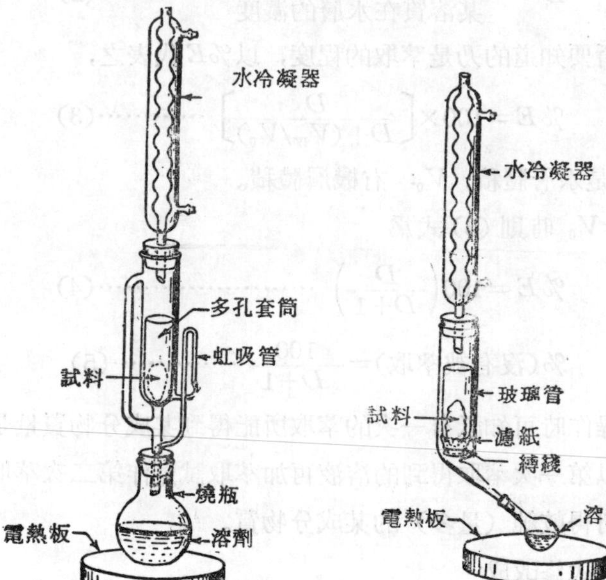

圖19-3 萃取裝置

萃取效率要高不僅與溶劑有關，與溶液 pH 值有關，常常在萃取時需配製緩衝溶液來維持 pH 值。

§19-4 離子交換層析法 (*Ion Exchange*) 的應用

層析法 (*Chromatography*) 乃是利用試料中各成分物質在兩相

（氣相一液相，液相一固相等）受到不同的作用力的性質來使其彼此分離以供作定性或定量之用。在日常生活中最基本層析的應用就是土壤對各種肥料的分佈；萃取法是兩液相的分配率，而離子交換層析法則一爲液相，一爲固相，固相以樹脂爲之，稱爲吸著劑，液相是以含有某離子的試液，稱爲展開劑，將展開劑倒於吸著劑之圓柱上時，經一段時間因各成份離子對吸著劑作用吸力的不同，作用吸力小則先展開而流下，作用吸力大者常被吸附於固相中，如此可以將各成份離子依依分開而取出。

離子交換樹脂是一種高分子的有機物，其一端必有一處活性較大的交換基（*exchange site*），這些活性交換基有酸性，H^+ 者亦有鹼性 OH^- 者，所以離子交換樹脂又分成陽性交換樹脂與陰性交換樹脂。

(1) 陽性離子交換樹脂：如 $R\text{-}SO_3H$（R—高分子有機物）

$R-SO_3H + A^+ \longrightarrow R-SO_3A + H^+$

（樹脂：吸著劑）

(2) 陰性離子交換樹脂：如 $R-NH_3OH$

$R-NH_3OH + A^- \longrightarrow R-NH_3A + OH^-$

離子交換過程呈現平衡狀態，通常以選擇係數（*selectivity coefficient*），K，表示。

$$R-A + B^+ \rightleftharpoons R-B + A^+$$

$$K = \left[\frac{A}{B}\right]_{\text{液相}} \left[\frac{B}{A}\right]_{\text{固相}}$$

$\left[\frac{A}{B}\right]_{\text{液相}}$ 表示離子在液相的濃度，$\left[\frac{B}{A}\right]_{\text{固相}}$ 表示離子在固相的濃度。若 K 值愈大表示離子對樹脂吸附力愈强，K 值並非理論值而是根據實驗的條件所測之值。

如果有一溶液含 A, B, C, D 四種離子，它們的選擇係數，K 各爲

2.0，5.0，10，20，以同一樹脂圓柱作吸附劑，則吸附緊的 D 留在最上層，而吸附最弱的 A，則在最下端。如圖 19-4 所示。

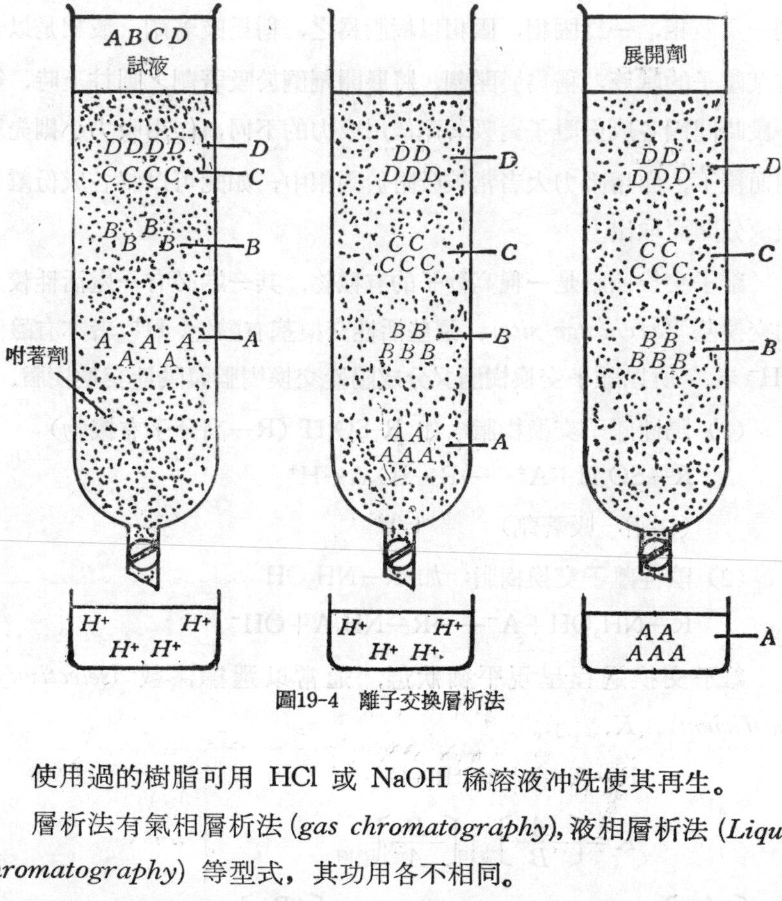

圖19-4　離子交換層析法

使用過的樹脂可用 HCl 或 NaOH 稀溶液冲洗使其再生。

層析法有氣相層析法（*gas chromatography*），液相層析法（*Liquid chromatography*）等型式，其功用各不相同。

§19-5　電析法（*Electrodeposition*）的應用

電析法乃是利用外電位使溶液中某成分金屬離子解析出來。當然

這祇是對標準電位比氫大的金屬與標準電位比氫小的金屬之間的分離分析。電析法裝置如圖 19-5 所示

設　以 Pt 電極爲⊕極，Cu 電極爲⊖極，溶液爲 $CuSO_4(1M)$

$Cu|Cu^{++}(1M)||H^{+}(1M)|O_2(1atm), Pt$

（陽極）　　　　　　　　（陰極）

$E^0=0.34$　　　　　　　　$E^0=1.23$

$E=1.23-0.34=0.89(v)$

此 0.89 伏特電壓是最低的電析電位，也是理論上的電析電位 (*theoretical decomposition voltage*)，換句話說，就是外電壓必須大於 0.89 伏特才能使 Cu^{++} 變成 Cu^0 而析出。

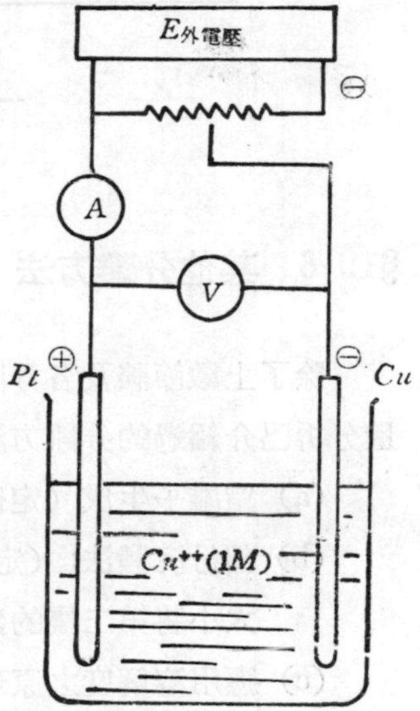

圖19-5　電析法裝置

實際上外電壓比 0.89(v) 大得多才能有銅析出。這個原因乃是溶液極化效應 (*polarization effect*) 發生。

電析法應用於分開兩物質的原理，乃是固定陰極電位於不同的範圍，如圖 19-6所示，若陰極電位定於 C 的位置則 A, B 兩金屬同時析出，若定於 ab 範圍內則 A 析出而 B 留在溶液內，此定電位 (*Controlled potential*) 需特殊裝置。

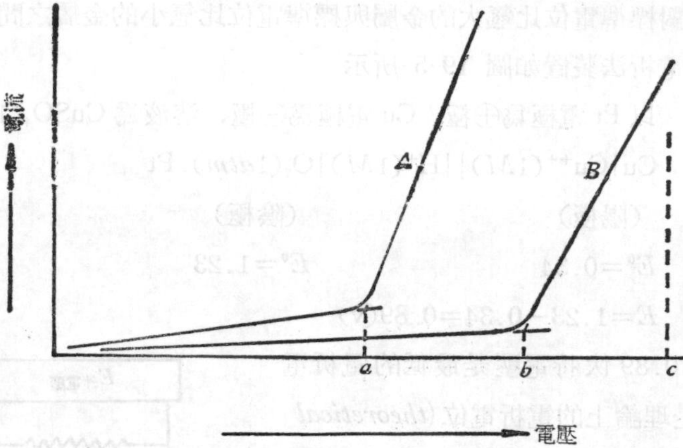

圖19-6　電析電位

§19-6　其他分離方法

除了上數節談及各分開某物質方法外，仍有一些在定性分析或容量分析已介紹過的分離方法，現將再列述於下

(a) 錯離子生成（定性分析）

(b) 部份沉澱法：（定性分析），此法如同在定性分析利用 pH 值大小將第二屬的銅族與砷族分開等等。

(c) 應用溶解度之原理：此法乃在一般定量分析中常利用之方法，其原理就是溶解度積的應用，在第二篇容量分析中的錯鹽滴定法已有詳盡地說明，不再重覆。

(d) 形成一般金屬化合物而秤重者：

(1) 元素狀態（常用電析法使生成元素狀態之金屬）：Cu, Co, Ni, Zn, Ag, Cd, Hg, Au, Pt。

(2) 氧化物形態：Fe, Al, Cr, Ti, Sn. Sb, Pb, Bi, Si, Mo, Ca, W, Mn, U。

(3) 硫化物形態： Mn, Mo, Cu, Zn, Hg, As, Sb, Bi。

(4) 氯化物形態： Ag, Hg, Na, K。

(5) 磷酸鹽形態： Mg, Mn, Zn, Cd, U, Bi, Al。

(6) 過氯酸鹽形態： K。

(e) 有機試劑爲沉澱： 下列數種有機試劑乃是定量分析常用者：

(1) *Dimethylglyoxime* (二甲代乙二醛肟)

$$\begin{array}{l} CH_3-C=NOH \\ \quad\;\; | \\ CH_3-C=NOH \end{array}$$

此物爲鎳(Ni)之最良沉澱劑， 在氨水溶液中， 可將鎳與鈷分開。

(2) 8-*hydroxy qiunoline* (*Oxine*) (8-羥喹啉)

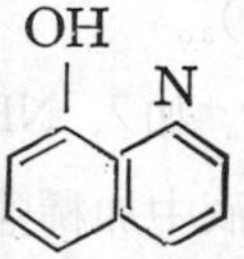

此物在弱酸性或鹼性溶液中，可與多數金屬生成沉澱。如 Cu, Bi, Cd, Al, Zn 及 Mg (在 NH_4OH 溶液中)。

(3) *Cupferron* (銅澱劑)

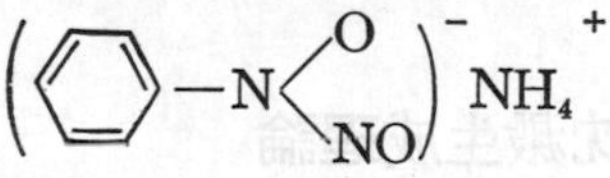

此物質可與 Fe, V, Zr, Ti, Sn, U(+4), Cu 等生沉澱。

銅澱劑爲合金 (鐵合金及非鐵合金) 分析上之有用試藥， 施用方法， 常因共存物之種類及含量而略有變更， 在分析之前， 通常先以硫化氫將有妨礙物質如 Pb, Hg, Ag 等先沉澱而出。

(4) *E.D.T*.A,: (翻閱第十八章)。

其他仍有 *Phenylhydrazine*, $C_6H_5\cdot NH\cdot NH_2$ (苯肼) 等等。

§19-7　沉澱形狀上的分類

沉澱之外觀形狀，因其化學組成，溶劑種類，溶液之濃度及溫度等等而有所差異，一般分成八種沉澱。

(1) *Crystalline*：結晶形—$PbCrO_4$，沉降較易。

(2) *Colloidal*　：膠體形—$PbCl_2$，懸於溶液中。

(3) *Flocculent*　：蓬鬆形—硫沉澱物。

(4) *Curdy*　　：凝乳形—AgCl。

(5) *Sandy*　　：砂粒形—$BaSO_4$

(6) *Gelatinous*：膠狀形—$Fe(OH)_3$。

(7) *Jelly-like*　：凍膠形—Na_2SiO_3 加入 $NH_4C_2H_3O_2$。

(8) *Fluid*　　：流體形—油酸鈉液中加稀鹽酸。

(6),(7),(8) 通稱爲乳膠體沉澱，至於某種沉澱屬於那一類型沉澱並沒有一定規定，有時沉澱因溫度或其他條件改變由一類型轉變爲另一類型。了解沉澱類型的目的乃在應採用那一種過濾方法較爲適當。

§19-8　Von Weimarn 沈澱生成理論

自液體中因條件變化而析出固體物質時，其粒子微小者，通常稱爲沉澱，其大者稱爲結晶，其粒子甚小不能沉澱於下稱之爲膠體，此三者雖因顆粒大小而劃份，其間實無明顯之區別，但其基本原理却相同。

由過飽和溶液中析出結晶時，由於分子間相吸引，而排成一定配列，當結晶核 (*nuclei*) 漸呈現之後，結晶便能繼續成長，核數甚多，則生極多之細小結晶，核數甚少，結晶若易長成可得較大結晶，又結晶在溶液中是成平衡狀態，所以結晶一方面成長，一方面會溶解，其原因乃是溶劑分子與結晶上分子的吸力，及溶劑分子運動而破壞結晶的格子，此兩種作用支配結晶生成的形態。

假定以 S 表示其結晶（沉澱）的溶解度

Q 表示於加入沉澱劑一瞬間過飽和溶液中結晶的濃度

k 表示比例常數

R 表示結晶生成速率

Von Weimarn 以 $R=k\times\frac{Q-S}{S}$ 來考察結晶生成結晶核的速率

(i) $Q\gg S$ 時，則 $\frac{Q-S}{S}$ 甚大，一時過飽和濃度比結晶溶解大很多，生成極多的結晶核。

(ii) $Q-S<S$ 時，則 $\frac{Q-S}{S}$ 甚小，溶液中僅有少數結晶核生成。

因此 $\frac{Q-S}{S}$ 比值可以用來推測結晶核生成的多寡，此比值稱之爲 *Von Weimarn* 比值。

結晶核一旦生成後，便需考慮其成長情形如何，其成長速率可依下列公式考察之。

$$G=k'\times\frac{d}{b}(C-S)$$

G：結晶生長速率

d：擴散係數

b：擴散層的厚度

c：溶液之濃度（指結晶核已產生後溶液的現存濃度）

S：結晶溶解度

k'：比例常數

(1) 在 $\frac{Q-S}{S}$ 甚大時，R 值亦大，結晶核極多，但 G 值變小，爾後結晶的成長乃靠結晶核互相結合，因此得到膠狀沉澱。

(2) 在 $\frac{Q-S}{S}$ 甚小時，$(C-S)\doteqdot 0$，因此 G 亦很小，所以結晶生成速率與結晶成長速率均很小，可得到膠體沉澱。

(3) 在 $\frac{Q-S}{S}$ 較(2)大較(1)小時，R, G 均較(2)情形大，却不像(1)情形劇烈，且 G 值較(1)爲大，因此不但結晶核生成多，且成長快，可得到結晶沉澱。

例：同體積 $3.5M$ $Ba(CNS)_2$ 及 $3.5M$ $MnSO_4$ 混合時，

$\frac{Q-S}{S}=\frac{1.75-1\times 10^{-5}}{1\times 10^{-5}}=175{,}000$ 可以迅速生成膠狀沉澱，若使用更稀的濃度時，$\frac{Q-S}{S}=25{,}000$，可生成趨近結晶形態的沉澱，若濃度更稀而 $\frac{Q-S}{S}=1{,}300$，可得到微細羽毛狀結晶，若 $\frac{Q-S}{S}=125$ 則結晶緩慢生成但較堅細，但 $\frac{Q-S}{S}<1$ 時則沉澱歷久不生成。

因此可知要能得到 $BaSO_4$ 結晶沉澱，必須在中間濃度範圍，濃度過高形成膠狀沉澱，濃度過低，形成膠體沉澱，沉澱懸浮於溶液。以上所述乃是 *Von Weimarn* 學說。

Von Weimarn 學說雖頗爲大家重視，但亦有沉澱現象無法以此學說來解釋，例如有些沉澱在濃度愈高結晶愈大，並無任何膠狀沉澱的跡象。

在分析上，當不希望膠狀沉澱，因爲在處理上有許多不便之處，故欲使發生沉澱之兩種溶液濃度不可不加注意，絕非是濃度愈濃沉澱結晶愈大；又欲使膠體沉澱或微細沉澱變為較大沉澱時，可以久置溶液成微熱溶液。

§19-9　連帶沈澱現象 (*Coprecipitation Effects*)

在定性分析時若要分開 Cu^{++}, Fe^{+++}，可用過量 NH_4OH 為分離試液，Cu^{++} 在過量 NH_4OH 中形成 $Cu(NH_3)_6{}^{++}$ 藍色錯離子，而 Fe^{+++} 則形成 $Fe(OH)_3$ 沉澱，因此可將二者分開，再判斷各含量多少，分開兩離子是可以藉此方法行之，但要定二者的含量，此法不理想，因為當 $Fe(OH)_3$ 沉澱後能帶下或多或少的銅離子而使 Cu^{++} 量損失，諸如此種現象稱為連帶沉澱。

能發生連帶沉澱的現象不勝枚舉，如：

沉　澱	被帶下物質
Cus	ZnS
Cds	ZnS, HCl
$Cr(OH)_3$	Zns, Zn^{++}, Cu^{++}, Ni^{++}, Cd^{++}, Ca^{++}
$Al(OH)_3$	Zn^{++}, Cu^{++}, Ni^{++}, Cd^{+}, Ca^{++}
$Fe(OH)_3$	$Cu(OH)_2$, Zn^{++}, Cu^{++}, Ni^{++}, Cd^{++}, Ca^{++},
$BaSO_4$	$Fe_2(SO_4)_3$, $Ba(NO_3)_2$, $Ca(NO_3)_2$, K_2SO_4
$BaCO_3$, $SrCO_3$, $CaCO_3$	Fe^{+++}, Mg^{++}
NH_4MgPO_4	$(NH_4)_2MoO_4$
CaC_2O_4	MgC_2O_4
$SrSO_4$	$Fe_2(SO_4)_3$, $Al_2(SO_4)_3$, $Cr_2(SO_4)_3$
矽酸	$Al(OH)_3$, $Fe(OH)_3$

由上可知，在鹽酸性溶液中，通 H_2S 使 CuS, CdS 沉澱中實含有第三屬的 Zn^{++}；又如 Ca^{++}, Mg^{++} 共存溶液若要使 CaC_2O_4 沉澱而

完全分開是不可能的事。至於共同沉澱學說很多，有以分配定律解釋，有以吸附現象解釋，不過可歸納下列幾點:

(1) 由於沉澱生成時在結構上有很多缺陷於結晶內，當溶劑帶有某種離子或不純物質進入，結晶格子形成後被包在結構內。

(2) 由於沉澱生成之初表面吸附作用。

(3) 由於沉澱與溶液間平衡的破壞，逐使結晶成長過速而來不及取代附在原結晶核上的他種離子，而將之吸在內部。

連帶沉澱雖不便處理，但有時却利用它作爲微量分析應用。

要減少連帶沉澱效應有效方法有下列數點:

(1) 先使易被帶下的物質與欲沉澱物分開，或者將溶液之濃度減至相當程度，使帶下之物質，可以忽視。

(2) 緩慢地加入沉澱劑，並不停攪拌，避免局部高濃度的沉澱劑存在以及減小 *Von Weimarn* 比值。

(3) 在熱溶液中生成沉澱，因爲物質在熱溶液中溶解度較大，即 S 變大，使 *Von Weimarn* 比值下降，除外，離子在高溫運動加速，容易聯串一起而形成較完美的結晶沉澱。

(4) 除非是溶解度較大的沉澱，應以溫水洗滌，若沉澱有形成膠狀的傾向，則須以電解質溶液洗滌。

(5) 沉澱發生後，使之靜置一段時間，俾使沉澱顆粒有生長的機會。

(6) 採用多次沉澱法。以前一次之沉澱溶解後再沉澱，如此重覆數次逐使沉澱物所含不純物減到最低限度。

§19-10 計算演練

重量分析計算大都依據定比定律及定組成定律而求值。

定比定律：任何純化合物中各組成元素之重量比恆相等

定組成定律：參與一定化學變化之各元素質量相互呈一定且不變之比。

例 1：溶解一不純氯化鈉試樣於水中，而氯化物以硝酸銀沉澱之（$Cl^- + Ag^+ \longrightarrow \underline{AgCl}$）得氯化銀 1.000 克。在原試料中氯之重量多少？

因氯化銀所含銀及氯之成分百分比爲 $Ag\% = \frac{Ag}{AgCl}$, $Cl\% = \frac{Cl}{AgCl}$ 也就是說 143.32（AgCl 之克式量）中含有 35.45 克之氯

$$\text{所以}\quad 1.000 \times \frac{Cl}{AgCl} = 1.000 \times \frac{35.45}{143.32} = 0.247 \text{ 克 (Cl)。}$$

所謂重量因素（*Gravimetric factor*）或化學因素（*Chemical factor*）爲與一單位重量之已知組成物質所相當的待測定物質之克數。例如換算 $BaSO_4$ 之重量爲所相當硫的重量時，其重量因素爲 $\frac{S}{BaSO_4} = \frac{32.06}{233.4} = 0.1374$，因爲一 *mole* 之 $BaSO_4$ 中含有一 *mole* 之 S 原子。同理，換算 Fe_2O_3 之重量爲所相當 FeO 重量時，其重量因素爲 $\frac{2FeO}{Fe_2O_3} = \frac{143.7}{159.7} = 0.8998$ 克 (FeO)。

例 2：秤取 0.500 克之不純 Fe_3O_4 試料，以熔劑熔融後，使 $Fe(OH)_3$ 沉澱，而灼熱成 Fe_2O_3 並秤得其重爲 0.4980 克，試問此礦石中之鐵含量爲多少？（分別以 $Fe_3O_4\%$ 及 Fe% 表示之。）

(*a*) $0.4980 \times \frac{2Fe}{Fe_2O_3} = 0.500 \times Fe\%$

$Fe\% = 69.66$

(*b*) 1*mole* $Fe_2O_3 \approx \frac{2}{3}$ *mole* Fe_3O_4

∴ 3*mole* $Fe_2O_3 \approx$ 2*mole* Fe_3O_4

$$\text{所以}\quad 0.4980 \times \frac{2Fe_3O_4}{3Fe_2O_3} = 0.500 \times Fe_3O_4\%$$

$$Fe_3O_4\% = 96.27$$

例 3： 分析 0.7328 克明礬結晶得 0.0786 克 Al_2O_3，試計算此明礬試料中之鋁含量爲若干？以 Al% 表示之。

1*mole*Al_2O_3 有 2*mole* Al 原子，所以 Al%爲:

$$\frac{0.0786 \times \frac{2Al}{Al_2O_3}}{0.7328} \times 100 = 5.68\%$$

習　題

1. 試求下列變換之重量因素:（*a*）$BaSO_4$ 成 Ba，（*b*）Nb_2O_5 成 Nb，（*c*）Fe_3O_4 成 Fe_2O_3 (d) $KClO_4$ 成 K_2O。
2. 5.672 克 之 $BaSO_4$ 中 S 之重量爲何？
3. 欲得 $BaSO_4$ 重 1.0206 克，應取含硫 36.40% 之黃鐵礦(*pyrite*) 若干重量加以分析？
4. 由 4.7527 克 之 $Ag_2Cr_2O_7$ 可得若干重量之 AgBr？
5. 0.500 克之有機物試料之N與濃硫酸消化轉變成 NH_4HSO_4。若使 NH_4^+ 成 $(NH_4)_2PtCl_6$ 沉澱而煅燒該沉澱成 Pt，若 Pt 重 0.1756 克，則試料中 N 之百分數爲何？

第二十章　成硫化物而秤量的金屬分析

§20-1　概　論

第二屬及第三屬之金屬，在適當酸度下可以硫化物沉澱而相互分開，實際重量定量法中，以硫化物之形態沉澱而分開者有 Hg, Cu, Cd, As, Sb, Bi, Mn, Zn 等金屬，如同在定性分析時成硫化物沉澱的沉澱劑分爲酸性的 H_2S 以及鹼性的$(NH_4)_2S$，或 Na_2S，因S容易被氧化，故所得之硫化金屬沉澱中，每含多少的硫，可以用 C_2S 等溶劑而除去之。

硫化金屬沉澱常轉變爲他種化合物而稱定，某種硫化物，有揮發性質（例如 CdS），或能被空氣氧化而生氧化物或硫酸鹽，故以硫化物直接稱量者爲數反少，爲防止硫化物在加熱中起化學變化，有時應用種種氣體。例如 MnS 於 H_2 中灼熱，可以不變，又如 CuS於H_2中灼熱可變成適於秤量之 Cu_2S。

§20-2　鋅的定量——實驗 41

含鋅鹽之溶液，以銨鹽及甲酸爲緩衝劑，保持 pH 在 2～3 之間，通過硫化氫，令鋅成硫化物而與鋁、鐵、鎳等金屬分開，再將所得之硫化鋅轉變爲硫酸鹽而稱量之。

此法分開之硫化鋅，又可以灼熱成 ZnO 而秤量之。

操作法：

在開始分析鋅量之前，必先將對此分析法足以產生妨礙的物質分開。

由礦石所得含鋅溶液，常含多少的矽酸，其除去的方法可加濃硫酸蒸發至白煙出現，矽酸即成不溶性的矽酸鹽而與溶液分開，第二屬金屬可用硫化氫通於强酸溶液中以沉澱法分開，惟 CuS 沉澱因連帶沉澱效應多少會帶下鋅離子，故除去銅的方法，用電解法除去或用 Al 除去

$$2Al+3Cu^{++}\longrightarrow 2Al^{+++}+3Cu\downarrow,$$

即在一燒杯中，加入鋁片，以硫酸 ($3N$—$4N$) 與試液共煮沸十分鐘，至無銅析出爲止，濾過，以熱水洗滌，洗液與濾液合併之。

經除去大部第二屬金屬的含鋅離子試液約 125*ml* 盛於 750*ml* 之圓錐形燒瓶中，加 $6N$ NH_4OH 至沉澱發生，加 25*ml* 之 $1M$ 之檸檬酸溶液（即每 1 克中含此酸 200 克）及指示劑甲基橙數滴，再以 $6N$ NH_4OH 中和至呈中性，加進甲酸混合溶液(24M-甲酸，200*ml* 加上 $15N$, NH_4OH 30*ml*，$(NH_4)_2SO_4$，200克，蒸餾水稀釋至成 1 升，25*ml* 及甲酸 (24M)20*ml*，及蒸餾水至全體全溶液體積成爲 200*ml*，熱至60°—70°，由一導管通入硫化氫，繼續加熱至溶液近乎煮沸，而水汽由出管吹出。冷却，同時關住出管口，繼續通進硫化氫，待冷却至25°—30° 才關掉 H_2S，靜置數十分鐘後，待白色硫化鋅，以濾紙過濾，並以 0.1M- 甲酸（硫化氫飽和者）充分洗滌。

所得的硫化鋅沉澱，以少量稀鹽酸注入溶解，微加熱煮沸，以除去硫化氫，蒸發至小體積，移於一瓷坩堝中，加二，三滴濃硫酸，再於水鍋上蒸發，後又以本生燈灼熱至恆重。(灼熱溫度不高於702°)。

在上述操作法中甲酸混合液是爲一緩衝試液，使酸度保持在 pH 2.1 左右，pH過小則沉澱不完全，但 pH 過大，則其他金屬如 Co^{++}, Ni^{++}, Fe^{++}, Mn^{++} 均同時沉澱。

§20-3　汞的定量——實驗 42

汞的分析在中性溶液以稍過量 $(NH_4)_2S$ 爲沉澱劑，爾後再加 NaOH 溶液，則 Hg^{++} 形成 $HgS_2^{=}$，此液加硝酸銨而煮沸之，則 HgS 沉澱而出。

$$HgS_2^{=}+2NH_4^{+}\longrightarrow \underline{HgS}+(NH_4)_2S$$

此沉澱過濾後，置沉澱於 Gooch 坩堝中，洗滌，乾燥，最後再以HgS 秤量。

操　作　法

在未進行汞分析定量前需先將妨礙 HgS 物質分開，

在試液中若含 Cd^{++}, Zn^{++}, Sn^{++} 等離子時遇硫化氫易生硫化物沉澱，先將試液與一稀鹽酸酸性溶液，通入硫化氫使汞等各金屬均生硫化物沉澱，過濾洗滌後，再以含硫化氫的酸性液冲洗之，此時已將部份金屬離子溶去，未能溶去的沉澱再以硝酸煮沸30分鐘，加倍水，此時濾液中不溶性的黑色物是爲 HgS，過濾後可得 HgS 沉澱，最後將此沉澱以王水溶解配製成新的試液，再依照下述方法定量。

以純碳酸鈉中和經處理含 Hg^{++} 上述溶液 100*ml*（僅含0.1克之汞量）至溶液呈中性，加新製之 $(NH_4)_2S$ 溶液，再加純 NaOH 之10%溶液，同時激烈攪拌，至溶液之顏色開始變淡，煮沸，再加氫氧化鈉至成澄清，此時 Hg^{++} 已全部成爲 $HgS^{=}$，如有不溶物質，可以過濾去除，隨以熱水（每1*l* 中含硫化銨溶液 10*ml*，及氫氧化鈉溶液 10*ml*）洗滌。

濾液徐徐加入25%硝酸銨溶液足量，煮沸，使 NH_3 幾乎完全溢出，而沉澱析出。以 *Gooch* 坩堝濾過，順序以含 H_2S 之水溶液、熱水、乙醇、二硫化碳、乙醇及二乙醚連續洗滌數次，再於 105°—110°

乾燥，最後秤此 HgS 重量。

在操作中以 C_2S 溶液是洗去沉澱上雜有的硫，而初次洗滌所用之乙醇乃是除去 H_2O，後來又用一次乙醇乃是除去剩下的 C_2S，二乙醚則用以除去乙醇，使沉澱容易乾燥。

（二硫化碳有毒性及燃燒性，使用時需小心）。

§20-4 膽礬中銅之定量——實驗 43（可省略）

膽礬之主要成份爲硫酸銅，將之製成試液，在適當酸度下，通以硫化氫，使 Cu^{++} 成爲 CuS 而沉澱，此沉澱經洗滌，乾燥後，通以 H_2 氣體，藉於加熱已知重量之 *Rose* 坩堝內，如此則硫化銅變爲 Cu_2S，而秤其重。

操 作 法

精密秤取膽礬約 1 克，於 100*ml* 之燒杯中，加蒸餾水約 10*ml*，加熱溶解。如不能完全溶解，則須爲之濾過。加鹽酸 5*ml*，乘熱徐徐通入 H_2S 氣體至飽和。硫化氫通入後則有 CuS 沉澱，從速以濾紙過濾，因爲 CuS 在空氣停留過久有生成溶性之 $CuSO_4$ 之可能，故以速濾爲佳，過濾完後連同漏斗置於烘乾，在烘乾之前，以含 H_2S 蒸餾水洗滌數次，儘可能使 $SO_4^=$ 除去。

取 *Rose* 坩堝洗淨，如常法灼熱，冷却，並精密秤量後，將漏斗中之乾燥沉澱儘量剝離而入於其中，剝離時避免試料的損失，濾紙於鉑捲鉗上灰化後，灰亦落入坩堝中。

坩堝中加精製硫黃細末少許，坩堝加蓋通入氫氣（由 *Kipp* 發生器中，以鋅及稀硫酸製之），同時緩緩加熱。使 CuS 轉變 Cu_2S，坩堝冷却於收濕器中至少15分鐘，然後秤量 Cu_2S。

氫氣發生器，通常必通過濃硫酸瓶以脫去水分，再流入 *Rose* 坩堝內。

本實驗若受於 *Rose* 坩堝的限制，則可略去，且對氫發生氣亦須特別小心，因氫有爆炸性。

習　題

1. 欲使 5.00 克之 $Fe_2(SO_4)_3 \cdot 9H_2O$ 中之 Fe以$Fe(OH)_3$ 沉澱，需多少 *ml* 之 NH_3 水（比重 0.9000）
2. 敍述你作實驗，鋅的定量時所引起誤差原因？

第二十一章　成氧化物而秤量的金屬分析

§ 21-1　概　論

多數金屬氧化物均能耐熱而不變，故以氧化物而秤量之定量法，為數較多，詳言之諸如 Fe, Al, Mg, Ti, Pb, Mo, W, 等皆是，而氧化物之來源大致可分為三類：

(a) 由氫氧化物或酸類分解而生成者，

$$Al(OH)_3 \xrightarrow{\triangle} Al_2O_3 + H_2O$$

$$SnO_2 \cdot XH_2O \xrightarrow{\triangle} SnO_2 + XH_2O$$

(b) 易分解之金屬鹽，灼熱分解而生成者，

$$CaC_2O_4 \xrightarrow{\triangle} CaO + CO_2 + CO$$

$$MgCO_3 \xrightarrow{\triangle} MgO + CO_2$$

(c) 同時起氧化作用者，

$$Sb_2S_3 + O_2 \longrightarrow Sb_2O_4 + 3SO_2$$

(d) 有機物沉澱，灼熱分解而生成者。

本章僅介紹鐵的定量，鋁的定量，為代表。

§ 21-2　鐵的定量——實驗 44

鐵金屬之重量分析法，常在含 Fe^{+++} 溶液中，加過量 NH_4OH 使之成 $Fe(OH)_3$ 沉澱，洗滌，乾燥，灼熱，即成 Fe_2O_3 後秤量，

可計算試料中含 Fe 或 Fe_2O_3 之百分率。

但是若試液中仍有 Al^{+3}, Ti^{+3}, Zr^{+4}，等離子存在能與 NH_4OH 生成氫氧化物沉澱，因此這些金屬離子在分析前須用他種方法與予去除。同時某些酸根離子如 PO_4^{-3}, AsO_4^{-3} 等亦在 NH_4OH 溶液中與 Fe^{+3} 生成沉澱，因此亦必須去除。

操作法：

秤取約 1.0 克之硫酸亞鐵胺試料於 400 *ml* 燒杯中，加入 40*ml* 的蒸餾水及 10 *ml* 鹽酸，用玻棒攪動溶解之，並蓋上表玻璃，加熱溫和沸騰，徐徐滴入濃硝酸至溶液中 Fe^{++} 完全氧化成 Fe^{+++} 爲止，此時溶液成暗褐色，因形成 $Fe(NO)^{++}$ 錯離子之故，繼續加熱 5 分鐘，使 $Fe(NO)^{++}$ 逐漸分解，溶液褪成黃色，再繼續加熱 5 分鐘，加水稀釋成 200 *ml*，以氨水中和後更加濃氨水 5—7*ml*，加熱約至 70°，任沉澱靜置，由傾倒法 (*decantation*) 過濾，因爲 $Fe(OH)_3$ 沉澱是膠狀形，容易爲熱所凝聚，且表面積大易吸附雜質，不能用抽吸法過濾，祇能用孔隙大的濾紙過濾，以熱水洗滌沉澱最後才移入濾紙過濾，再用 75 *ml* 之蒸餾水分 3 次洗滌在濾紙上的沉澱，使附在沉澱上之 Cl^-, $SO_4^=$，能完全除去，在過濾或洗滌過程中，沉澱必需在溶液覆蓋之下，否則沉澱乾涸而凝聚，雜質包在內層則無法清洗乾淨。

爲了檢驗是否仍有 Cl^- 存在時，可配製 $AgNO_3$ 溶液，於洗滌後流出之溶液以 $AgNO_3$ 試之，若已無白色 AgCl 沉澱則續繼下述步驟，將尚溼的濾紙邊緣摺包洗滌後的沉澱，移於灼燒處理過的瓷坩堝中，用 *Tirrill* 本生燈；將沉澱灼熱，冷却，置於收溼器中，秤量，再一次灼熱，秤量，直至恆量爲止。Fe_2O_3 乃比較容易吸收溼氣物質，故秤量宜速而坩堝需加蓋。以所得數據計算 Fe_2O_3 或 Fe 之百分率。

§ 21-3　鋁的定量——實驗45

鋁鹽溶液中加 NH_4OH，則生 $Al(OH)_3$ 沉澱，通常以水合氧化鋁，$Al_2O_3 \cdot XH_2O$ 表示之較爲合理，濾過，乾燥，灼熱，使之成爲 Al_2O_3 而秤量者。

鋁離子在 pH=3 時，開始有 $Al_2O_3 \cdot XH_2O$ 析出，在 pH=7 時可完全沉澱，因 $Al_2O_3 \cdot XH_2O$ 爲兩性氧化物，故在 pH 小於 3 或大於 7 則又溶解:

$$Al(OH)_3 + 3H^+ \longrightarrow Al^{+++} + 3H_2O$$

$$Al(OH)_3 + OH^- \longrightarrow AlO_2^- + 2H_2O。$$

在滴加氨水沉澱析出 $Al_2O_3 \cdot XH_2O$ 時，需用適當之指示劑，使 pH 保持在所定之範圍。

鹼金屬，鹼土金屬，鎂，及少量之鎳、錳等存在，對鋁的分析均無妨礙，能以硫化氫沉澱之金屬，大都有礙，故預先於酸性溶液中，通硫化氫與予去除；第三屬中，鋅之影響尤大，更在 $BaSO_4$ 或 $PbSO_4$ 沉澱中，能連帶部份的 Al^{+++}。

鋁與其他金屬之分開，可依下述方法行之。

(1) 氫氧化鈉法:
以過量之氫氧化鈉，可使 Fe^{+++} 生成 $Fe(OH)_3$ 而沉澱。如是 Al^{+++} 與 Fe^{+++} 可以分開。

(2) 酒石酸+$(NH_4)_2S$ 法;
於 100 *ml* 溶液中，加三、四倍重量（對於氧化鋁大約重量）之酒石酸，又加入 NH_4OH 使成微鹼性（此時如溶液不透明，乃酒石酸用量不足），再加 1:1 酒石酸溶液中和，通 H_2S 至飽和，任 FeS 沉澱濾過，此時 Co^{++}, Cu^{++}, Zn^{++} 均能被 FeS 帶下，濾液則含有所

有 Al^{+++}，沉澱以 HCl 溶解，又以 HNO_3 氧化後，應用第二節鐵的定量法定鐵之含量，然而將含 Al^{+++} 的濾液蓋發乾涸，灼熱，再秤量。

操作法

精確秤取 0.5 克之鉀礬粉末〔$K_2SO_4 \cdot Al_2(SO_4)_3 \cdot 24H_2O$〕移入 400 *ml* 燒杯中，加入 200 *ml* 蒸餾水溶解之，再加入 5 克 NH_4Cl 及 0.1% 之指示劑 5 *ml*（甲基紅），加熱至適沸，徐徐滴加新鮮的稀氨水至溶液呈爲黃色，煮沸 1—2 分鐘，以濾紙從速過濾，沉澱以 2% 之熱 NH_4NO_3 或 NH_4Cl 溶液洗滌，因 $Al(OH)_3$ 易爲水所解膠，故洗滌時不可用水。吸引乾燥，如必要時此沉澱可溶於鹽酸，再以稀氨水沉澱一次，沉澱乾燥後，灼熱於鉑坩堝中，再在噴燈焰上加熱 5—10 分鐘，因爲自含硫酸鹽溶液中沉澱 $Al(OH)_3$，其中常帶有鹽基性硫酸鹽，非經高熱不能驅除 SO_3 而去，稍待冷却，移置收溼器內，待其溫度與室溫一致時，迅速秤重，因 Al_2O_3 易吸收濕器，灼熱再秤重如此重覆數次至恆量爲止，由所得數據計算含 Al_2O_3%。

§ 21-4　碳酸鈣中鈣的定量——實驗46

鈣鹽在鹽酸酸性中，加入 $(NH_4)_2C_2O_4$ 溶劑，並以 NH_4OH 中和卽得 CaC_2O_4 沉澱，

$$Ca^{++} + C_2O_4^{=} + H_2O \longrightarrow CaC_2O_4 \cdot H_2O$$

草酸鈣沉澱經含草酸銨水溶液洗滌後，加熱到適當之溫度，可變成 CaO 或 $CaCO_3$ 而秤量之，有時亦可用硫酸處理加熱成 $CaSO_4$ 而秤量之。

金屬離子除鹼金屬及鎂外，皆能生成草酸鹽沉澱，故在分析前，對各妨礙物質去除不得不加考慮。

最嚴重的乃是鋇，鍶兩鹼土金屬，因性質與鈣相似，往往共同存在，且有相同沉澱，所以分開鋇、鍶在鈣的定量操作中甚爲重要。

通常是以 $(NH_4)_2CO_3$ 使其皆沉澱，再轉變爲硝酸鹽後，以乙醇與二乙醚之等體積混合液處理，則硝酸鈣被溶出而鍶、鋇之硝酸鹽遺留，此抽出之鈣鹽再以 CaC_2O_4 或 $CaSO_4$ 沉澱而秤量。

操作法

精確石灰石粉末 0.5 克於 500 *ml* 燒杯中，加水 10 *ml* 及 20 *ml* 3*N*HCl 加熱溶解之，加蒸餾水稀釋至 100 *ml* 後加熱驅除 CO_2，以甲基橙爲指示劑，用 6N NH_4OH 中和之，加熱沸騰後，加稍過量之 $(NH_4)_2C_2O_4$ 溶液使之完全沉澱，續繼在水鍋上加熱 30 分鐘，過濾後以少量含 0.1% $(NH_4)_2C_2O_4$ 熱稀液洗滌至洗液中不含氯離子爲止，即以 $AgNO_3$ 試之有否再白色沉澱，將濾紙灰化，並使沉澱於 1100°*C* 下灼燒成 CaO 而秤量，計算 CaO%

習　題

1. 敍述在鋁定量實驗時引起誤差的原因？
2. 求應取之石灰石重量以使所得 CaO 之克數與 Ca 在試料中之百分數比爲 7:5。

第二十二章　酸根的定量

§22-1　氯的定量——實驗 47

可溶性氯化物中氯的定量乃是利用 $AgNO_3$ 溶液在稀硝酸中與氯離子生成 AgCl 沉澱。

$$Cl^- + Ag^+ \longrightarrow \underline{AgCl}$$

AgCl 爲類似膠狀沉澱，經靜置後可成粒狀沉澱，並且不吸附其他雜質，故無重新沉澱的必要，但 AgCl 易受光線直射而分解，祇需避免强光照射並無顯著的影響。

AgCl 沉澱需用 *Gooch crucille* 過濾之，經 0.10*M* 稀酸洗滌後，在 105°*C*～200°*C* 乾燥後，秤量之，

操　作　法

準備 *Gooch* 坩堝，在烘箱內乾燥，並秤量至恒重以備用。秤取精確量 0.2 克 試料，移入 400*ml* 燒杯內，用 150*ml* 蒸餾水溶解，添加 1*ml* 6*N* HNO_3 酸化後，攪拌並徐徐注加 0.1*N* $AgNO_3$ 溶液，待沉澱沈降後，於上面澄清液中再滴入 $AgNO_3$ 數滴，確立沉澱已完全，再加10%過量之 $AgNO_3$ 溶液，蓋上表玻璃，加熱使接近沸騰，保持溫度直到攪拌後沉澱立刻下降而與溶液分開，將上層的澄清液傾入 *Gooch* 坩堝抽吸過濾，並用稀 HNO_3(2*ml*6*N* HNO_3 稀釋成 1 升)，以傾倒法洗滌沉澱數次，最後才將整個沉澱完全移入 *Gooch* 坩堝內，再用稀 HNO_3 洗滌直到再加一滴的 0.1*N* HCl 於洗滌液中不致有混濁發生，將 *Gooch* 坩堝連同沉澱一起置於定溫 105°—110°*C* 烘箱

內，冷却，秤重，再烘乾，直到恒重爲止，記錄數據求出 Cl%。

$$\frac{\text{所得 AgCl 重} \times \frac{\text{Cl}}{\text{AgCl}}}{\text{試料重}} \times 100 = \text{Cl}\%$$

§22-2 硫酸根的定量——實驗 48

硫酸根通常以 $BaCl_2$ 爲沈澱劑使生成 $BaSO_4$ 沉澱而秤其量。$BaSO_4$ 沉澱的細密結晶小得無所以濾紙過濾與一般洗滌操作，因此如何促使沉澱的長成，乃是操作要項之一。

$$\underset{(\text{BaCl}_2)}{Ba^{++}} + SO_4^{=} \rightleftharpoons \underset{(\text{小顆粒})}{BaSO_4(s)} \xrightarrow{\text{消化}} \underset{(\text{較大結晶})}{BaSO_4}$$

$BaSO_4$ 有連帶沉澱現象，它會帶下 K^+ 與 Fe^{+++}等，且與$CO_3^{=}$，PO_4^{-3} 在中性或鹼性液中生成沉澱析出，因而 $BaSO_4$ 之溶液除了在溫熱條件下，仍需以稀鹽酸，使之成酸性，若酸度過高，則 $BaSO_4$ 溶解度增加，爲了減少其溶解度可加入過剩的 $BaCl_2$。

純淨的 $BaSO_4$ 極爲安定，在 1400°C 以上灼熱時，始起分解，但容易被濾紙焦化時之碳所還原成硫化物，故灼熱時，應先在較低溫使濾紙在充分之空氣下完全灰化，再用 *Tirril* 燈燒到 800°～900°C。然後稱量。

操 作 法

精確秤取可溶性硫酸鹽(硫酸鈉或鉀明礬)約 1.25 克於 600*ml* 燒杯中（含 0.3～0.5 克之 $SO_4^{=}$)，加入 25～50*ml* 蒸餾水溶解，用玻璃棒攪動，注入 2*ml* 濃鹽酸酸化並稀釋成 350～400*ml*。用表玻璃蓋住加熱至接近沸點，同時以量管取 5% $BaCl_2$ 溶液（5克 $BaCl_2 \cdot 2H_2O$，加水稀釋成 100*ml*）20*ml* 於小燒杯中，再稀釋成 75～100*ml*，亦加熱至快到達沸騰，一邊攪拌，迅速將 $BaCl_2$ 稀熱溶液注入另一燒杯中的試料溶液，在溫熱條件下使沉澱析出；滴入1滴 $BaCl_2$ 於澄清液檢查是否有 $BaSO_4$ 再沉澱，若沉澱繼續呈現則加更多的 $BaCl_2$ 溶液，迄溶液有過剩的 $BaCl_2$ 含量，繼續保持溫熱但不使之沸騰，維持一段較長時間（4小時以上），用傾倒法最後才將沉澱倒入細孔密緻的濾紙上過濾，用熱水洗滌 Cl^- 附在沉澱上，最後將濾紙折摺好移置在已秤量過的瓷坩堝內灼燒，慢慢將溫度提高，需注意不使 $BaSO_4$ 被碳還原成 BaS，灼燒後，(800°—900°C)，迄重量恒量為止，求其含 S%。

§22-3　黃鐵礦中硫的定量——實驗 49

黃鐵礦(*iron pyrite*)之組成爲 FeS_2，此物以硝酸及氯酸鉀氧化，則硫可完全變成硫酸根。加氨水沉澱鐵等金屬後，以鹽酸使成酸性，再加氯化鋇使成 $BaSO_4$ 沉澱，濾過，乾燥，灼燒，秤重以求含 S%。

操　作　法

精密稱取黃鐵礦細粉末約0.5克於一 250*ml* 圓錐形燒瓶內，加入硝酸 10*ml*，徐徐加熱，至紅棕色煙霧之發生已略減少，間斷地，投入 $KClO_3$ 晶體（每次約0.2～0.3克)。繼續加熱，直至最初生成之硫完全消失，此後熱度不妨增高，將液體蒸發至乾涸。冷却後，滴加 HCl 5*ml*，不可一時卽全部加入，恐其與未曾變化之 $KClO_3$ 起激烈反應；徐徐加熱溶解，更蒸發至乾，殘渣上注加鹽酸 5*ml*，再一次蒸乾，冷却後，加入冷水約100*ml*，加氨水使成鹼性，旋加飽和 $(NH_4)_2CO_3$ 溶液（因爲若試料中有不溶性的硫酸鹽，加入 $(NH_4)_2CO_3$ 後可使轉變成可溶性之硫酸銨）大約 10*ml*，煮沸，任 $Fe(OH)_3$ 沉澱，濾過，將濾液移置 600*ml* 燒杯中，加入指示劑甲基橙1～2滴，以鹽酸中和後，更多加鹽酸 1*ml*，加水使全體積爲 450*ml*，煮沸，同時將

10% $BaCl_2$ 溶液 24*ml* 與水 100*ml* 之混合液亦煮沸，急速倒入含 $SO_4^=$ 溶液中，兩液混合攪拌，溫熱30分鐘，過濾（最好放置一夜再過濾），用熱水洗滌三次，每次用量爲 5*ml*，至洗液流出後以 $AgNO_3$ 溶液試之而無白色沉澱發生。將濾紙與硫酸鋇沉澱置於坩堝乾燥與烘乾，灼熱到 900°*C*；冷却後秤重，如此重覆多次直至 $BaSO_4$ 爲恒重，計算含 *S*%，

§22-4 磷酸根的定量——磷鉬酸銨與磷酸銨鎂二重沈澱法——實驗 50

磷酸鹽大都難溶於水，就其中應用於分析者，有磷酸銨鎂及磷鉬酸銨等物質。此種沉澱，經分開灼熱後，可成適於適量之物質，而由此可以定 Mg, P 或 Mo 之量。

$$\underline{HN_4MgPO_4} \xrightarrow{\triangle} Mg_2P_2O_7 + 2NH_3\uparrow + H_2O\uparrow$$

磷灰石 (*apatite*) 之主要成分爲 $Ca_3(PO_4)_2$，此外尚含有 $CaCl_2$，與 SiO_2，矽酸鹽，氟化物等，溶於 HNO_3 後，蒸發至乾以除去矽酸，殘渣以水溶解，溶液中卽含所有之 H_3PO_4，於其中加 $(NH_4)NO_3$（可以減少磷鉬酸銨沉澱之溶解度）及硝酸，再加 $(NH_4)_2MoO_4$ 溶液爲沉澱劑，使生黃色沉澱之 $(NH_4)_3PO_4 \cdot 12MoO_3 \cdot H_2O$，加熱至 160°，卽有 $(NH_4)_3PO_4 \cdot 12MoO_3$ 沉澱組成，可秤量，或將沉澱加熱更高溫，則分解成 $P_2O_5(MoO_3)_{24}$，亦適於秤量。

若將 $(NH_4)_3PO_4 \cdot 12MoO_3$ 沉澱，又經精制後，以氨水溶解，於氨水溶解，於溶液中，加鎂合劑 (*magnesia mixture*)，使生磷酸銨鎂沉澱，再灼熱使成焦磷酸鎂 ($Mg_2P_2O_7$) 而秤量之。

$$2MgNH_4PO_4 \cdot 6H_2O \xrightarrow{\Delta} Mg_2P_2O_7 + 2NH_3\uparrow + 3H_2O$$

本法應用二次沉澱，故較單獨一次者精密多。

操作法

精密稱取磷灰石礦石粉末 0.10～0.12 克於 150*ml* 燒杯中，進 10*ml* 6*N* HNO_3 微溫迄作用停止，然後在 *hot plate*（熱板）或水鍋上蒸發至乾涸，再在烘箱中以 100～110° 烘乾一小時，殘渣以6*N*硝酸 20*ml* 溶解之，稍加微熱，濾過，以含有硝酸少量之熱水充分洗之，洗滌每次用 10*ml*，再加第二次水洗滌，於水渦上蒸發濾液至乾，殘渣再以 6*N* 硝酸，20*ml* 處理，煮沸濾過，洗滌（用含硝酸的水）如前。

以上所得之溶液(濾液及洗滌)，含所有之正磷酸，其體積爲 50*ml* 上下，於此溶液中，加 NH_4NO_3 溶液（34%）30*ml* 及 HNO_3 (25%) 10—15*ml*，熱至沸點，攪拌中，徐徐加入鉬酸銨溶液 (3%)120-130*ml* 繼續加溫，約經15分鐘，任沉澱沈定。以傾倒法將上面澄清液倒入置有濾紙漏斗中，用 50*ml* 之洗液(1升中含 NH_4NO_3 50 克及 25 % HNO_3 40*ml*)，洗滌數次，遺留多量沉澱之燒杯，置於漏斗下，再注加 10*ml* 之氯水（8 %）於漏斗，以溶解其中之少量沉澱，漏斗以少量熱水洗滌，洗液與濾液合併，加 $(NH_4)NO_3$ 溶液（34%)20*ml*，與 30*ml* 之水，並同時加進 1*ml*，3 %之鋇酸銨溶液，熱至近沸，再加硝酸 (25%) 15*ml*，於是是磷鉬酸銨又復沈澱，溫熱，使沈澱長大，以 *Gooch* 坩堝過濾，以含 34 %之硝酸銨溶液爲洗液，多次洗滌至洗液流出後不含 $MoO_4^{=}$（以黃血鹽檢驗不呈褐色），坩堝於 160—180° 乾燥，至得恆重，秤量此物質爲 $(NH_4)_3PO_4 \cdot 12MoO_3$ 或用鎳坩堝，以火强熱使生成 $P_2O_5(MoO_3)_{24}$ 之青黑色物質，冷却後可秤其含量，求出含 H_3PO_4 之百分比。

如果要採用二重沈澱法時，則將經第二次以 HNO_3 處理後含 $PO_4^{\equiv}$ 溶液，以 1*ml* 3 %之鉬酸銨再度使之沉澱後，同前法又將其溶解，最後乃溶於 2.5%之熱氨水中。

以上所得溶液加稀鹽酸小心中和，如生混濁可加0.5克檸檬酸以溶解之，再加進由 50*g* $BaCl_2$ 與 NH_4Cl 100克，水 50*ml* 溶解後，加濃氨水使成鹼性配合而成的鎂合劑10*ml* 及酚酞兩滴，用2.5%氨水攪拌之直到指示劑呈紅色，再加濃氨水1/5溶液體積，冷却洗滌，在坩堝中乾燥，於 500°*C* 灼熱，至沉澱爲白色，再加高熱到 1000° 使成恆重。生成物爲 $Mg_2P_2O_7$。如此經多次沉澱溶解處理，可得較純的沉澱物，計算含 H_3PO_4%。

§22-5　重晶石中鋇的定量——實驗 51

重晶石 (*heavy spar*) 之化學組成爲 $BaSO_4$，以 Na_2CO_3 共熔時則起雙分解：

$$BaSO_4 + Na_2CO_3 \rightleftharpoons BaCO_3 + Na_2SO_4$$

而生不溶性之 $BaCO_3$，以水浸洗，除去鹼金屬鹽，再溶解於鹽酸中，以 NH_4SO_4 將 Ba^{++} 沉澱而定 $BaSO_4$ 之量。

硫酸鋇之定量通常以含 BaO %表示之。

操　作　法

精確秤取重晶石粉末約1克試料，於蠟紙上與無水碳酸鈉約1克混和後，再移於 35*ml* 大小之鉑坩堝中，以本生燈加熱，在最高溫度繼續20分鐘又用噴燈强熱20分鐘，放冷，於 250*ml* 燒杯中，與 200*ml* 之水同熱，至熔塊完全崩潰，濾出 $BaCO_3$ 之不溶物，以熱 Na_2CO_3 (0.2%) 溶液洗滌四五次，至洗液中和過量鹽酸及氯化鋇溶液不起混濁，卽是將 $SO_4^=$ 完全洗出，濾液與洗液合併，供定硫酸根之用，依照第2節方法進行操作。濾紙上的 $BaCO_3$ 沉澱，以熱稀鹽酸，反覆注加溶解，溶液受於 600*ml* 之燒杯中，更以熱水冲洗濾紙，洗液合併之。此時總體積在 250*ml* 左右，加 NH_4OH 中和後，再加鹽酸

1—1.5ml 煮沸，加硫酸銨溶液（3％）令硫酸鋇沉澱，再繼續熱於水鍋上，至沉澱沉降良好，以双層濾紙過濾，沉澱初中用硫酸之熱水洗滌，繼又用熱水，洗至洗液不呈酸性反應爲止。置沉澱與濾紙於鉑坩堝中，乾燥，碳化，灼熱（約700°）再秤量 $BaSO_4$。此灼熱物質上，復加硫酸一滴，加熱至白煙發盡，再灼熱秤量如前，由 $BaSO_4$ 之定量，計算試料中含 BaO 之百分率。

§22-6　間接定量法

有一共同離子之二純粹物質相混合時，其混合物中該共同離子之含量百分率，係因二物質之混合比例而異，反之如果知道混合物中共同離子之含量百分率，亦得計算該混合物之組成。此種定量方法，並非直接秤量該物質，故名間接分析 (*indirect analysis*) 或間接定量 (*indirect determination*)。例如有一純淨 NaCl 與 KCl 所成之混合物（W克）得氯化銀U克，可用下法以計算該混合物中 NaCl 及 KCl 之重量

令　x＝混合物中 NaCl 之重量

　　y＝混合物中 KCl 之重量

$$x+y=W \cdots\cdots (1)$$

而

$$x\times\frac{AgCl}{NaCl}+y\times\frac{AgCl}{KCl}=U \cdots\cdots (2)$$

由(1)與(2)解聯立方程式

$$x=\left(U-W\times\frac{AgCl}{NaCl}\right)\Big/\left(\frac{AgCl}{NaCl}-\frac{AgCl}{KCl}\right) \cdots\cdots (3)$$

$$y=W-x \cdots\cdots (4)$$

可計算 x,y 各含量爲多少。

例：有一含 NaCl, NaBr 及其他不活性之雜質混合試料1.000克，

加過量 $AgNO_3$ 得 AgCl 與 AgBr 之混合沉澱0.5260克，將此沉澱並通入氯氣使 AgBr 轉變 AgCl 後又秤得其重0.4260克，試計算原試料中之 NaCl 及 NaBr 含量百分率。

設 NaCl 重爲x克，而 NaBr 重爲y克

$$\left(x\times\frac{AgCl}{NaCl}\right)+\left(y\times\frac{AgBr}{NaBr}\right)=0.5260\text{克}$$

以 Cl_2 處理後，

$$\left(x\times\frac{AgCl}{NaCl}\right)+\left(y\times\frac{AgCl}{NaBr}\right)=0.4260\text{克}$$

$$\begin{cases}2.452x+1.824y=0.5260\\2.452x+1.393y=0.4260\end{cases}$$

求得 $x=0.0425=4.25\%$(NaCl)，$y=0.232=23.2\%$(NaBr)

習　題

1. 純 $FeSO_4\cdot(NH_4)_2SO_4\cdot6H_2O$ 混有不活性雜質，此混合試料與每升含 $BaCl_2\cdot2H_2O$ 25.0 克之溶液作用生成硫酸鹽沉澱所需 $BaCl_2$ 溶液之毫升數恰爲試料中鐵含量（% Fe）之兩倍時，須取多少克之試料？
2. 含 NaCl，NaBr 及其他惰性雜質試料 1.000*gr* 經加入過量 $AgNO_3$ 沉澱析出 AgCl 及 AgBr，重量爲 0.5260*gr*，此混合沉澱在氯氣氣流下經全部改成 AgCl，重量爲 0.4260*gr*，試求試料中 NaCl，NaBr 之百分組成。
3. 定量分析濃度約爲85%之 H_3PO_4 時（sp.1.69）欲使灼燒所得 $Mg_2P_2O_5$ 重量不超過 0.50*gr*，應取之試料不得大於若干克？
4. 某白雲石含 1.33%水分，1.20 % SiO_2，1.01 % Fe_2O_3 及 Al_2O_3 混合氧化物，其餘爲 $CaCO_3$ 及 $MgCO_3$，且經分析知含 MgO 10.23 %，設把此白雲石加熱，使水分全部蒸出，同時灼燒後之物體僅含 1.37 % CO_2，問此灼燒後物體，含 CaO 的百分組成。
5. 若 Ag_3PO_4 經謹愼分析發現含 77.30% Ag，而 Ag 之原子量爲 107.88，則可求得P之原子量爲何？

表 1. 上課週數與實驗項目

週數	實驗項目（號碼）	備註
1	No.1, No.2	先講解天平的構造
2	No.3, No.4	No.4 兩組同作
3	No.5, No.6, No.7, No.8	同一系列
4	No.9, No.10	
5	No.11, (No.12), No.13	No.12 可略
6	No.14, No.15	$KMnO_4$ 溶液隔週再過濾
7	No.16, No.17	
8	No.18	
9	No.19	No.20 可任意選作
10	No.21, No.22, No.23	同一系列
11	No.24(No.25)	任選一項
12	No.26, No.27, No.28	同一系列
13	No.30	No.29 可略
14	No.31	No.33 可任意選作
15	No.34, No.35	同一系列
16	No.36, No.37	
17	No.39, No.40	
18	No.41	
19	No.44, (No.45)	任選一
20	No.47, No.50, No.48	任選二

表 2. 固體試藥

NH_4HF_2	二氟氫銨	Ammonium bifluoride
NH_4Cl	氯化銨	Ammonium chloride
$(NH_4)_3C_6H_5O_7$	檸檬酸銨	Ammonium citrate
NH_4NO_3	硝酸銨	Ammonium nitrate
$(NH_4)_2S_2O_8$	高硫酸銨	Ammonium persulfate
$(NH_4)_2SO_4$	硫酸銨	Ammonium sulfate
NH_4CNS	硫氰化銨	Ammonium thiocyanate
As_2O_3	三氧化二砷	Arsenious oxide
$Ba(OH)_2 \cdot 8H_2O$	氫氧化鋇	Barium bydroxide
H_3BO_3	硼酸	Boric acid
$CaCO_3$	碳酸鈣	Calcium carbonate
$CaCl_2$ (無水)	無水氯化鈣	Calcium chloride (Anhy.)
$KCr(SO_4)_2 \cdot 12H_2O$	鉻明礬	Chrome alum
$H_3C_6H_5O_7$	檸檬酸	Citric acid
$CoSO_4 \cdot xH_2O$	硫酸亞鈷	Cobalt sulfate
Cu	銅	Copper (primary standard)
$CuSO_4 \cdot 5H_2O$	硫酸銅	Copper sulfate
$(NH_4)_2HPO_4$	磷酸氫二銨	Diammonium phosphate
$NH_4Fe(SO_4)_2 \cdot 12H_2O$	硫酸銨鐵	Ferric ammonium sulfate
$FeCl_3 \cdot 6H_2O$	氯化鐵	Ferric chloride
$Fe_2(SO_4)_3 \cdot xH_2O$	硫酸鐵	Ferric sulfate
$FeSO_4 \cdot (NH_4)_2SO_4 \cdot 6H_2O$	硫酸亞鐵銨	Ferrous ammonium sulfate
$FeSO_4 \cdot 7H_2O$	硫酸亞鐵	Ferrous sulfate
I_2	碘	Iodine
MgO	氧化鎂	Magnesium oxide
$MnSO_4 \cdot H_2O$	硫酸亞錳	Manganese sulfate
$HgCl_2$	昇汞	Mercuric chloride
HgO	氧化汞	Mercuric oxide
Hg	汞	Mercury
$NiSO_4 \cdot 6H_2O$	硫酸鎳	Nickel sulfate
$KHC_8H_4O_4$	苯二甲酸氫鉀	Potassium acid phthalate
$KBrO_3$	溴酸鉀	Potassium bromate
KBr	溴化鉀	Potassium bromide
KCl	氯化鉀	Potassium chloride
$K_2Cr_2O_7$	重鉻酸鉀	Potassium dichromate
$K_3Fe(CN)_6$	鐵氰化鉀	Potassium ferricyanate
KOH	氫氧化鉀	Potassium hydroxide
KIO_3	碘酸鉀	Potassium iodate

KI	碘化鉀	Potassium iodide
KNO_3	硝酸鉀	Potassium nitrate
$KMnO_4$	高錳酸鉀	Potassium permanganate
KCNS	硫氰化鉀	Potassium thiocyanate
$AgNO_3$	硝酸銀	Silver nitrate
$NaC_2H_3O_2$	醋酸鈉	Sodium acetate
C_6H_5COONa	安息香酸鈉	Sodium benzoate
$NaHCO_3$	碳酸氫鈉	Sodium bicarbonate
$NaBiO_3$	鉍酸鈉 (工業級)	Sodium bismuthate (technical)
NaBr	溴化鈉	Sodium bromide
Na_2CO_3	碳酸鈉	Sodium carbonate
NaCl	氯化鈉	Sodium chloride
$Na_2Cr_2O_7\cdot 2H_2O$	重鉻酸鈉	Sodium dichromate
NaOH	氫氧化鈉	Sodium hydroxide
$NaNO_3$	硝酸鈉	Sodium nitrate
$Na_2C_2O_4$	草酸鈉	Sodium oxalate
Na_2O_2	過氧化鈉	Sodium peroxide
$C_6H_4OHCOONa$	水楊酸鈉	Sodium salicylate
Na_2SO_4	硫酸鈉	Sodium sulfate
$Na_2S_2O_3\cdot 5H_2O$	硫代硫酸鈉	Sodium thiosulfate
$H_2C_4H_4O_6$	酒石酸	Tartaric acid
$Na_3PO_4\cdot 12H_2O$	磷酸三鈉	Trisodium phosphate

指示劑

指示劑 中名	指示劑 英名	配製法
酚酞	Phenolphthalein	10g 溶於 900ml 95% 酒精與 100 ml 水的混合液中。
甲基橙	Methyl Orange	1 g 溶於 1 升的熱水中。
甲基紅	Methyl Red	1 g 溶於 600ml 酒精後加水稀釋成 1 升。
溴百里香質藍	Bromothymol Blue	0.1 g 加 16 ml 0.01 N NaOH 溶解後加水稀釋成 250 ml。
百里香質酚	Thymolphthalein	0.25g 溶於 250ml 之 95% 酒精。
百里香質藍＋甲酚紅	Thymol blue＋Cresol red	0.3g 百里香質藍與 0.1g 甲酚紅加入於200ml 水中，滴加 0.3N NaOH 至成藍色溶液，加熱溶解指示劑粉末（如有必要，再滴加 NaOH 使溶液呈藍色）。加水稀釋成約 400 ml，滴加 0.3N HCl 中和至呈微紅色。
甲酚紅＋茜素紅	Cresol red＋Alizarin red S	溶解 0.10g 甲酚紅於 1.5ml 之 0.1N NaOH 後，加無 CO_2 的水成 100ml。溶解 0.10g 茜素紅-S (Alizarin red S) 於 100ml 無 CO_2 的水中。 上述兩液等量混合之。
二氯螢光黃	Dichlorofluorescein	0.10g 溶於 100ml 的 70% 酒精中，或 0.10g 二氯螢光黃鈉鹽溶於 100ml 水中。
二苯胺磺酸鹽	Diphenylamine Sulfonate	溶解 0.28 g 此鈉鹽於 100 ml 水中，或溶解 0.32g 此鋇鹽於水中後加入 0.5g Na_2SO_4，攪拌後濾去 $BaSO_4$ 沉澱。
鐵明礬	Ferric alum	100 g 鐵明礬加入於 800 ml 水中，並加 200ml HNO_3 加熱煮沸之。

表 3.　溫度 15 至 30°C 間之水密度

溫度 °C	密度（單位＝在眞空中 1ml 水在 4°C 時之重量）	1ml 水在玻璃容器中，在大氣中，對黃銅砝碼之重量，g.
15	0.99913	0.99793
16	0.99897	0.99780
17	0.99880	0.99766
18	0.99862	0.99751
19	0.99843	0.99735
20	0.99823	0.99718
21	0.99802	0.99700
22	0.99780	0.99680
23	0.99757	0.99660
24	0.99732	0.99638
25	0.99707	0.99615
26	0.99681	0.99593
27	0.99654	0.99569
28	0.99626	0.99544
29	0.99597	0.99518
30	0.99567	0.99491

表 4. 水之蒸氣壓力

溫度 °C	壓力 mm	溫度 °C	壓力 mm
0	4.6	21	18.5
1	4.9	22	19.7
2	5.3	23	20.9
3	5.7	24	22.2
4	6.1	25	23.6
5	6.5	26	25.0
6	7.0	27	26.5
7	7.5	28	28.1
8	8.0	29	29.8
9	8.6	30	31.6
10	9.2	31	33.4
11	9.8	32	35.4
12	10.5	33	37.4
13	11.2	34	39.6
14	11.9	35	41.9
15	12.7	40	55.0
16	13.5	50	92.2
17	14.4	60	149.2
18	15.4	70	233.8
19	16.4	80	355.5
20	17.4	90	526.0

表 5. 强酸在 15°/4° 時眞空中之比重（參照 G. Lunge)

比重在 15°/4°（眞空中）	重量百分數			比重在 15°/4°（眞空中）	重量百分數		
	HCl	HNO_3	H_2SO_4		HCl	HNO_3	H_2SO_4
1.000	0.16	0.10	0.09	1.135	26.70	22.54	18.96
1.005	1.15	1.00	0.95	1.140	27.66	23.31	19.61
1.010	2.14	1.90	1.57	1.145	28.61	24.08	20.26
1.015	3.12	2.80	2.30	1.150	29.57	24.84	20.91
1.020	4.13	3.70	3.03	1.155	30.55	25.60	21.55
1.025	5.15	4.60	3.76	1.160	31.52	26.36	22.19
1.030	6.15	5.50	4.49	1.165	32.49	27.12	22.83
1.035	7.15	6.38	5.23	1.170	33.46	27.88	23.47
1.040	8.16	7.26	5.96	1.175	34.42	28.63	24.12
1.045	9.16	8.13	6.67	1.180	35.39	29.38	24.76
1.050	10.17	8.99	7.37	1.185	36.31	30.13	25.40
1.055	11.18	9.84	8.07	1.190	37.23	30.88	26.04
1.060	12.19	10.68	8.77	1.195	38.16	31.62	26.68
1.065	13.19	11.51	9.47	1.200	39.11	32.36	27.32
1.070	14.17	12.33	10.19	1.205	……	33.09	27.95
1.075	15.16	13.15	10.90	1.210	……	33.82	28.58
1.080	16.15	13.95	11.60	1.215	……	34.55	29.21
1.085	17.13	14.74	12.30	1.220	……	35.28	29.84
1.090	18.11	15.53	12.99	1.225	……	36.03	30.48
1.095	19.06	16.32	13.67	1.230	……	36.78	31.11
1.100	20.01	17.11	14.35	1.235	……	37.53	31.70
1.105	20.97	17.89	15.03	1.240	……	38.29	32.28
1.110	21.92	18.67	15.71	1.245	……	39.05	32.86
1.115	22.86	19.45	16.36	1.250	……	39.82	33.43
1.200	23.82	20.23	17.01	1.255	……	40.58	34.00
1.125	24.78	21.00	17.66	1.260	……	41.34	34.57
1.130	25.75	21.77	18.31	1.265	……	42.10	35.14

表 5. 强酸在 15°/4° 時眞空中之比重(續前)

比重在 15°/4° (眞空中)	重量百分數		比重在 15°/4° (眞空中)	重量百分數		比重在 15°/4° (眞空中)	重量百分數
	HNO_3	H_2SO_4		HNO_3	H_2SO_4		H_2SO_4
1.270	42.87	35.71	1.405	66.40	50.63	1.540	63.43
1.275	43.64	36.29	1.410	67.50	51.15	1.545	63.85
1.280	44.41	36.87	1.415	68.63	51.66	1.550	64.26
1.285	45.18	37.45	1.420	69.80	52.15	1.555	64.67
1.290	45.95	38.03	1.425	70.98	52.63	1.560	65.20
1.295	46.72	38.61	1.430	72.17	53.11	1.565	65.65
1.300	47.49	39.19	1.435	73.39	53.59	1.570	66.09
1.305	48.26	39.77	1.440	74.68	54.07	1.575	66.53
1.310	49.07	40.35	1.445	75.98	54.55	1.580	66.95
1.315	49.89	40.93	1.450	77.28	55.03	1.585	67.40
1.320	50.71	41.50	1.455	78.60	55.50	1.590	67.83
1.325	51.53	42.08	1.460	79.98	55.97	1.595	68.26
1.330	52.37	42.66	1.465	81.42	56.43	1.600	68.70
1.335	53.22	43.20	1.470	82.90	56.90	1.605	69.13
1.340	54.07	43.74	1.475	84.45	57.37	1.610	69.56
1.345	54.93	44.28	1.480	86.05	57.83	1.615	70.00
1.350	55.79	44.82	1.485	87.70	58.28	1.620	70.42
1.355	56.66	45.35	1.490	89.90	58.74	1.625	70.85
1.360	57.57	45.88	1.495	91.60	59.22	1.630	71.27
1.365	58.48	46.41	1.500	94.09	59.70	1.635	71.70
1.370	59.39	46.94	1.505	96.39	60.18	1.640	72.12
1.375	60.30	47.47	1.510	98.10	60.65	1.645	72.55
1.380	61.27	48.00	1.515	99.07	61.12	1.650	72.96
1.385	62.24	48.53	1.520	99.67	61.59	1.655	73.40
1.390	62.23	49.06	1.525	……	62.06	1.660	73.81
1.395	64.25	49.59	1.530	……	62.53	1.665	74.24
1.400	65.30	50.11	1.535	……	63.00	1.670	74.66

表 5.　強酸在 15°/4° 時眞空中之比重（續完）

比重在 15°/4°（眞空中）	重量百分數 H_2SO_4	比重在 15°/4°（眞空中）	重量百分數 H_2SO_4	比重在 15°/4°（眞空中）	重量百分數 H_2SO_4	比重在 15°/4°（眞空中）	重量百分數 H_2SO_4
1.675	75.08	1.730	79.80	1.785	85.10	1.840	95.60
1.680	75.50	1.735	80.24	1.790	85.70	1.8405	95.95
1.685	75.94	1.740	80.68	1.795	86.30	1.8410	96.38
1.690	76.38	1.745	81.12	1.800	86.92	1.8415	97.35
1.695	76.76	1.750	81.56	1.805	87.60	1.8410	98.20
1.700	77.17	1.755	82.00	1.810	88.30	1.8405	98.52
1.705	77.60	1.760	82.44	1.815	89.16	1.8400	98.72
1.710	78.04	1.765	83.01	1.820	90.05	1.8395	98.77
1.715	78.48	1.770	83.51	1.825	91.00	1.8390	99.12
1.720	78.92	1.775	84.02	1.830	92.10	1.8385	99.31
1.725	79.36	1.780	84.50	1.835	93.56		

表 6. 氫氧化鉀及氫氧化鈉溶液在 15°C 時之比重

比重	百分數 KOH	百分數 NaOH	比重	百分數 KOH	百分數 NaOH
1.007	0.9	0.61	1.252	27.0	22.64
1.014	1.7	1.20	1.263	28.2	23.67
1.022	2.6	2.00	1.274	28.9	24.81
1.029	3.5	2.71	1.285	29.8	25.80
1.037	4.5	3.35	1.297	30.7	26.83
1.045	5.6	4.00	1.308	31.8	27.80
1.052	6.4	4.64	1.320	32.7	28.83
1.060	7.4	5.29	1.332	33.7	29.93
1.067	8.2	5.87	1.345	34.9	31.22
1.075	9.2	6.55	1.357	35.9	32.47
1.083	10.1	7.31	1.370	36.9	33.69
1.091	10.9	8.00	1.383	37.8	34.96
1.100	12.0	8.68	1.397	38.9	36.25
1.108	12.9	9.42	1.410	39.9	37.47
1.116	13.8	10.06	1.424	40.9	38.80
1.125	14.8	10.97	1.438	42.1	39.99
1.134	15.7	11.84	1.453	43.4	41.41
1.142	16.5	12.64	1.468	44.6	42.83
1.152	17.6	13.55	1.483	45.8	44.38
1.162	18.6	14.37	1.498	47.1	46.15
1.171	19.5	15.13	1.514	48.3	47.60
1.180	20.5	15.91	1.530	49.4	49.02
1.190	21.4	16.77	1.546	50.6	
1.200	22.4	17.67	1.563	51.9	
1.210	23.3	18.58	1.580	53.2	
1.220	24.2	19.58	1.597	54.5	
1.231	25.1	20.59	1.615	55.9	
1.241	26.1	21.42	1.634	57.5	

表 7.　氨溶液在 15°C 時之比重

(參照 Lunge 及 Wiernik)

比　重	百分數 NH_3	比　重	百分數 NH_3	比　重	百分數 NH_3
1.000	0.00	0.960	9.91	0.920	21.75
0.998	0.45	0.958	10.47	0.918	22.39
0.996	0.91	0.956	11.03	0.916	23.03
0.994	1.37	0.954	11.60	0.914	23.68
0.992	1.84	0.952	12.17	0.912	24.33
0.990	2.31	0.950	12.74	0.910	24.99
0.988	2.80	0.948	13.31	0.908	25.65
0.986	3.30	0.946	13.88	0.906	26.31
0.984	3.80	0.944	14.46	0.904	26.98
0.982	4.30	0.942	15.04	0.902	27.65
0.980	4.80	0.940	15.63	0.900	28.33
0.978	5.30	0.938	16.22	0.898	29.01
0.976	5.80	0.936	16.82	0.896	29.69
0.974	6.30	0.934	17.42	0.894	30.37
0.972	6.80	0.932	18.03	0.892	31.05
0.970	7.31	0.930	18.64	0.890	31.75
0.968	7.82	0.928	19.25	0.888	32.50
0.966	8.33	0.926	19.87	0.886	33.25
0.964	8.84	0.924	20.49	0.884	34.10
0.962	9.35	0.922	21.12	0.882	34.95

表 8. 電離度, 25°C

酸類 (Acids)	第一氫常數	第二氫常數	第三氫常數
醋酸 (Acetic acid), $HC_2H_3O_2$	1.86×10^{-5}		
砷酸 (Arsenic acid), H_3AsO_4	5×10^{-3}	4×10^{-5}	6×10^{-10}
苯甲酸 (Benzoic acid), $HC_7H_5O_2$	6.6×10^{-5}		
硼酸 (Boric acid), H_3BO_3	5.5×10^{-10}		
碳酸 (Carbonic acid), H_2CO_3	3.3×10^{-7}	5×10^{-11}	
氯乙酸 (Chloracetic acid), $HC_2H_2O_2Cl$	1.6×10^{-3}		
檸檬酸 (Citric acid), $H_3C_6H_5O_7$	8×10^{-4}		
蟻酸 (Formic acid), $HCHO_2$	2.1×10^{-4}		
氰酸 (Hydrocyanic acid), HCN	7.2×10^{-10}		
硫化氫 (Hydrogen sulfide), H_2S	9.1×10^{-8}	1.2×10^{-15}	
次氯酸 (Hypochlorous acid), HClO	4.0×10^{-8}		
乳酸 (Lactic acid), $HC_3H_5O_2$	1.6×10^{-4}		
亞硝酸 (Nitrous acid), HNO_2	4.5×10^{-4}		
草酸 (Oxalic acid), $H_2C_2O_4$	3.8×10^{-2}	4.9×10^{-5}	
磷酸 (Phosphoric acid), H_3PO_4	1.1×10^{-2}	2.0×10^{-7}	3.6×10^{-13}
亞磷酸 (Phosphorous acid), H_3PO_3	5×10^{-2}	2×10^{-5}	
硒酸 (Selenious acid), H_2SeO_3	3×10^{-3}	5×10^{-8}	
亞硫酸 (Sulfurous acid), H_2SO_3	1.7×10^{-2}	5×10^{-6}	
酒石酸 (Tartaric acid), $H_2C_4H_4O_6$	1.1×10^{-3}	6.9×10^{-5}	

表 8. 電離度，25°C（續）

鹽基類 (Bases)	
氫氧化銨 (Ammonium hydroxide)，NH_4OH	1.75×10^{-5}
苯　胺 (Aniline)，$C_6H_5NH_2$	$4\ \times10^{-10}$
二乙胺 (Diethyl amine)，$(C_2H_5)_2NH$	$1.3\ \times10^{-3}$
二甲胺 (Dimethyl amine)，$(CH_3)_2NH$	$7.4\ \times10^{-4}$
乙　胺 (Ethyl amine)，$C_2H_5NH_2$	$5.6\ \times10^{-4}$
甲　胺 (Methyl amine)，CH_3NH_2	$4.4\ \times10^{-4}$
吡　啶 (Pyridine)，C_5H_5N	$2.3\ \times10^{-9}$
錯離子 (Complex ions)	
$Ag(NH_3)_2^+$	6.8×10^{-8}
$Cd(NH_3)_4^{++}$	2.5×10^{-7}
$Co(NH_3)_6^{3+}$	$2\ \times10^{-34}$
$Cu(NH_3)_4^{++}$	4.6×10^{-14}
$Ni(NH_3)_4^{++}$	$5\ \times10^{-8}$
$Zn(NH_3)_4^{++}$	$3\ \times10^{-10}$
$Ag(CN)_2^-$	1.0×10^{-21}
$Cd(CN)_4^{--}$	1.4×10^{-17}
$Cu(CN)_3^{--}$	5.0×10^{-28}
$Fe(CN)_6^{4-}$	1.0×10^{-36}
$Hg(CN)_4^{--}$	4.0×10^{-42}
$Ni(CN)_4^{--}$	1.0×10^{-22}
HgI_4^{--}	5.0×10^{-31}
HgS_2^{--}	2.0×10^{-55}
$Ag(S_2O_3)_2^{3-}$	4.0×10^{-14}

表 9. 溶 解 度 積 (約25°C)

氫氧化鋁 (Aluminum hydroxide), $Al(OH)_3$	3.7×10^{-15}
碳 酸 鋇 (Barium carbonate), $BaCO_3$	8.1×10^{-9}
鉻酸鋇 (chromate), $BaCrO_4$	3.0×10^{-10}
氟化鋇 (fluoride), BaF_2	1.7×10^{-6}
碘酸鋇 (iodate), $Ba(IO_3)_2$	6.0×10^{-10}
草酸鋇 (oxalate), BaC_2O_4	1.7×10^{-7}
硫酸鋇 (sulfate), $BaSO_4$	1.1×10^{-10}
硫 化 鉍 (Bismuth sulfide), Bi_2S_3	1.6×10^{-72}
硫 化 鎘 (Cadmium sulfide), CdS	3.6×10^{-29}
碳 酸 鈣 (Calcium carbonate), $CaCO_3$	1.6×10^{-8}
鉻酸鈣 (chromate), $CaCrO_4$	2.3×10^{-2}
氟化鈣 (fluoride), CaF_2	3.2×10^{-11}
碘酸鈣 (iodate), $Ca(IO_3)_2$	6.4×10^{-9}
草酸鈣 (oxalate), CaC_2O_4	2.6×10^{-9}
硫酸鈣 (sulfate), $CaSO_4$	6.4×10^{-5}
硫 化 鈷 (Cobalt sulfide), CoS	3.0×10^{-26}
硫 化 銅 (Cupric sulfide), CuS	8.0×10^{-45}
氯化亞銅 (Cuprous chloride), CuCl	1.0×10^{-6}
溴化亞銅 (bromide), CuBr	4.1×10^{-8}
碘化亞銅 (iodide), CuI	5.0×10^{-12}
硫化亞銅 (sulfide), Cu_2S	1.0×10^{-46}
硫氰化亞銅 (thiocyanate), CuCNS	1.6×10^{-11}
氫氧化鐵 (Ferric hydroxide), $Fe(OH)_3$	1.1×10^{-36}
氫氧化亞鐵 (Ferrous hydroxide), $Fe(ON)_2$	1.6×10^{-14}
硫化亞鐵 (sulfide), FeS	1.5×10^{-19}
碳 酸 鉛 (Lead carbonate), $PbCO_3$	5.6×10^{-14}
氯化鉛 (chloride), $PbCl_2$	2.4×10^{-4}
鉻酸鉛 (chromate), $PbCrO_4$	1.8×10^{-14}
氟化鉛 (fluoride), PbF_2	3.7×10^{-8}

表 9. 溶解度積（約25°C）（續）

碘酸鉛 (iodate), $Pb(IO_3)_2$	9.8×10^{-14}
碘化鉛 (iodide), PbI_2	2.4×10^{-8}
草酸鉛 (oxalate), PbC_2O_4	3.3×10^{-11}
磷酸鉛 (phosphate), $Pb_3(PO_4)_2$	1.5×10^{-32}
硫酸鉛 (sulfate), $PbSO_4$	1.1×10^{-8}
硫化鉛 (sulfide), PbS	4.2×10^{-28}
碳 酸 鎂 (Magnesium carbonate), $MgCO_3$	2.6×10^{-5}
氟化鎂 (fluoride), MgF_2	6.4×10^{-9}
氫氧化鎂 (hydroxide), $Mg(OH)_2$	3.4×10^{-11}
草酸鎂 (oxalate), MgC_2O_4	8.6×10^{-5}
氫氧化錳 (Manganese hydroxide), $Mn(OH)_2$	4.0×10^{-14}
硫化錳 (sulfide), MnS	1.4×10^{-15}
氯化亞汞 (Mercurous chloride), Hg_2Cl_2	1.1×10^{-18}
溴化亞汞 (bromide), Hg_2Br_2	1.4×10^{-21}
碘化亞汞 (iodide), Hg_2I_2	1.2×10^{-28}
硫 化 汞 (sulfide), HgS	1.0×10^{-50}
硫 化 鎳 (Nickel sulfide), NiS	1.4×10^{-24}
溴 酸 銀 (Silver bromate), $AgBrO_3$	5.0×10^{-5}
溴化銀 (bromide), $AgBr$	5.0×10^{-13}
碳酸銀 (carbonate), Ag_2CO_3	6.2×10^{-12}
氯化銀 (chloride), $AgCl$	1.0×10^{-10}
鉻酸銀 (chromate), Ag_2CrO_4	9.0×10^{-12}
氰化銀 (cyanide), $Ag_2(CN)_2$	1.2×10^{-12}
氫氧化銀 (hydroxide), $AgOH$	1.5×10^{-8}
碘酸銀 (iodate), $AgIO_3$	2.0×10^{-8}
碘化銀 (iodide), AgI	1.0×10^{-16}
亞硝酸銀 (nitrite), $AgNO_2$	7.0×10^{-4}
草酸銀 (oxalate), $Ag_2C_2O_4$	1.3×10^{-11}
磷酸銀 (phosphate), Ag_3PO_4	1.8×10^{-18}

表 9. 溶解度積（約25°C）（續）

硫酸銀 (sulfate), Ag_2SO_4	7.0×10^{-5}
硫化銀 (sulfide), Ag_2S	1.6×10^{-49}
硫氰酸銀 (thiocyanate), AgCNS	1.0×10^{-12}
碳 酸 鍶 (Strontium carbonate), $SrCO_3$	1.6×10^{-9}
鉻酸鍶 (chromate), $SrCrO_4$	3.0×10^{-5}
氟化鍶 (fluoride), SrF_2	2.8×10^{-9}
草酸鍶 (oxalate), SrC_2O_4	5.6×10^{-8}
硫酸鍶 (sulfate), $SrSO_4$	2.8×10^{-7}
碳 酸 鋅 (Zinc carbonate), $ZnCO_3$	3.0×10^{-8}
氫氧化鋅 (hydroxide), $Zn(OH)_2$	1.8×10^{-14}
硫 化 鋅 (sulfide), Ag_2S	1.6×10^{-40}

表 10. 標　準　電　位

（溫度＝25°C，溶液中之物質均為單位活性，但除特定者外可取 1*M* 濃度。氣體為1大氣壓。）

半-反應	*E*, 伏特
$F_2+2e \rightleftharpoons 2F^-$	+2.65
$O_3+2H^++2e \rightleftharpoons O_2+H_2O$	+2.07
$S_2O_8^{--}+2e \rightleftharpoons 2SO_4^{--}$	+2.01
$H_2O_2+2H^++2e \rightleftharpoons 2H_2O$	+1.77
$MnO_4^-+4H^++3e \rightleftharpoons MnO_2+2H_2O$	+1.695
$Ce^{4+}+e \rightleftharpoons Ce^{3+}$	+1.61
$MnO_4^-+8H^++5e \rightleftharpoons Mn^{++}+4H_2O$	+1.51
$Au^{3+}+3e \rightleftharpoons Au$	+1.50
$PbO_2+4H^++2e \rightleftharpoons Pb^{++}+2H_2O$	+1.46
$BrO_3^-+6H^++6e \rightleftharpoons Br^-+3H_2O$	+1.45
$Cl_2+2e \rightleftharpoons 2Cl^-$	+1.359
$Cr_2O_7^{--}+14H^++6e \rightleftharpoons 2Cr^{3+}+7H_2O$	+1.33
$MnO_2+4H^++2e \rightleftharpoons Mn^{++}+2H_2O$	+1.23
$O_2+4H^++4e \rightleftharpoons 2H_2O$	+1.229
$IO_3^-+6H^++6e \rightleftharpoons I^-+3H_2O$	+1.087
$Br_2(l)+2e \rightleftharpoons 2Br^-$	+1.065
$OP+e \rightleftharpoons OP'$〔磷二氮菲 (orthophenanthroline)〕	+1.06
$AuCl_4^-+3e \rightleftharpoons Au+4Cl^-$	+1.00
$NO_3^-+4H^++3e \rightleftharpoons NO+2H_2O$	+0.96
$2Hg^{++}+2e \rightleftharpoons Hg_2^{++}$	+0.920
$Hg^{++}+2e \rightleftharpoons Hg$	+0.854
$Cu^{++}+I^-+e \rightleftharpoons CuI$	+0.85
$DPS+e \rightleftharpoons DPS'$〔硫酸二苯基胺 (diphenylamine sulfonate)〕	+0.84
$\frac{1}{2}O_2+2H^+(10^{-7}M)+2e \rightleftharpoons H_2O$	+0.815
$Ag^++e \rightleftharpoons Ag$	+0.799

表 10. 標準電位(續)

半-反應	E,伏特
$Hg_2^{++}+2e \rightleftharpoons 2Hg$	+0.789
$Fe^{+3}+e \rightleftharpoons Fe^{++}$	+0.771
$OBr^-+H_2O+2e \rightleftharpoons Br^-+2OH^-$	+0.76
O(飽和溶液)$+2H^++2e \rightleftharpoons H_2O$(飽和溶液)〔苯醌合苯二酚電極 (quinhydrone electrode)〕	+0.700
$O_2+2H^++2e \rightleftharpoons H_2O_2$	+0.682
$2HgCl_2+2e \rightleftharpoons Hg_2Cl_2+2Cl^-$	+0.63
$H_3AsO_4+2H^++2e \rightleftharpoons H_3AsO_3+H_2O$	+0.559
$I_2(I_3^-)+2e \rightleftharpoons 2I^-$	+0.535
$Fe(CN)_6^{3-}+e \rightleftharpoons Fe(CN)_6^{4-}$	+0.36
$Cu^{++}+2e \rightleftharpoons Cu$	+0.337
$UO_2^{++}+4H^++2e \rightleftharpoons U^{4+}+2H_2O$	+0.334
$BiO+2H^++3e \rightleftharpoons Bi+H_2O$	+0.32
$Hg_2Cl_2+2e \rightleftharpoons 2Hg+2Cl^-$(1$M$ KCl)(汞半電池)	+0.285
$Hg_2Cl_2+2e \rightleftharpoons 2Hg+2Cl^-$(飽和KCl)(汞半電池)	+0.246
$AgCl+e \rightleftharpoons Ag+Cl^-$	+0.222
$SbO^++2H^++3e \rightleftharpoons Sb+H_2O$	+0.212
$S_4O_6^{--}+2e \rightleftharpoons 2S_2O_3^{--}$	+0.17
$SO_4^{--}+4H^++2e \rightleftharpoons H_2SO_3+H_2O$	+0.17
$Sn^{4+}+2e \rightleftharpoons Sn^{++}$	+0.15
$TiO^{++}+2H^++e \rightleftharpoons Ti^{3+}+H_2O$	+0.1
$AgBr+e \rightleftharpoons Ag+Br^-$	+0.095
$2H^++2e \rightleftharpoons H_2$	+0.000
$Pb^{++}+2e \rightleftharpoons Pb$	−0.126
$Sn^{++}+2e \rightleftharpoons Sn$	−0.136

表 10. 標　準　電　位（續）

半-反應	E, 伏特
$AgI+e \rightleftharpoons Ag+I^-$	−0.151
$Ni^{++}+2e \rightleftharpoons Ni$	−0.24
$Co^{++}+2e \rightleftharpoons Co$	−0.28
$Cd^{++}+2e \rightleftharpoons Cd$	−0.403
$Cr^{3+}+e \rightleftharpoons Cr^{++}$	−0.41
$2H^+(10^7 M)+2e \rightleftharpoons H_2$	−0.414
$Fe^{++}+2e \rightleftharpoons Fe$	−0.440
$2CO_2+2H^++2e \rightleftharpoons H_2C_2O_4$	−0.49
$S+2e \rightleftharpoons S^{--}$	−0.51
$AsO_4^{3-}+3H_2O+2e \rightleftharpoons H_2AsO_3^-+4OH^-$	−0.67
$Cr^{3+}+3e \rightleftharpoons Cr$	−0.74
$Zn^{++}+2e \rightleftharpoons Zn$	−0.763
$Mn^{++}+2e \rightleftharpoons Mn$	−1.18
$Al^{3+}+3e \rightleftharpoons Al$	−1.67
$AlO_2^-+2H_2O+3e \rightleftharpoons Al+4OH^-$	−2.35
$Mg^{++}+2e \rightleftharpoons Mg$	−2.37
$Na^++e \rightleftharpoons Na$	−2.714
$Ca^{++}+2e \rightleftharpoons Ca$	−2.87
$Sr^{++}+2e \rightleftharpoons Sr$	−2.89
$Ba^{++}+2e \rightleftharpoons Ba$	−2.90
$K^++e \rightleftharpoons K$	−2.925

表 11. 礦物類及工業產品

（此表爲在本書之問題中常遇及之礦物類及工業產品）

磷灰石	Apatite	$Ca_3(PO_4)_2\cdot Ca(Cl, F)_2$
方解石	Calcite	$CaCO_3$
亞鉻酸鹽	Chromite	$Fe(CrO_2)_2$
白雲石	Dolomite	$(Ca, Mg)CO_3$
長石	Feldspar	$KAlSi_3O_8$
灰石	Lime	CaO
石灰石	Limestone	$CaCO_3$
褐鐵礦	Limonite	Fe_2O_3
磁鐵礦	Magnetite	Fe_3O_4
眞珠灰	Pearl ash	K_2CO_3
軟錳礦	Pyrolusite	MnO_2
紅鉛	Red lead	Pb_3O_4
菱鐵礦	Siderite	$FeCO_3$
蘇打灰	Soda ash	Na_2CO_3
菱鐵礦	Spathic iron ore	$FeCO_3$
輝銻礦	Stibnite	Sb_2S_3

表 12. 式　量

（此等量包括本書各問題中常遇及之主要元素及化合物）

Ag	107.87	$BaSO_4$	233.40
Ag_3AsO_4	462.53	Be	9.01
AgBr	187.78	BeO	25.01
$AgBrO_3$	235.78	Bi	208.98
AgCl	143.32	$Bi(NO_3)_3 \cdot 5H_2O$	485.07
AgI	234.77	BiO_2	240.97
$AgNO_3$	169.87	Bi_2O_3	465.96
Ag_3PO_4	418.58	$BiOHCO_3$	285.99
Ag_2SO_4	311.80	Bi_2S_3	514.15
Al	26.98	Br	79.01
$AlBr_3$	266.71	Br_2	159.82
Al_2O_3	101.96	Ca	40.08
$Al(OH)_3$	78.00	$CaCl_2$	110.99
$Al_2(SO_4)_3$	342.15	$CaCl_2 \cdot 2H_2O$	147.02
$Al_2(SO_4)_3 \cdot 18H_2O$	666.43	$CaCO_3$	100.09
As	74.92	CaF_2	78.08
As_2O_3	197.84	$Ca(NO_3)_2$	164.09
As_2O_5	229.84	CaO	56.08
As_2S_3	246.04	$Ca(OH)_2$	74.09
B	10.81	$Ca_3(PO_4)_2$	310.18
B_2O_3	69.62	$3Ca_3(PO_4)_2 \cdot CaCl_2$	1041.53
Ba	137.34	$CaSO_4$	136.14
$Ba_3(AsO_4)_2$	689.86	Ce	140.12
$BaBr_2$	297.16	CeO_2	172.12
$BaCl_2$	208.25	$Ce(SO_4)_2 \cdot 2(NH_4)_2SO_4 \cdot 2H_2O$	632.56
$BaCl_2 \cdot 2H_2O$	244.28	C	12.01
$BaCO_3$	197.35	CH_3COOH（乙酸）	60.05
BaC_2O_4	225.36	$(CH_3CO)_2O$（乙酸酐）	102.09
BaF_2	175.34	CO_2	44.01
BaI_2	391.15	$CO(NH_2)_2$（脲）	60.06
$Ba(IO_3)_2$	487.15	$CS(NH_2)_2$（硫脲）	76.12
BaO	153.34	Cl	35.45
$Ba(OH)_2$	171.36	Cl_2	70.90
$Ba(OH)_2 \cdot 8H_2O$	315.48	Co	58.93
$Ba_3(PO_4)_2$	601.96	Cr	52.00

表 12. 式 量(續)

CrO_3	158.35	HNO_3	63.01
Cr_2O_3	151.99	H_2O	18.02
$Cr_2(SO_4)_3$	392.18	H_2O_2	34.02
Cu	63.54	H_3PO_3	82.00
CuO	79.54	H_3PO_4	98.00
$Cu_2(OH)_2CO_3$	221.11	H_2S	34.08
CuS	95.60	H_2SO_3	82.08
Cu_2S	159.14	$HSO_3\cdot NH_2$ (磺胺酸)	97.09
$CuSO_4\cdot 5H_2O$	249.68	H_2SO_4	98.08
F	19.00	Hg	200.59
F_2	38.00	Hg_2Br_2	561.00
Fe	55.85	Hg_2Cl_2	472.09
$FeCl_3$	162.21	Hg_2I_2	654.99
$FeCl_3\cdot 6H_2O$	270.30	HgO	216.59
$FeCO_3$	115.85	I	126.91
$Fe(CrO_2)_2$	223.84	I_2	253.82
$Fe(NO_3)_3\cdot 6H_2O$	349.95	K	39.10
FeO	71.85	$KAl(SO_4)_2\cdot 12H_2O$	474.39
Fe_2O_3	159.69	K_3AsO_4	256.23
Fe_3O_4	231.54	$KBrO_3$	167.01
$Fe(OH)_3$	106.87	KCl	74.56
FeS_2	119.98	$KClO_3$	122.56
Fe_2Si	139.78	$KClO_4$	138.56
$FeSO_4\cdot 7H_2O$	278.05	KCN	65.12
$Fe_2(SO_4)_3$	399.87	KCNS	97.18
$Fe_2(SO_4)_3\cdot 9H_2O$	562.01	K_2CO_3	138.21
$FeSO_4\cdot (NH_4)_2SO_4\cdot 6H_2O$	392.14	K_2CrO_4	194.20
H	1.008	$K_2Cr_2O_7$	294.19
H_2	2.016	$K_3Fe(CN)_6$	329.26
HBr	80.92	$K_4Fe(CN)_6\cdot 3H_2O$	422.41
$HCHO_2$ (甲酸)	46.03	$KHC_4H_4O_6$ (tartrate)	188.18
$HC_2H_3O_2$ (醋酸)	60.05	$KHC_8H_4O_4$ (phthalate)	204.23
$HC_7H_5O_2$ (苯甲酸)	122.12	$KHCO_3$	100.12
HCl	36.46	KHC_2O_4	128.11
$HClO_4$	100.46	$KHC_2O_4\cdot H_2O$	146.13
$H_2C_2O_4\cdot 2H_2O$ (草酸)	126.07	$KHC_2O_4\cdot H_2C_2O_4\cdot 2H_2O$	254.20
HCOOH (蟻酸)	46.03	$KH(IO_3)_2$	389.92

表 12. 式　　量（續）

$KHSO_4$	136.17	MoO_3	143.94
KI	166.01	$Mo_{24}O_{37}$	2894.56
KIO_3	214.00	MoS_3	192.13
$KMnO_4$	158.04	N	14.007
$KNaC_4H_4O_6 \cdot 4H_2O$	282.19	N_2	28.02
$KNaCO_3$	122.10	NH_3	17.03
KNO_2	85.11	NH_4Cl	53.49
KNO_3	101.11	$(NH_4)_2C_2O_4 \cdot H_2O$	142.11
K_2O	94.20	$(NH_4)_2HPO_4$	132.05
KOH	56.11	NH_4OH	35.05
K_3PO_4	212.28	$(NH_4)_3PO_4 \cdot 12MoO_3$	1876.37
K_2PtCl_6	486.01	$(NH_4)_2PtCl_6$	443.89
K_2SO_4	174.27	$(NH_4)_2SO_4$	132.14
$K_2SO_4 \cdot Al_2(SO_4)_3 \cdot 24H_2O$	948.78	NO	30.01
$K_2SO_4 \cdot Cr_2(SO_4)_3 \cdot 24H_2O$	998.82	NO_2	46.01
Li	6.94	N_2O_3	76.01
LiCl	42.39	Na	22.99
Li_2CO_3	73.89	Na_3AsO_3	191.89
Li_2O	29.88	Na_3AsO_4	207.89
LiOH	23.95	$Na_2B_4O_7$	201.22
Mg	24.31	$Na_2B_4O_7 \cdot 10H_2O$	381.37
$MgCl_2$	95.22	NaBr	102.90
$MgCO_3$	84.32	$NaBrO_3$	150.90
$MgNH_4AsO_4$	181.27	$NaCHO_2$（甲酸鹽）	68.01
$MgNH_4PO_4$	137.32	$NaC_2H_3O_2$（醋酸鹽）	82.03
MgO	40.31	NaCl	58.44
$Mg(OH)_2$	58.33	NaCN	49.01
$Mg_2P_2O_7$	222.57	Na_2CO_3	105.99
$MgSO_4$	120.37	$Na_2C_2O_4$	134.00
$MgSO_4 \cdot 7H_2O$	246.48	Na_2HAsO_3	169.90
Mn	54.94	$NaHCO_3$	84.00
MnO	70.94	$NaHC_2O_4$	112.01
MnO_2	86.94	Na_2HPO_4	142.04
Mn_2O_3	157.87	$Na_2HPO_4 \cdot 12H_2O$	358.14
Mn_3O_4	228.81	NaHS	56.06
$Mn_2P_2O_7$	283.82	NaH_2PO_4	119.98
Mo	95.94	$NaH_2PO_4 \cdot H_2O$	137.99

表 12. 式　量（續）

NaI	149.89	SO_3	80.07
$NaKCO_3$	122.10	Sb	121.75
$NaNO_2$	69.00	Sb_2O_3	291.50
$NaNO_3$	84.99	Sb_2O_4	307.52
Na_2O	61.98	Sb_2O_5	323.50
Na_2O_2	77.98	Sb_2S_3	339.69
NaOH	40.00	Si	28.09
Na_3PO_4	164.11	$SiCl_4$	169.90
$Na_3PO_4 \cdot 12H_2O$	380.12	SiF_4	104.08
Na_2S	78.04	SiO_2	60.08
Na_2SO_3	126.04	Sn	118.69
$Na_2SO_4 \cdot 10H_2O$	322.19	$SnCl_2$	189.60
$Na_2S_2O_3$	158.11	$SnCl_4$	260.50
$Na_2S_2O_3 \cdot 5H_2O$	248.18	SnO_2	150.69
Ni	58.71	Sr	87.62
$NiC_8H_{14}O_4N_4$ (Ni dimethylglyoxime)	288.94	$SrCl_2 \cdot 6H_2O$	266.62
O	16.00	$SrCO_3$	147.63
O_2	32.00	SrO	103.62
P	30.97	$SrSO_4$	183.68
P_2O_5	141.94	Ti	47.90
Pb	207.19	TiO_2	79.90
$PbCl_2$	278.10	U	238.03
PbClF	261.64	UO_3	286.03
PbC_2O_4	295.21	U_3O_8	842.09
$PbCrO_4$	323.18	W	183.85
PbI_2	461.00	WO_3	231.85
$Pb(IO_3)_2$	557.00	Zn	65.37
$Pb(NO_3)_2$	331.20	$ZnNH_4PO_4$	178.38
PbO	223.19	ZnO	81.37
PbO_2	239.19	$Zn_2P_2O_7$	304.68
Pb_2O_3	462.38	$ZnSO_4$	161.43
Pb_3O_4	685.57	$ZnSO_4 \cdot 7H_2O$	287.54
$Pb_3(PO_4)_2$	811.51	Zr	91.22
$PbSO_4$	303.25	ZrO_2	123.22
S	32.064		
SO_2	64.06		

部分原子量之名單，1961年（以 C-12 爲基礎）

（僅包括在分析化學上常遇及之元素。少數之原子量值其最後有效數字可能有些變化，此係因實驗之不準度或同位素組成之天然變化之故。）

元　素	符號	原子量	元　素	符號	原子量
鋁 Aluminum	Al	26.9815	鋨 Osmium	Os	190.2
銻 Antimony	Sb	121.75	氧 Oxygen	O	15.9994
砷 Arsenic	As	74.9216	鈀 Palladium	Pd	104.4
鋇 Barium	Ba	137.34	磷 Phosphorus	P	30.9738
鈹 Beryllium	Be	9.0122	鉑 Platinum	Pt	195.09
鉍 Bismuth	Bi	208.980	鉀 Potassium	K	39.102
硼 Boron	B	10.811	銠 Rhodium	Rh	102.905
溴 Bromine	Br	79.909	銣 Rubinium	Rb	85.47
鎘 Cadmium	Cd	112.40	釕 Ruthenium	Ru	101.07
鈣 Calcium	Ca	40.08	硒 Selenium	Se	78.96
碳 Carbon	C	12.01115	矽 Silicon	Si	28.086
鈰 Cerium	Ce	140.12	銀 Silver	Ag	107.870
銫 Cesium	Cs	132.905	鈉 Sodium	Na	22.9898
氯 Chlorine	Cl	35.453	鍶 Strontium	Sr	87.62
鉻 Chromium	Cr	51.996	硫 Sulfur	S	32.064
鈷 Cobalt	Co	58.9332	鉭 Tantalum	Ta	180.948
銅 Copper	Cu	63.54	碲 Tellurium	Te	127.60
氟 Fluorine	F	18.9984	鉈 Thallium	Tl	204.37
金 Gold	Au	196.967	釷 Thorium	Th	232.038
氫 Hydrogen	H	1.00797	錫 Tin	Sn	118.69
碘 Iodine	I	126.9044	鈦 Titanium	Ti	47.90
銥 Iridium	Ir	192.2	鎢 Tungsten	W	183.85
鐵 Iron	Fe	55.847	鈾 Uranium	U	238.03
鉛 Lead	Pb	207.19	釩 Vanadium	V	50.942
鋰 Lithium	Li	6.939	鋅 Zinc	Zn	65.37
鎂 Magnesium	Mg	24.312	鋯 Zirconium	Zr	91.22
錳 Manganese	Mn	54.9380			
汞 Mercury	Hg	200.59			
鉬 Molybdenum	Mo	95.94			
鎳 Nickel	Ni	58.71			
鈮 Niobium	Nb	92.906			
氮 Nitrogen	N	14.0067			

對數表

自然數	0	1	2	3	4	5	6	7	8	9	比例部份 1	2	3	4	5	6	7	8	9
10	0000	0043	0086	0128	0170	0212	0253	0294	0334	0374	4	8	12	17	21	25	29	33	37
11	0414	0453	0492	0531	0569	0607	0645	0682	0719	0755	4	8	11	15	19	23	26	30	34
12	0792	0828	0864	0899	0934	0969	1004	1038	1072	1106	3	7	10	14	17	21	24	28	31
13	1139	1173	1206	1239	1271	1303	1335	1367	1399	1430	3	6	10	13	16	19	23	26	29
14	1461	1492	1523	1553	1584	1614	1644	1673	1703	1732	3	6	9	12	15	18	21	24	27
15	1761	1790	1818	1847	1875	1903	1931	1959	1987	2014	3	6	8	11	14	17	20	22	25
16	2041	2068	2095	2122	2148	2175	2201	2227	2253	2279	3	5	8	11	13	16	18	21	24
17	2304	2330	2355	2380	2405	2430	2455	2480	2504	2529	2	5	7	10	12	15	17	20	22
18	2553	2577	2601	2625	2648	2672	2695	2718	2742	2765	2	5	7	9	12	14	16	19	21
19	2788	2810	2833	2856	2878	2900	2923	2945	2967	2989	2	4	7	9	11	13	16	18	20
20	3010	3032	3054	3075	3096	3118	3139	3160	3181	3201	2	4	6	8	11	13	15	17	19
21	3222	3243	3263	3284	3304	3324	3345	3365	3385	3404	2	4	6	8	10	12	14	16	18
22	3424	3444	3464	3483	3502	3522	3541	3560	3579	3598	2	4	6	8	10	12	14	15	17
23	3617	3636	3655	3674	3692	3711	3729	3747	3766	3784	2	4	6	7	9	11	13	15	17
24	3802	3820	3838	3856	3874	3892	3909	3927	3945	3962	2	4	5	7	9	11	12	14	16
25	3979	3997	4014	4031	4048	4065	4082	4099	4116	4133	2	3	5	7	9	10	12	14	15
26	4150	4166	4183	4200	4216	4232	4249	4265	4281	4298	2	3	5	7	8	10	11	13	15
27	4314	4330	4346	4362	4378	4393	4409	4425	4440	4456	2	3	5	6	8	9	11	13	14
28	4472	4487	4502	4518	4533	4548	4564	4579	4594	4609	2	3	5	6	8	9	11	12	14
29	4624	4639	4654	4669	4683	4698	4713	4728	4742	4757	1	3	4	6	7	9	10	12	13
30	4771	4786	4800	4814	4829	4843	4857	4871	4886	4900	1	3	4	6	7	9	10	11	13
31	4914	4928	4942	4955	4969	4983	4997	5011	5024	5038	1	3	4	6	7	8	10	11	12
32	5051	5065	5079	5092	5105	5119	5132	5145	5159	5172	1	3	4	5	7	8	9	11	12
33	5185	5198	5211	5224	5237	5250	5263	5276	5289	5302	1	3	4	5	6	8	9	10	12
34	5315	5328	5340	5353	5366	5378	5391	5403	5416	5428	1	3	4	5	6	8	9	10	11
35	5441	5453	5465	5478	5490	5502	5514	5527	5539	5551	1	2	4	5	6	7	9	10	11
36	5563	5575	5587	5599	5611	5623	5635	5647	5658	5670	1	2	4	5	6	7	8	10	11
37	5682	5694	5705	5717	5729	5740	5752	5763	5775	5786	1	2	3	5	6	7	8	9	10
38	5798	5809	5821	5832	5843	5855	5866	5877	5888	5899	1	2	3	5	6	7	8	9	10
39	5911	5922	5933	5944	5955	5966	5977	5988	5999	6010	1	2	3	4	5	7	8	9	10
40	6021	6031	6042	6053	6064	6075	6085	6096	6107	6117	1	2	3	4	5	6	8	9	10
41	6128	6138	6149	6160	6170	6180	6191	6201	6212	6222	1	2	3	4	5	6	7	8	9
42	6232	6243	6253	6263	6274	6284	6294	6304	6314	6325	1	2	3	4	5	6	7	8	9
43	6335	6345	6355	6365	6375	6385	6395	6405	6415	6425	1	2	3	4	5	6	7	8	9
44	6435	6444	6454	6464	6474	6484	6493	6503	6513	6522	1	2	3	4	5	6	7	8	9
45	6532	6542	6551	6561	6571	6580	6590	6599	6609	6618	1	2	3	4	5	6	7	8	9
46	6628	6637	6646	6656	6665	6675	6684	6693	6702	6712	1	2	3	4	5	6	7	7	8
47	6721	6730	6739	6749	6758	6767	6776	6785	6794	6803	1	2	3	4	5	5	6	7	8
48	6812	6821	6830	6839	6848	6857	6866	6875	6884	6893	1	2	3	4	4	5	6	7	8
49	6902	6911	6920	6928	6937	6946	6955	6964	6972	6981	1	2	3	4	4	5	6	7	8
50	6990	6998	7007	7016	7024	7033	7042	7050	7059	7067	1	2	3	3	4	5	6	7	8
51	7076	7084	7093	7101	7110	7118	7126	7135	7143	7152	1	2	3	3	4	5	6	7	8
52	7160	7168	7177	7185	7193	7202	7210	7218	7226	7235	1	2	2	3	4	5	6	7	7
53	7243	7251	7259	7267	7275	7284	7292	7300	7308	7316	1	2	2	3	4	5	6	6	7
54	7324	7332	7340	7348	7356	7364	7372	7380	7388	7396	1	2	2	3	4	5	6	6	7

對 數 表(續)

自然數	0	1	2	3	4	5	6	7	8	9	比例部份 1	2	3	4	5	6	7	8	9
55	7404	7412	7419	7427	7435	7443	7451	7459	7466	7474	1	2	2	3	4	5	5	6	7
56	7482	7490	7497	7505	7513	7520	7528	7536	7543	7551	1	2	2	3	4	5	5	6	7
57	7559	7566	7574	7582	7589	7597	7604	7612	7619	7627	1	2	2	3	4	5	5	6	7
58	7634	7642	7649	7657	7664	7672	7679	7686	7694	7701	1	1	2	3	4	4	5	6	7
59	7709	7716	7723	7731	7738	7745	7752	7760	7767	7774	1	1	2	3	4	4	5	6	7
60	7782	7789	7796	7803	7810	7818	7825	7832	7839	7846	1	1	2	3	4	4	5	6	6
61	7853	7860	7868	7875	7882	7889	7896	7903	7910	7917	1	1	2	3	4	4	5	6	6
62	7924	7931	7938	7945	7952	7959	7966	7973	7980	7987	1	1	2	3	3	4	5	6	6
63	7993	8000	8007	8014	8021	8028	8035	8041	8048	8055	1	1	2	3	3	4	5	5	6
64	8062	8069	8075	8082	8089	8096	8102	8109	8116	8122	1	1	2	3	3	4	5	5	6
65	8129	8136	8142	8149	8156	8162	8169	8176	8182	8189	1	1	2	3	3	4	5	5	6
66	8195	8202	8209	8215	8222	8228	8235	8241	8248	8254	1	1	2	3	3	4	5	5	6
67	8261	8267	8274	8280	8287	8293	8299	8306	8312	8319	1	1	2	3	3	4	5	5	6
68	8325	8331	8338	8344	8351	8357	8363	8370	8376	8382	1	1	2	3	3	4	4	5	6
69	8388	8395	8401	8407	8414	8420	8426	8432	8439	8445	1	1	2	2	3	4	4	5	6
70	8451	8457	8463	8470	8476	8482	8488	8494	8500	8506	1	1	2	2	3	4	4	5	6
71	8513	8519	8525	8531	8537	8543	8549	8555	8561	8567	1	1	2	2	3	4	4	5	5
72	8573	8579	8585	8591	8597	8603	8609	8615	8621	8627	1	1	2	2	3	4	4	5	5
73	8633	8639	8645	8651	8657	8663	8669	8675	8681	8686	1	1	2	2	3	4	4	5	5
74	8692	8698	8704	8710	8716	8722	8727	8733	8739	8745	1	1	2	2	3	4	4	5	5
75	8751	8756	8762	8768	8774	8779	8785	8791	8797	8302	1	1	2	2	3	3	4	5	5
76	8808	8814	8820	8825	8831	8837	8842	8848	8854	8859	1	1	2	2	3	3	4	5	5
77	8865	8871	8876	8882	8887	8893	8899	8904	8910	8915	1	1	2	2	3	3	4	4	5
78	8921	8927	8932	8938	8943	8949	8954	8960	8965	8971	1	1	2	2	3	3	4	4	5
79	8976	8982	8987	8993	8998	9004	9009	9015	9020	9025	1	1	2	2	3	3	4	4	5
80	9031	9036	9042	9047	9053	9058	9063	9069	9074	9079	1	1	2	2	3	3	4	4	5
81	9085	9090	9096	9101	9106	9112	9117	9122	9128	9133	1	1	2	2	3	3	4	4	5
82	9138	9143	9149	9154	9159	9165	9170	9175	9180	9186	1	1	2	2	3	3	4	4	5
83	9191	9196	9201	9206	9212	9217	9222	9227	9232	9238	1	1	2	2	3	3	4	4	5
84	9243	9248	9253	9258	9263	9269	9274	9279	9284	9289	1	1	2	2	3	3	4	4	5
85	9294	9299	9304	9309	9315	9320	9325	9330	9335	9340	1	1	2	2	3	3	4	4	5
86	9345	9350	9355	9360	9365	9370	9375	9380	9385	9390	1	1	2	2	3	3	4	4	5
87	9395	9400	9405	9410	9415	9420	9425	9430	9435	9440	0	1	1	2	2	3	3	4	4
88	9445	9450	9455	9460	9465	9469	9474	9479	9484	9489	0	1	1	2	2	3	3	4	4
89	9494	9499	9504	9509	9513	9518	9523	9528	9533	9538	0	1	1	2	2	3	3	4	4
90	9542	9547	9552	9557	9562	9566	9571	9576	9581	9586	0	1	1	2	2	3	3	4	4
91	9590	9595	9600	9605	9609	9614	9619	9624	9628	9633	0	1	1	2	2	3	3	4	4
92	9638	9643	9647	9652	9657	9661	9666	9671	9675	9680	0	1	1	2	2	3	3	4	4
93	9685	9689	9694	9699	9703	9708	9713	9717	9722	9727	0	1	1	2	2	3	3	4	4
94	9731	9736	9741	9745	9750	9754	9759	9763	9768	9773	0	1	1	2	2	3	3	4	4
95	9777	9782	9786	9791	9795	9800	9805	9809	9814	9818	0	1	1	2	2	3	3	4	4
96	9823	9827	9832	9836	9841	9845	9850	9854	9859	9863	0	1	1	2	2	3	3	4	4
97	9868	9872	9877	9881	9886	9890	9894	9899	9903	9908	0	1	1	2	2	3	3	4	4
98	9912	9917	9921	9926	9930	9934	9939	9943	9948	9952	0	1	1	2	2	3	3	4	4
99	9956	9961	9965	9969	9974	9978	9983	9987	9991	9996	0	1	1	2	2	3	3	3	4

逆對數表

對數	0	1	2	3	4	5	6	7	8	9	比例部份 1	2	3	4	5	6	7	8	9
.00	1000	1002	1005	1007	1009	1012	1014	1016	1019	1021	0	0	1	1	1	1	2	2	2
.01	1023	1026	1028	1030	1033	1035	1038	1040	1042	1045	0	0	1	1	1	1	2	2	2
.02	1047	1050	1052	1054	1057	1059	1062	1064	1067	1069	0	0	1	1	1	1	2	2	2
.03	1072	1074	1076	1079	1081	1084	1086	1089	1091	1094	0	0	1	1	1	1	2	2	2
.04	1096	1099	1102	1104	1107	1109	1112	1114	1117	1119	0	1	1	1	1	2	2	2	2
.05	1122	1125	1127	1130	1132	1135	1138	1140	1143	1146	0	1	1	1	1	2	2	2	2
.06	1148	1151	1153	1156	1159	1161	1164	1167	1169	1172	0	1	1	1	1	2	2	2	2
.07	1175	1178	1180	1183	1186	1189	1191	1194	1197	1199	0	1	1	1	1	2	2	2	2
.08	1202	1205	1208	1211	1213	1216	1219	1222	1225	1227	0	1	1	1	1	2	2	2	3
.09	1230	1233	1236	1239	1242	1245	1247	1250	1253	1256	0	1	1	1	1	2	2	2	3
.10	1259	1262	1265	1268	1271	1274	1276	1279	1282	1285	0	1	1	1	1	2	2	2	3
.11	1288	1291	1294	1297	1300	1303	1306	1309	1312	1315	0	1	1	1	2	2	2	2	3
.12	1318	1321	1324	1327	1330	1334	1337	1340	1343	1346	0	1	1	1	2	2	2	2	3
.13	1349	1352	1355	1358	1361	1365	1368	1371	1374	1377	0	1	1	1	2	2	2	3	3
.14	1380	1384	1387	1390	1393	1396	1400	1403	1406	1409	0	1	1	1	2	2	2	3	3
.15	1413	1416	1419	1422	1426	1429	1432	1435	1439	1442	0	1	1	1	2	2	2	3	3
.16	1445	1449	1452	1455	1459	1462	1466	1469	1472	1476	0	1	1	1	2	2	2	3	3
.17	1479	1483	1486	1489	1493	1496	1500	1503	1507	1510	0	1	1	1	2	2	2	3	3
.18	1514	1517	1521	1524	1528	1531	1535	1538	1542	1545	0	1	1	1	2	2	2	3	3
.19	1549	1552	1556	1560	1563	1567	1570	1574	1578	1581	0	1	1	1	2	2	3	3	3
.20	1585	1589	1592	1596	1600	1603	1607	1611	1614	1618	0	1	1	1	2	2	3	3	3
.21	1622	1626	1629	1633	1637	1641	1644	1648	1652	1656	0	1	1	2	2	2	3	3	3
.22	1660	1663	1667	1671	1675	1679	1683	1687	1690	1694	0	1	1	2	2	2	3	3	3
.23	1698	1702	1706	1710	1714	1718	1762	1726	1730	1734	0	1	1	2	2	2	3	3	4
.24	1738	1742	1746	1750	1754	1758		1766	1770	1774	0	1	1	2	2	2	3	3	4
.25	1778	1782	1786	1791	1795	1799	1803	1807	1811	1816	0	1	1	2	2	2	3	3	4
.26	1820	1824	1828	1832	1837	1841	1845	1849	1854	1858	0	1	1	2	2	3	3	3	4
.27	1862	1866	1871	1875	1879	1884	1888	1892	1897	1901	0	1	1	2	2	3	3	3	4
.28	1905	1910	1914	1919	1923	1928	1932	1936	1941	1945	0	1	1	2	2	3	3	4	4
.29	1950	1954	1959	1963	1968	1972	1977	1982	1986	1991	0	1	1	2	2	3	3	4	4
.30	1995	2000	2004	2009	2014	2018	2023	2028	2032	2037	0	1	1	2	2	3	3	4	4
.31	2042	2046	2051	2056	2061	2065	2070	2075	2080	2084	0	1	1	2	2	3	3	4	4
.32	2089	2094	2099	2104	2109	2113	2118	2123	2128	2133	0	1	1	2	2	3	3	4	4
.33	2138	2143	2148	2153	2158	2163	2168	2173	2178	2183	0	1	1	2	2	3	3	4	4
.34	2188	2193	2198	2203	2208	2213	2218	2223	2228	2234	1	1	2	2	3	3	4	4	5
.35	2239	2244	2249	2254	2259	2265	2270	2275	2280	2286	1	1	2	2	3	3	4	4	5
.36	2291	2296	2301	2307	2312	2317	2323	2328	2333	2339	1	1	2	2	3	3	4	4	5
.37	2344	2350	2355	2360	2366	2371	2377	2382	2388	2393	1	1	2	2	3	3	4	4	5
.38	2399	2404	2410	2415	1421	2427	2432	2438	2443	2449	1	1	2	2	3	3	4	4	5
.39	2455	2460	2466	2472	2477	2483	2489	2495	2500	2506	1	1	2	2	3	3	4	5	5
.40	2512	2518	2523	2529	2535	2541	2547	2553	2559	2564	1	1	2	2	3	4	4	5	5
.41	2570	2576	2582	2588	2594	2600	2606	2612	2618	2624	1	1	2	2	3	4	4	5	5
.42	2630	2636	2642	2649	2655	2661	2667	2673	2679	2685	1	1	2	2	3	4	4	5	6
.43	2692	2698	2704	2710	2716	2723	2729	2735	2742	2748	1	1	2	3	3	4	4	5	6
.44	2754	2761	2767	2773	2780	2786	2793	2799	2805	2812	1	1	2	3	3	4	4	5	6
.45	2818	2825	2831	2838	2844	2851	2858	2864	2871	2877	1	1	2	3	3	4	5	5	6
.46	2884	2891	2897	2904	2911	2917	2924	2931	2938	2944	1	1	2	3	3	4	5	5	6
.47	2951	2958	2965	2972	2979	2985	2992	2999	3006	3013	1	1	2	3	3	4	5	5	6
.48	3020	3027	2034	3041	3048	3055	3062	3069	3076	3083	1	1	2	3	4	4	5	6	6
.49	3090	3097	3105	3112	3119	3126	3133	3141	3148	3155	1	1	2	3	4	4	5	6	6

逆對數表(續)

對數	0	1	2	3	4	5	6	7	8	9	比例部份 1	2	3	4	5	6	7	8	9
.50	3162	3170	3177	3184	3192	3199	3206	3214	3221	3228	1	1	2	3	4	4	5	6	7
.51	3236	3243	3251	3258	3266	3273	3281	3289	3296	3304	1	2	2	3	4	5	5	6	7
.52	3311	3319	3327	3334	3342	3350	3357	3365	3373	3381	1	2	2	3	4	5	5	6	7
.53	3388	3396	3403	3412	3420	3428	3436	3443	3451	3459	1	2	2	3	4	5	6	6	7
.54	3467	3475	3483	3491	3499	3508	3516	3524	2532	3540	1	2	2	3	4	5	6	6	7
.55	3548	3556	3565	3573	3581	3589	3597	3606	3614	3622	1	2	2	3	4	5	6	7	7
.56	3631	3639	3648	3656	3664	3673	3681	3690	3698	3707	1	2	3	3	4	5	6	7	8
.57	3715	3724	3733	3741	3750	3758	3767	3776	3784	3793	1	2	3	3	4	5	6	7	8
.58	3802	3811	3819	3828	3837	3846	3855	3864	3873	3882	1	2	3	4	4	5	6	7	8
.59	3890	3899	3908	3917	3926	3936	3945	3954	3963	3972	1	2	3	4	5	5	6	7	8
.60	3981	3990	3999	4009	4018	4027	4036	4046	4055	4064	1	2	3	4	5	6	6	7	8
.61	4074	4083	4093	4102	4111	4121	4130	4140	4150	4159	1	2	3	4	5	6	7	8	9
.62	4169	4178	4188	4198	4207	4217	4227	4236	4246	4256	1	2	3	4	5	6	7	8	9
.63	4266	4276	4285	4295	4305	4315	4325	4335	4345	4355	1	2	3	4	5	6	7	8	9
.64	4365	4375	4385	4395	4406	4416	4426	4436	4446	4457	1	2	3	4	5	6	7	8	9
.65	4467	4477	4487	4498	4508	4519	4529	4539	4550	4560	1	2	3	4	5	6	7	8	9
.66	4571	4581	4592	4603	4613	4624	4634	4645	4656	4667	1	2	3	4	6	7	8	9	10
.67	4677	4688	4699	4710	4721	4732	4742	4753	4764	4775	1	2	3	4	5	6	7	9	10
.68	4786	4797	4808	4819	4831	4842	4853	4864	4875	4887	1	2	3	4	5	7	8	9	10
.69	4898	4909	4920	4932	4943	4955	4966	4977	4989	5000	1	2	3	5	6	7	8	9	10
.70	5012	5023	5035	5047	5058	5070	5082	5093	5105	5117	1	2	4	5	6	7	8	9	11
.71	5129	5140	5152	5164	5176	5188	5200	5212	5224	5236	1	2	4	5	6	7	8	10	11
.72	5248	5260	5272	5284	5297	5309	5321	5333	5346	5358	1	2	4	5	6	7	9	10	11
.73	5370	5383	5395	5408	5420	5433	5445	5458	5470	5483	1	3	4	5	6	8	9	10	11
.74	5495	5508	5521	5534	5546	5559	5572	5585	5598	5610	1	3	4	5	6	8	9	10	12
.75	5623	5636	5649	5662	5675	5689	5702	5715	5728	5741	1	3	4	5	7	8	9	10	12
.76	5754	5768	5781	5794	5808	5821	5834	5848	5861	5875	1	3	4	5	7	8	9	11	12
.77	5888	5902	5916	5929	5943	5957	5970	5984	5998	6012	1	3	4	5	7	8	10	11	12
.78	6026	6039	6053	6067	6081	6095	6109	6124	6138	6152	1	3	4	6	7	8	10	11	13
.79	6166	6180	6194	6209	6223	6237	6252	6266	6281	6295	1	3	4	6	7	9	10	11	13
.80	6310	6324	6339	6353	6368	6383	6397	6412	6427	6442	1	3	4	6	7	9	10	12	13
.81	6457	6471	6486	6501	6516	6531	6546	6561	6577	6592	2	3	5	6	8	9	11	12	14
.82	6607	6622	6637	6653	6668	6683	6699	6714	6730	6745	2	3	5	6	8	9	11	12	14
.83	6761	6776	6792	6808	6823	6839	6855	6871	6887	6902	2	3	5	6	8	9	11	13	14
.84	6918	6934	6950	6966	6982	6998	7015	7031	7047	7063	2	3	5	6	8	10	11	13	15
.85	7079	7096	7112	7129	7145	7161	7178	7194	7211	7228	2	3	5	7	8	10	12	13	15
.86	7244	7261	7278	7295	7311	7328	7345	7362	7379	7396	2	3	5	7	8	10	12	13	15
.87	7413	7430	7447	7464	7482	7499	7516	7534	7551	7568	2	3	5	7	9	10	12	14	16
.88	7586	7603	7621	7638	7656	7674	7691	7709	7727	7745	2	4	5	7	9	11	12	14	16
.89	7762	7780	7798	7816	7834	7852	7870	7889	7907	7925	2	4	5	7	9	11	13	14	16
.90	7943	7962	7980	7998	8017	8035	8054	8072	8091	8110	2	4	6	7	9	11	13	15	17
.91	8128	8147	8166	8185	8204	8222	8241	8260	8279	8299	2	4	6	8	9	11	13	15	17
.92	8318	8337	8356	8375	8395	8414	8433	8453	8472	8492	2	4	6	8	10	12	14	15	17
.93	8511	8531	8551	8570	8590	8610	8630	8650	8670	8690	2	4	6	8	10	12	14	16	18
.94	8710	8730	7850	8770	8790	8810	8831	8851	8872	8892	2	4	6	8	10	12	14	16	18
.95	8913	8933	8954	8974	8995	9016	9036	9057	9078	9099	2	4	6	8	10	12	15	17	19
.96	9120	9141	9162	9183	9204	9226	9247	9268	9290	9311	2	4	6	8	11	13	15	17	19
.97	9333	9354	9376	9397	9419	9441	9462	9484	9506	9528	2	4	7	9	11	13	15	17	20
.98	9550	9572	9594	9616	9638	9661	9683	9705	9727	9750	2	4	7	9	11	13	16	18	20
.99	9772	9795	9817	9840	9863	9886	9908	9931	9954	9977	2	5	7	9	11	14	16	18	20